水環境の浄化・改善技術
Purification and Remediation Technology of Aquatic Environment

監修:菅原正孝

シーエムシー出版

はじめに

　水環境の改善をはかる場合，その基準として水量が豊富であるかどうか，水質は清浄かどうか，生物にとって棲みやすいのか，といった視点が挙げられるが，現実の問題としては，とくに水質汚染が問題になることが多い。とりわけ都市域には，水量そのものは豊富にあるが，水質が人間にとっても生物にとっても好ましいものとはなっていないからである。

　環境省が毎年実施している全国調査によると，BOD，COD の環境基準の達成率という尺度でみても淡水域，海域ともに横ばい状態が何年も続いており，有機汚染問題は相変わらず未解決である。そればかりか，都市河川や湖沼・内湾の閉鎖性水域のなかには，かえって悪化しているところもある。

　水質改善を図るために，公共下水道・浄化槽など各種の処理施設の整備が進められているにもかかわらず顕著な水質改善効果が現れていない。根底にはこれらが万能ではなく，その機能には限界があるということである。たとえば，現在の下水道システムに起因する問題，すなわち，集水方式が合流式なのか分流式なのか，は水質環境と深く関わっている。

　汚濁発生源は，住宅，工場・事業場など個々に点源として明確に把握できるものだけでなく，路面，農地，山林など面源として存在するものもある。1970年代以降各種の整備事業によって点源負荷はかなりの程度改善されてきているが，残る面源負荷については，これを担当する部署自体が明確にされておらず等閑に付されてきたというのが実態であろう。

　このような背景のもとで河川・湖沼・海域などのいわゆる環境水を浄化することはいよいよ焦眉の課題となってきている。しかし，その際単に環境水の直接浄化技術にだけ目を向けるのではなく，周辺一帯の環境を水質管理という面から捉えようとする試みが必要であろう。たとえば，底質除去をはじめ排出水の量的・質的制御，浄化副産物の資源化・有効活用などを通じて環境水への効果的な負荷削減を図っていくことが今後重要である。

　したがって，本書では「環境水の浄化技術」という言葉の意味するところを今後への期待も込めてより幅広く考えている。

　最後に，本書の刊行にあたり，お力添えをいただいた㈱シーエムシー出版編集部の井口誠氏に対して心から感謝申しあげます。

2004年11月

大阪産業大学　人間環境学部　菅原正孝

普及版の刊行にあたって

本書は2004年に『環境水浄化技術』として刊行されました。普及版の刊行にあたり，内容は当時のままであり加筆・訂正などの手は加えておりませんので，ご了承ください。

2010年11月

シーエムシー出版　編集部

執筆者一覧（執筆順）

菅原 正孝	大阪産業大学　人間環境学部　教授
濱崎 竜英	(現) 大阪産業大学　人間環境学部　准教授
笠井 由紀	㈱海洋バイオテクノロジー研究所　微生物利用領域　研究員
	(現) 北里大学　海洋バイオテクノロジー釜石研究所　研究員
渡邉 一哉	㈱海洋バイオテクノロジー研究所　微生物利用領域　領域長・主任研究員
	(現) 東京大学　先端科学技術研究センター　特任准教授
森 一博	(現) 山梨大学　大学院医学工学総合研究部　社会システム工学系　准教授
藤田 正憲	大阪大学　大学院工学研究科　環境工学専攻　教授
大谷 英夫	大成建設㈱　技術センター　土木技術研究所　水域・生物環境研究室　主任研究員
	(現) 大成建設㈱　名古屋支店
蓑輪 祐介	東洋建設㈱　大阪本店　土木部　課長代理
榎本 孝	東洋建設㈱　大阪本店　土木部　係長
橘田 隆史	日本ミクニヤ㈱　大阪支店　環境防災部　企画課　課長
	(現) ㈱ハイドロシステム開発　代表取締役社長
平澤 浩宣	(現) 米山化学工業㈱　営業部　常務取締役
藤川 陽子	(現) 京都大学　原子炉実験所　准教授
前田 義範	西日本エンジニアリング㈱　常務取締役
阿部 公平	(現) ㈱イズコン　営業本部　環境技術課　研究員
桑原 智之	島根大学　生物資源科学部　研究員
	(現) 島根大学　生物資源科学部　生態環境工学講座　助教
佐藤 周之	島根大学　生物資源科学部　研究員
	(現) 高知大学　教育研究部　自然科学系　農学部門　准教授
馬場 圭	JFEエンジニアリング㈱　水エンジニアリング事業部　計画部　副課長
五十嵐 武士	㈱イガデン　代表取締役
山磨 敏夫	(現) ナカシマプロペラ㈱　開発本部　開発グループ　課長
増本 輝男	(現) ㈱ワイビーエム　技術本部　取締役技術本部長
中久喜 康秀	(現) ㈱竹中工務店　技術研究所　先端技術研究部　エコエンジニアリング部門　主任研究員

執筆者の所属表記は、注記以外は2004年当時のものを使用しております。

目　　次

〈理論編〉

第1章　環境水浄化技術の現状と今後の展望　　菅原正孝

1　はじめに ……………………………… 3
2　浄化技術の現状 ……………………… 3
3　今後の展望 …………………………… 5

第2章　土壌浸透浄化技術　　菅原正孝

1　土壌浸透浄化技術の原理 …………… 7
　1.1　水土の技術と土壌浸透浄化法 …… 7
　1.2　土壌の成因と構成 ………………… 8
　　1.2.1　自然の土壌層 ………………… 8
　　1.2.2　土壌の成分と形態 …………… 8
　1.3　土壌層における水の浸透 ………… 8
　　1.3.1　水分移動現象 ………………… 8
　　1.3.2　水の浸透能 …………………… 9
　1.4　土壌層における水の浄化 ………… 9
　　1.4.1　吸着による浄化 ……………… 9
　　1.4.2　土壌微生物による浄化 ……… 10
　1.5　土壌浸透浄化法の特徴とシステム
　　　　……………………………………… 10
　　1.5.1　特徴 …………………………… 10
　　1.5.2　各種システムとその特性 …… 11
2　土壌浸透浄化技術の実施例 ………… 13
　2.1　混合土を用いたトレンチ方式―
　　　　「せせらぎ用水」等の多目的用水を
　　　　つくる― ………………………… 13
　　2.1.1　経緯と背景 …………………… 13
　　2.1.2　せせらぎプラントの概要 …… 13
　　2.1.3　せせらぎプラントの性能 …… 15
　2.2　混合土壌を用いた高速多段土壌層方
　　　　式―河川敷を利用した河川水の直接
　　　　浄化― …………………………… 20
　　2.2.1　経緯と背景 …………………… 20
　　2.2.2　遠賀川における実施例 ……… 20

第3章　微生物による水質浄化

1　微生物による水質浄化の原理
　　………………………………菅原正孝… 24
　1.1　はじめに ………………………… 24
　1.2　好気性微生物 …………………… 24
　1.3　嫌気性微生物 …………………… 25
　1.4　藻類や光合成細菌 ……………… 26

I

1.5 おわりに ……………………… 26	2.3.3 難分解性有機物の除去 ……… 34
2 微生物による環境浄化の研究例・実施例	2.3.4 BOD測定の限界 …………… 35
……………………濱崎竜英… 27	3 石油汚染海洋環境浄化
2.1 概要 …………………………… 27	……………笠井由紀,渡邊一哉… 39
2.2 接触曝気法(接触酸化法)……… 28	3.1 はじめに ……………………… 39
2.2.1 礫 ………………………… 28	3.2 流出油の挙動 ………………… 40
2.2.2 サンゴ石,石炭,木炭 ……… 29	3.3 流出油への対応 ……………… 41
2.2.3 サルボウ貝殻 …………… 31	3.4 微生物による石油成分の分解 …… 43
2.2.4 プラスチック(ボール状)…… 32	3.5 流出油のバイオレメディエーション
2.2.5 ポリプロピレン(リング状)… 32	……………………………… 45
2.3 課題 ………………………… 33	3.6 バイオレメディエーションの課題
2.3.1 発生汚泥対策 …………… 33	……………………………… 49
2.3.2 目詰まり対策(無機性SS対策)	3.7 おわりに ……………………… 50
……………………………… 34	

第4章 植物による水質浄化　　森　一博,藤田正憲

1 植物による水質浄化の原理 ………… 53	4 植物による水質浄化の施設と実施例 … 69
1.1 はじめに ……………………… 53	4.1 植物を用いた水質浄化施設の分類
1.2 水生植物浄化法の背景 ………… 53	……………………………… 69
1.3 水生植物による水質浄化の原理 … 54	4.2 植物を用いた水質浄化施設の計画
2 バイオマス利用 ……………………… 61	……………………………… 72
2.1 はじめに ……………………… 61	4.3 植物を用いた水質浄化の実施例 … 74
2.2 バイオマスの有効利用法 ……… 61	5 水質浄化植物データベース ………… 76
2.3 バイオマス利用の展望 ………… 63	5.1 はじめに ……………………… 76
3 水質浄化への遺伝子操作技術の応用 … 65	5.2 大阪大学が開発した水質浄化植物デ
3.1 はじめに ……………………… 65	ータベース ……………………… 76
3.2 植物の育種 …………………… 65	5.3 データベースの有用性 ………… 77
3.3 根圏微生物の育種 ……………… 68	6 植物を用いた水質浄化の課題 ……… 80

第5章 底質改善による水質浄化

1 底泥置換覆砂工法 ………大谷英夫… 88	1.2 底泥置換覆砂工法の原理と特徴 … 88
1.1 はじめに ……………………… 88	1.2.1 概要 ……………………… 88

1.2.2　室内水理実験 …………… 90
　1.3　施工事例 ……………………… 91
　　1.3.1　諏訪湖実証実験 ………… 91
　　1.3.2　宍道湖試験工事 ………… 95
　1.4　底泥置換覆砂工法の効果 …… 97
　　1.4.1　底泥浄化の結果 ………… 97
　　1.4.2　底生生物環境の再生効果 …… 98
　1.5　まとめ ………………………… 99
2　高濃度薄層浚渫
　　………………**蓑輪祐介，榎本　孝**… 100
　2.1　技術開発の経緯と目的 ……… 100
　2.2　「カレン工法」の概要 ……… 100
　2.3　「カレン工法」の技術的特徴 …… 101
　　2.3.1　ロータリーシェーバー式集泥機
　　　　………………………………… 101
　　2.3.2　自動浚渫運転制御システム …… 102
　　2.3.3　施工管理システム ……… 103
　2.4　「カレン工法」琵琶湖における施工例
　　　　………………………………… 103

　　2.4.1　工事概要 ………………… 104
　　2.4.2　施工の流れ ……………… 104
　　2.4.3　施工 ……………………… 105
　　2.4.4　施工実績 ………………… 105
　　2.4.5　施工状況写真 …………… 108
3　底質改善剤（硝酸カルシウム錠剤）
　　………………**橘田隆史，平澤浩宣**… 109
　3.1　はじめに ……………………… 109
　3.2　硝酸カルシウムによる底質改善の概
　　　　要 …………………………… 109
　　3.2.1　技術の概要 ……………… 109
　　3.2.2　開発の経緯 ……………… 110
　　3.2.3　硝酸カルシウムの化学的特性
　　　　………………………………… 110
　　3.2.4　底質改善効果のメカニズムと事
　　　　例紹介 ……………………… 111
　　3.2.5　施工方法 ………………… 114
　3.3　技術的課題と今後の展開 …… 115

〈材料・システム編〉

第6章　水質浄化材料

1　廃棄物利用の吸着材 ………**藤川陽子**… 119
　1.1　本節の概要 …………………… 119
　1.2　水処理における吸着の役割と廃棄物
　　　　利用の吸着材の意義 ……… 119
　1.3　廃棄物利用の吸着材の実例 …… 120
　　1.3.1　金属イオンの吸着除去材 …… 120
　　1.3.2　有機物の吸着除去材 …… 125
　　1.3.3　リン酸及びCOD一般の吸着除去

　　　　………………………………… 128
　1.4　廃棄物利用の吸着材の試験方法 …… 130
　　1.4.1　吸着等温式取得の試験方法 …… 130
　　1.4.2　吸着等温式 ……………… 132
　　1.4.3　汚濁物質の吸着に影響する諸条
　　　　件 …………………………… 136
　1.5　まとめ ………………………… 138
2　ガラス発泡材 ………………**前田義範**… 143

2.1　はじめに ……………… 143
　2.1.1　ガラスびんリサイクルの現状
　　　　　………………………… 143
　2.1.2　ガラス発泡材の特性と水質浄化
　　　　用途への応用 …………… 144
2.2　ガラス発泡材の基本的特性及び水質
　　浄化機能 …………………… 145
　2.2.1　ガラス発泡材の基本的特性 … 145
　2.2.2　ガラス発泡材の水質浄化機能
　　　　　………………………… 146
2.3　適用例 ……………………… 147
　2.3.1　コンクリート表面への設置例
　　　　　………………………… 147
　2.3.2　水質浄化ユニット ……… 147
　2.3.3　ガラス発泡材を利用した人工浮
　　　　島工『水萌』……………… 148
2.4　おわりに …………………… 150
3　リン吸着コンクリート
　　……**阿部公平，桑原智之，佐藤周之** … 151
3.1　環境水中におけるリンの現状 … 151
3.2　リン吸着コンクリートの特徴 … 152
3.3　リン吸着コンクリートのリン吸着特
　　性 …………………………… 153
3.4　リン吸着コンクリートの今後の展開
　　……………………………… 156

第7章　水質浄化システム

1　河川浄化システム………**馬場　圭** … 160
　1.1　はじめに ………………… 160
　1.2　浮遊ろ材式生物膜ろ過の原理 …… 160
　1.3　特徴 ……………………… 161
　1.4　処理性能 ………………… 162
　1.5　実施例 …………………… 164
　　1.5.1　河川浄化 …………… 164
　　1.5.2　池の浄化 …………… 165
　　1.5.3　下水の修景用水利用 … 166
　1.6　おわりに ………………… 166
2　電気分解法による環境汚染汚濁物質除去
　技術………………**五十嵐武士** … 167
　2.1　はじめに ………………… 167
　2.2　社会的環境規制の背景 …… 167
　2.3　マイクロウォーターシステム®の研
　　　究開発経緯 ……………… 167
　2.4　システム構成例及び電気分解処理メ
カニズム ……………………… 171
2.5　マイクロウォーターシステム®省エ
　　ネルギー型水環境浄化技術の応用範
　　囲 …………………………… 172
2.6　20トン/D処理に必要な設置面積
　　……………………………… 172
2.7　実施例 ……………………… 172
2.8　既存技術と比べて，どのような点が
　　先進的なのか，何が優れているのか
　　……………………………… 173
2.9　おわりに …………………… 174
3　密度流拡散装置…………**山磨敏夫** … 175
3.1　はじめに …………………… 175
3.2　密度流拡散装置の特徴 …… 175
3.3　密度流拡散装置の実施例 ………… 177
　3.3.1　密度流拡散装置の概要 ……… 177
　3.3.2　密度流拡散装置の設置場所 … 178

3.3.3　調査結果 …………………… 179
　3.3.4　まとめ ……………………… 182
3.4　その他の実施例 …………………… 182
3.5　おわりに …………………………… 183
4　噴流層式水処理システム…**増本輝男**… 184
4.1　はじめに …………………………… 184
4.2　噴流層式水処理システムの原理 … 184
　4.2.1　寄生虫の卵・プランクトンの破
　　　　壊による水処理 ……………… 185
　4.2.2　オゾン・酸素を利用した水処理
　　　　……………………………… 186
　4.2.3　汚染地下水の水処理 ………… 189
4.3　まとめ ……………………………… 190
5　超高速海水浄化システム
　　………………………**中久喜康秀**… 191
5.1　はじめに …………………………… 191
5.2　システムの概要 …………………… 191
5.3　実証試験の概要 …………………… 192
　5.3.1　実証システムの概要 ………… 192
　5.3.2　実施内容 ……………………… 194
　5.3.3　実証試験結果 ………………… 194
5.4　まとめ ……………………………… 195

理論編

第1章　環境水浄化技術の現状と今後の展望

菅原正孝[*]

1　はじめに

　環境水の浄化が必要になってきた背景として，汚濁発生源における処理が必ずしも十分でないことのほかに，道路や農地のようなノンポイントソース（非点源汚濁源）といわれる面的な広がりをもった汚濁発生源の占める割合が相対的に高くなってきたことがあげられる。非点源発生源からの汚濁物質は，いわゆる生活排水や各種の工場・事業場からの排出される汚濁物質とは異なるものもある。

　環境水には多様な物質が含まれている。通常，環境水は生活排水等に比べて濃度は低く，処理すべき量は多いという特徴がある。したがって，その浄化方法についてもいわゆる排水処理技術がそのまま適用できるとは限らない。

2　浄化技術の現状

　環境水の浄化技術の多くは，自然の浄化作用（自浄作用）から発想されたものといえる。したがって，物理的，化学的，生物学的作用の3つの範疇にわけることができる。河川の自浄作用としては，物理的作用としての沈殿，ろ過，吸着など，化学的作用としての酸化，還元など，生物学的作用としての好気性分解，嫌気性分解，水生植物による栄養塩等の摂取が主たるものである。

　実際の浄化施設やシステムにおいては，これらの要素のうちからいくつかを抽出して組み合わせることになり多種多様なコンセプトのものが生まれることになる。用いる素材も自然物から人工物までこれまた多種多様であり，多くのシステムが開発されてきた。また，浄化する場所により，直接方式と間接方式に分けることもできる。

　一方，対象となる汚濁物質は，大別して無機物と有機物とになる。河川においては，BODで表わされる有機物の除去が重要であり，湖沼においてはCODで表わされる有機物はもちろん，窒素，リンといった栄養塩類の除去が富栄養化の防止のためには欠かせない。こうした除去対象物質の存在形態も浄化能に影響を及ぼす。排水処理の場合と同様に溶解性物質の除去は容易では

---

　*　Masataka Sugahara　大阪産業大学　人間環境学部　教授

なく，溶解性物質の有効な除去法をどのように導入するかがキーポイントとなる。

　直接浄化方式には，水中で行う方式と水の外で行う方式がある。安定的に高い処理効率を得るのであれば，やはり少なくとも普段は水に浸かっていない河川敷等の河道内を利用するのが得策である。

　この方式の１つとしては，河川敷に埋設された沈殿池様の構造物に充填材を詰めてその中に水を通して，沈殿，吸着，さらに一部は生物学的分解作用を期待する方法が普及している。とくに，充填材として数cmの大きさの自然礫を用いる方法が全国的に用いられている。それに比べて実施例は少ないが，軽くて扱いやすい人工充填材を使用した方法もある。これらの運用にあたっては，沈殿物・汚泥の適切な管理がされなければならない。

　第二の方法には，土壌浸透浄化法をあげることができる。これにはいくつかの方式があるが，いずれも単位面積あたりの処理量が少なく，環境水のような大量の水の浄化には不向きであるという評価が大勢を占めていた。しかし，従来の均質型の土壌層構造にかわるものとして均質でない構造型が開発された結果，こうした認識は大きく変わってきており，国内外で実施に向けての実証実験が行われ一部は実用化の段階に至っている。この方式の最初とも言える多段方式は，現在，河川水の直接浄化用に九州の遠賀川流域で施工中である。また，人工的に土壌の団粒化を施した方法も導入が検討されている。

　第三の方法として，水中植物の生育を利用した植生浄化法がある。葦，ホテイアオイ，クレソン等々によるリン，窒素などの栄養塩の吸収除去とそれら植物の有効利用がセットとなってはじめて有効性を発揮する。しかし，年間を通じて安定した浄化効果はもともと期待できないことと刈り取った植物の有効利用システムの構築に困難が伴う。

　以上は，自然界に見られる特定の浄化作用を抽出し，それを再現するにあたり，より効果を高めるために新たに人工的な工夫もしているものの，基本的には自然界において普通に見受けられる事象である。それらとは異なり，人工的な要素が卓越した方法についての試みもいろいろとなされている。酸化剤や磁気などを用いる物理化学的手法の導入である。これは自然の浄化作用よりも反応時間が短く，高い効率性を目指すことに主眼を置いたものと解釈できる。したがって，その有効性に関しては，汚染の内容や程度とも強く関連しており，適用範囲もある程度限定されてくるものと考えられる。

　他方，流水，滞水を問わず水の中での浄化を目的とする方法としては，上述の植生浄化法が第一に挙げられることが多いが，これを浄化という視点からあまり過大に評価しない方が無難である。維持管理の問題を含めた総合的な評価を抜きにしてはならない。さらに，水深の浅い河川での薄層流による浄化効果も期待されているが，この場合も具体的な浄化率ということになるとやや説得力に欠ける。したがって，これらは浄化という視点ではなく，景観的な視点からの評価や，場合によっ

第1章　環境水浄化技術の現状と今後の展望

ては酸素供給という面での効果を期待するという程度にとどめておくべきであろう。

　海外，とくにヨーロッパにおいては，ある部分に特化して徹底的な浄化手法を導入している事例がある。代表的なものとして例を挙げると，水道水源となっているダムや湖に流入する河川の水をリン除去施設に導入してリン除去を行ったのちに処理した水をダムや湖に流入させる例がドイツにある。これは，水道施設と同じ本格的な浄水場をリンのみを除去する目的で設けたものであり，凝集処理によるリン除去を果たすことによってプランクトンの大量発生を防止することに成功した。つまり，システムとしてみれば河川水の直接浄化には違いないが，いろんな汚濁物質を除去するということではなく，富栄養化する要因を確定した後その最重要因子に的を絞りそれを徹底的に最新の技術でもって除去するという方法であり，その有効性が示されている。

　微生物を積極的に利用する方法としては，安定化池が古くからある技術であり，諸外国では見られるが，日本では実施例は比較的少ない。これには種々の形式があり，好気性微生物，嫌気性微生物，藻類のどの微生物種を主として利用するのかによって池の構造や運転管理は異なる。北米大陸や東南アジアで普及している安定化池法は藻類と菌類の共生関係を応用したものであり，その多くは廃水処理という位置づけである。

　化学物質によって汚染された湖沼や池の浄化を藻類の機能を利用して行う，環境水の直接浄化の試みがなされている。植物による浄化はPhytoremediationであるが，藻類ということから，Phycoremediationと呼ばれている。藻類の中には重金属を濃縮することができるものが多くあり，藍藻，緑藻，珪藻と多種にわたっている。

　河川など環境水の汚濁が激しい場合には，DO（溶存酸素）濃度が低く，周辺環境も含めて環境改善が必要なことが多いので，酸素供給の意味で曝気等による水質改善を図る方法もある。湖沼など水深がかなりある場合には，深層への酸素供給と水の循環を兼ねた曝気システムも多々見受けられる。

3　今後の展望

　下水道その他の処理設備の整備は今後ともさらに継続して遂行されるが，その整備率が上がってきても環境水の水質が飛躍的に改善されることは期待できない。その理由は，処理設備の高度化にも限界があり，処理仕切れない汚濁物質の環境への排出は避けられないうえに下水道等でカバーできない地域が残ってくるからである。さらに，大都市でみられる合流式下水道の抱える雨天時排水による汚濁物質の環境への流出はまだまだ続くであろう。分流式下水道においては，ノンポイント性汚濁物質への対応は不可能であり，それでは他の方法があるのかと言えば，これといった対策は行政によって実施されていないのが現状である。

環境水浄化技術

　こうした状況が続く限り，環境水の直接浄化事業も続けなければならない。環境水を浄化する技術は，基本的には前述のように自然の浄化作用の可能な限りの活用を念頭においたものが望ましい。ただ，それに加えて人工的な工夫でもっていかに浄化効率を高めることができるか，ということが問われる。さらに，単位装置や施設としての効率性だけでなく他の方法との有効な組み合わせについても追求する必要がある。組み合わせによる相乗効果への期待と同時に地域への適合性という面からもより選択肢が多いに越したことはない。これは，ミニエコシステムの形成により近づくという意味でもある。

　水質浄化は，水辺環境，親水空間，水辺景観，生態系といったキーワードとも強く関係するものであり，一途に水質向上だけを図ればよいというものではない。その辺の状況をも勘案した地域に溶け込んだ浄化システムの構築を目指すべきであろう。こうした総合的な評価にも耐えるためにも複数の単位施設からなるシステムの構築を試みる必要がある。

　今日に至るまで，環境水の浄化といえばその対象はいわゆる環境項目であるBOD，COD，窒素，リンが主要なものである。しかしながら，いろいろな微量有害物質が問題とされるようになってきた昨今においては，環境水中からこれら汚染物質を除去することへの期待も膨らみつつある。すでにいくつかの調査データ，実験データが報告されている。たとえば，ある種の内分泌撹乱物質が土壌浸透浄化法やれき間接触浄化法などで効率よく除去される，重金属の除去・回収に藻類の利用が有望である，等々。今後こうした分野でも高く評価される技術の開発が望まれる。

　環境水という定義からは少しはずれるが，下水処理場，し尿処理施設，大規模浄化槽などからの放流水は，放流先の状況によっては環境水と考えるのが適切であり，その意味ではいわゆる二次処理水の高度処理も環境水の浄化も見分けがつかないというケースは多い。処理水が環境への大きな負荷とならないように，本来は時間をかけて環境水と一体となっていくのが理想的な姿ではないかと考える。そうした目的には，大きな場所を必要とするが，安定化池法，土壌浸透浄化法が有効であり，こうした面での利用についてこれまで以上に期待したい。

文　　献

1) 國松孝男, 菅原正孝　編著, 都市の水環境の創造, 技報堂 (1988)
2) 岡　太郎, 菅原正孝　編著, 都市の水環境の新展開, 技報堂 (1994)
3) 土壌浸透浄化技術研究会編, 土壌浄化法解説シリーズ I (2001)
4) 宮本和久, バイオサイエンスとインダストリー, **53**, 1029 (1995)

第2章　土壌浸透浄化技術

菅原正孝*

1　土壌浸透浄化技術の原理

1.1　水土の技術と土壌浸透浄化法

　水土の技術と称する技術は，土壌生態系の有する諸機能を積極的に活用して廃棄物・汚水をはじめとする人間活動によって生じた排出物を浄化しようとする技術である。これにより，人為的な汚染や物質循環の破壊による環境汚染，自然環境の破壊を防止することができ，土壌生態系を浄化・保全することができる。すなわち，水土の技術には，水の浸透による洪水防止と地下水涵養，物質の物理化学的固定と生物化学的除去による汚濁物質の浄化といった内容が含まれる。

　水土の技術の1つが「土壌浸透浄化法」である。土壌は，水や空気と同様，地球上では身近にあるため，その存在価値が評価されていないきらいがある。土壌は生物が存在してはじめて生成されるものであり，土壌とは，地球の地殻の最上層部分に位置するもので，この層は地殻表面の岩石が崩壊・分解して地表に堆積し，これに動植物の遺体が加わって生成されたものである，という。そのため，間隙に富む粒状の層となっており，間隙の部分には空気や水が存在していて，生物にとって非常に住みやすい居住空間となる。土壌中に生息する生物は，大きいものではモグラやネズミ，小さいものではミミズや昆虫，さらに小さいものになると原生動物や菌類，細菌類といった微生物になる。土壌中にはこれらの生物が数多く生息し，特に微生物は1gの土壌中に10億～20億もの個体数が存在するといわれている。

　土壌を用いた水質浄化方法である「土壌浸透浄化法」が他の処理方式に比べて浄化力が優れている理由は，多数の土壌微生物が活発に活動することにより，それらが浄化の主役を担っているからである。

　土壌あるいはその成分の一部を水質の浄化に使うことは，古い歴史を有している。しかし，近代において次々と新しい水処理技術が開発されてくる中でその占める位置は徐々に片隅に追いやられてきた。土壌と一口に言ってもその使用の仕方はいくつかに分類できる。土壌構成物という点からは，いわゆる自然土壌のほかに，混合土壌が加わり2つに分類できる。自然土壌だけでは越えられない浸透浄化能力の限界もこうした人工土壌によって新しい展開が期待できるようになっ

---

*　Masataka Sugahara　大阪産業大学　人間環境学部　教授

た。土壌浸透浄化法はその名前からはローテクノロジーのイメージがあり、確かにそうであるが、人工土壌には工夫がなされている。また、構造自体もいくつかの方式に分類され、とくに目詰まり防止、処理水量の増大という視点からのシステム開発がこの10数年の間に進み、土壌浸透浄化方式の普及に貢献してきた。

1.2 土壌の成因と構成

1.2.1 自然の土壌層

地表面近くの土壌層は、深さ方向にいくつかの層から構成されている。最上層は落葉・落枝などの未分解の有機物が堆積した有機物層である。その下の層は溶脱層とも呼ばれ、有機物・腐植の蓄積した層で、植物の根によって下層から吸い上げられた成分も加わるが、逆に雨の多い地域では下降する水によって層内の成分が下層に溶脱される。さらにその下には集積層と呼ばれる層があり、溶脱層から下降してきた可溶性成分や分散した粘土、腐植物などが集積する。

日本の代表的な土壌の種類には、次のようなものがある。平坦地や低地に分布する土壌は赤黄色土、黒ボク土、水田土であり、赤黄色土は氷河時代の温暖な時期に形成された化石土である。水田土は沖積地帯に発達し、灌漑によって形成された人工的な水成土である。

1.2.2 土壌の成分と形態

土は無機粒子と有機成分とが固相を形成し、さらに固相と固相とがある配列によって土壌体を構成している。土壌は固相・液相・気相の3相からなる。

間隙に富む粒状の層である土壌層であるために粒状化ということが重要な要素になる。この粒状化は、団粒という現象で説明されることが多い。団粒とは土粒子が周囲よりも強固に結合して形成される土粒子群であり、団粒と団粒の間には大きな間隙を生じる。そのため、団粒構造の発達した土壌では、形状変化に富んだ間隙が見られる。団粒は主に土壌中の生物、とくにミミズなどの小動物や微生物あるいは植物根などの活動によって形成されるが、土粒子と土粒子を結合するのは主にこれらの生物が分泌する多糖類である。

1.3 土壌層における水の浸透

1.3.1 水分移動現象

土壌による水の浄化においては、土壌層での水分の移動にはつぎに示すものが重要である。浸潤は、乾いた土壌面に水を散水あるいは湛水した際や降雨時にみられる典型的な水分移動である。それには、水の供給源は上部にあるか下部にあるかによって、降下浸潤と毛管上昇浸潤がある。蒸発は、主として水蒸気によるものであり、土壌中の水蒸気の動きは土壌表面と土壌内部の温度差によって支配される。蒸散は、以上とは異なり水を吸引する位置は植物根の表面である。

第2章 土壌浸透浄化技術

1.3.2 水の浸透能

水の浸透能を表現する方法として透水係数を用いるのが一般的である。透水係数は土壌層中での水の浸入・排出を考えるうえで重要な係数であり，土壌の種類・充填の仕方・団粒化程度・履歴などによって変化する。図1には，通常の場合における土の透水係数を種類ごとに示す。

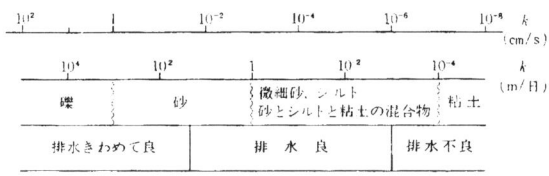

図1 土の透水係数と排水性

土壌による浄化作用は，土壌層中を水が浸透する過程で行われる。土壌層中の水の移動は，土壌層中の間隙が水で完全に飽和された条件で行われる飽和浸透と，間隙に気体を含む状態で行われる不飽和浸透に分かれる。いずれの場合でも，水の通水性あるいは浸透性を考える場合は透水係数が重要である。透水係数は飽和条件の場合には一定と考えてよいが，不飽和条件の下では水分によって異なり，次のように表される。

$$K_0 = K \left(\frac{S}{100} \right)^m$$

ここに，K_0：不飽和透水係数，K：(飽和)透水係数，S：水分飽和度，m：定数

なお，有機性物質に由来する微生物による目詰まり現象は，有機物を含んだ水を浸透させる限り程度の差はあっても避けられないが，通気して好気的微生物分解が起こる環境をつくれば分解除去が可能となり，土壌層が回復する。

1.4 土壌層における水の浄化
1.4.1 吸着による浄化

土壌による水の浄化作用において吸着反応が果たす役割は大きい。これには陽イオンと陰イオンが除去対象物質となる。

土壌構成物である粘土粒子と腐植分子が負に荷電していることから陽イオンの吸着は容易に行われる。しかしその吸着機構は一通りではなく，また吸着の強さや選択性も土壌構成物の割合や水のpHや共存イオン濃度などの水質特性によって異なる。たとえば，粘土粒子による吸着では，その吸着の強さはほぼつぎのようになる。

$H^+ > Ca^{2+} > Mg^{2+} > K^+ > NH_4^+ > Na^+$

陰イオンの吸着については，土壌層の水が酸性になると土壌構成物の負荷電が水素イオンを取り込むことによって陽荷電を生じることに起因する陰イオン交換反応によるものである。とくに，リン酸イオンの吸着除去がよく知られているが，それには土壌中の活性アルミニウムの存在が大きく寄与している。活性アルミニウムとリン酸との結合はきわめて強く，リン酸は他のイオンによって交換されない。

1.4.2 土壌微生物による浄化

細菌，カビ，放線菌，原生動物など土壌微生物の大半は自然界においては分解者であり，動物とともに緑色生物が合成した有機物を再び炭酸ガス・水などへ酸化・分解する過程で生命の維持・増殖などのためのエネルギーを得ている。また，土壌微生物は，土壌生態系に蓄積した動植物の遺体を分解して，無機物に変える。

すなわち，有機物は，土壌中の大小の動物や多数の好気性・嫌気性微生物の栄養・エネルギー源として利用され，その結果，炭酸ガスと水などになって大気・土壌中に返される(土壌呼吸)。すなわち，土壌生態系によって有機物は分解・浄化される。

水の中の有機態窒素は，無機化・分解されて，まずアンモニウム塩になる。生成したアンモニウム塩は一部はそのまま植物に吸収されるが，残りは土壌中で亜硝酸生成菌によって亜硝酸塩に酸化され，さらに硝酸生成菌の作用によって硝酸塩にまで酸化される。窒素化合物の酸化は硝化と称される。これらの菌は，酸性の強い土壌には少なく，中性が最適条件である。また，この作用は通気性のよい土壌では活発である。

このようにして生成した硝酸塩は，植物に吸収され再び逆の経路を通ってアンモニアに還元され，細胞の様々な化合物の合成に利用される。しかし，その一部は嫌気性条件のもとで脱窒菌よってN₂ガスにまで還元される。

1.5 土壌浸透浄化法の特徴とシステム
1.5.1 特徴

以上から分かるように土壌浸透浄化法は，次のような内容と特徴を有している。

動植物と自然の作用によって形成される土壌は，空間的構成として，固相，液相，気相の3相からなる。土壌の主体となる固相の土粒子は，粒径によって礫，砂，シルト，粘土に区分され，固相の表面と液相，気相で占められる空間は，土の間隙率として表わされるもので，この間隙率は，土粒子の粒径，粒子が相互に結合した団粒構造，締固めや圧密の程度によって大きく変化する。

土壌における水の浸透能は，この土壌空間構成と非常に密接な関係があり，粒径が小さいシルト質土であっても団粒構造が発達すれば，透水性が非常に向上するなどの特質があり，土壌の物

第2章 土壌浸透浄化技術

理的・化学的効果の主要な役割を担っている。

　土壌の浄化作用は汚水が土中を浸透（流動）する過程で行われる。したがって，適当な浸透条件を与えないと期待どおりの効果が得られない。土中の水分の移動には，間隙が水で完全に飽和された条件で行われる飽和浸透と，間隙に気体を含む状態で行われる不飽和浸透がある。土壌による浄化は主に，不飽和浸透条件下でおこなわれる。

　土壌微生物による有機成分の分解は，飽和状態では起こりにくく，土壌間隙に空気（酸素）が供給されるときに効率的に行われるという特徴があり，土壌の3相を適度にバランスさせることが要求される。不飽和浸透条件下での水分移動は，浸潤（降下浸潤・毛管上昇浸潤），土壌面蒸発，蒸散を通じて行われ，空気の移動は，ガス拡散と空気交換（自然もしくは人工的手段）を通じて行われる。これらのメカニズムをよく理解したうえで，土壌浄化装置を設計しなければならない。

　土壌浄化の仕組みは，主として土壌粒子がフィルターの役割を担うろ過（物理的作用），土壌中の粘土鉱物や腐植が吸着材の役割を果たすことによる吸着（化学的作用），土壌に生息する生物の活動による生物分解（生物的作用）となっている。

　土粒子間隙を汚水が通過する際に土壌粒子表面に様々な無機物，有機物が保持されることになり，これを土壌微生物が，自らの生命の維持，増殖のエネルギーを得るエサとして，炭酸ガスや水へ酸化・分解し，無機物に戻す作用を行っている。この作用によって，汚水中の汚濁成分が分解除去される。土壌に生息する微生物群の多様性と絶対的個体数の多さから，その効果は非常に高く，安定したものとなっている。

1.5.2　各種システムとその特性

(1)　全面浸透方式

　土壌層の全体を有効に利用しようということは古くからある方式であり，単純な構造であるが，自然の土壌層をほとんどそのまま利用することから水の浸透性能は小さく，目詰まりし易いなどその機能には多くは期待できない。表面流方式と滞水池方式がある。表面流方式は，傾斜した土壌層表面を水が流れる形態であり，流水が少しずつ土壌表面を通じて土壌層内部へと移行していくので土壌の浸透性にもよるが，全量を浸透させるとなると大きな面積を必要とする。滞水池方式は，いわゆる池の底を通して水をゆっくりと土壌層内部へと浸透させる形態のものであり，池の状態としては，水を溜めて浸透させる場合と溜めずに散水方式で浸透させる方式がある。こうした古くからある方式は，自然土壌を基本にしているので原水の水質としては濃度ができるだけ薄いものが適している。したがって，適用範囲も狭くならざるを得ない。

(2)　トレンチ方式

　原水を土壌層の全表面から流入させるのが上述の方式であるとすると，土壌層の表面ではなく，

層内から原水を導入するのがトレンチ方式である。トレンチとその周辺構造の違いからいくつかの方式がある。古くは素掘りの側溝に散水管を埋設したものを組み合わせた簡単な工法から現在日本で最も普及している毛管浸潤トレンチ法まで幅広い。前者に比べて後者の構造は複雑であり，トレンチの底には不透水性の合成樹脂膜，しかも両端に若干の立ち上がり部分を有する膜が敷かれている。底にたまった水は周辺の自然土壌に毛管上昇により浸潤していく過程で浄化作用を受けるとされている。処理能力は，$100 \ell/m^2$・日未満である。

(3) 混合土—トレンチ方式

上述のトレンチ方式はいずれも自然土壌を利用する方式であり，かつ処理された水はそのまま地中に浸透していくのが普通である。しかし，同じようにトレンチを用いてはいるが，本方式は浄化用土壌として人工的に配合した混合土を用いている点と土壌層内に空気層を設けることによって好気性生物の活性を高めている点，に特徴がある。処理能力は$100 \sim 200 \ell/m^2$・日以上である。

(4) 多段土壌層方式

以上の方式とは構造的に大きく異なる方式として多段土壌層法が開発された。土壌層は，透水性の高い通水層および透水性は低いが浄化能力の高い混合土でできた処理土壌層の2種類の土壌層をレンガ状，市松模様状に組み合わせた構造が特徴である。この層の上部から散水管によって水を供給し，水が下降浸透する過程において浄化が進行する。処理能力は，$1,500 \ell/m^2$・日以上と非常に高く，いわゆる上水処理における緩速砂ろ過に近い能力を発揮する。流量変動への対応や土壌の目詰まり抑制に優れている。

文　　　献

1) 國松孝男，菅原正孝編著，都市の水環境の創造，技報堂出版 (1988)
2) 土壌浸透浄化技術研究会編，土壌浄化法解説シリーズ I (2001)
3) 若月利之ほか，環境技術，28，806〜813 (1999)

2 土壌浸透浄化技術の実施例

菅原正孝[*]

2.1 混合土を用いたトレンチ方式
－「せせらぎ用水」等の多目的用水をつくる－

2.1.1 経緯と背景

わが国の大都市，中都市の下水道整備率は高い。下水管路を流れて，集められる下水を有効に活用することは，都市域における水環境の改善，適正な水循環を達成するうえで重要なことである。

再生下水の利用目的については，公園等にあるせせらぎ，池その他の維持用水・親水用水，公園などのトイレ水洗用水，樹木・道路への散水用水，洗車用水その他多くの用途が考えられる。このように利用先を列挙してみると，再生下水をつくる地点としては，数が多く，かつ分散している公園，学校など公共の場が必要面積を確保する上でも，維持管理をする観点からも好適である。

具体的には，公園等の近くに敷設されている下水管路中を流下している下水を原水として，公園等の一角に設けられた浄化施設において再生水をつくりだし，その近辺において上記の目的に利用するというシステムである。この場合，再生水の貯留槽も設置されることから，地震，火災その他の災害時の緊急用にもこの再生水は利用できる。

以上のような目的で，混合土を用いたトレンチ方式の土壌浸透浄化法が開発された。これを「せせらぎプラント」と称している。

2.1.2 せせらぎプラントの概要

(1) プラントの構成

前処理装置は，合弁式浄化槽であり，ここからの前処理水が流量調整槽で分配されて高度処理装置に流入する。高度処理装置というのがトレンチ式土壌浄化装置である。トレンチとしては2種類を用いた。すなわち，1号トレンチと2号トレンチであり，構成要素やその容量が異なる。おのおののトレンチの構造を図1に示す。1号トレンチは，トレンチは1本であり，土壌層は上から混合土，空気層，混合土，ろ過層で構成されており，その下に貯留層が設けられている。2号トレンチは，トレンチを2本とし，土壌層は上から混合土，ろ過層，空気層で構成されている。その他，混合土そのものについても後述のように粒度や層厚などが異なる。なお，トレンチ1本あたりの基本の長さは4mであるが，1号トレンチではやや長めの5mとしている。

(2) 混合土

本施設では，従来のトレンチ構造に基づく土壌式浄化装置にいくつかの改良を加えているが，そのうちもっとも重要なものが混合土である。

---

[*] Masataka Sugahara 大阪産業大学 人間環境学部 教授

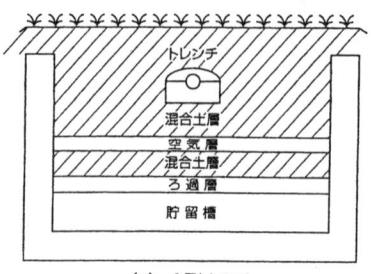

(a) 1号トレンチ

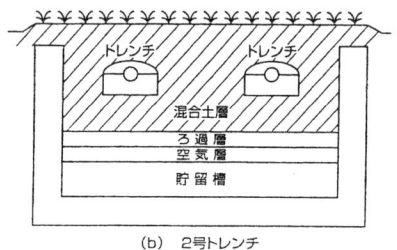

(b) 2号トレンチ

図1　トレンチ断面図

　これまでのトレンチ方式浄化装置の多くは，現地の自然土を用いてきた。処理性能は土壌特性，地下水位などの条件に左右されるものであるからこの場合，一定の機能を維持することは困難であった。また，こうした現地の条件によっては，そもそも浄化装置それ自体の設置が無理であるということも少なくなかった。

　こうした経緯に加えて，本施設は，処理水の再利用を図るという目的からも，安定して，かつ良質の処理水を得ることが使命として負わされており，そのため一定の浄化能力が確保しやすい混合土を使用することがそれを保証するものと考えられた。

　本施設の実証実験に用いた混合土の組成，有効径，単位体積重量をトレンチごとに表1に示す。組成としては，マサ土，川砂，軽石等の無機質，腐葉土，バーク堆肥，鶏糞等の有機質および活性炭であるが，約83％は無機質で占められている。混合土の組成を決めるに際しては，1つは通気状態を良くすること，1つは処理機能の持続期間を長くすること，を念頭においた。

(3) **通気層**

　トレンチの下部に通気層を設けることにより土壌層内での空気の流通性を高め，積極的に好気状態を保つ構造とした。これによって，目詰まりの進行を抑制し，機能回復時間を短縮すること

第2章　土壌浸透浄化技術

表1　混合土の組成・物性および層厚

測定項目		単位	1号トレンチ	2号トレンチ	備考
混合土の層厚		cm	97	82	
組成	無機質	%	83.22	83.98	マサ土・川砂・軽石・パーライト・鉄粒
	活性炭	%	1.77	1.68	
	有機質	%	15.01	14.32	腐葉土・バーク堆肥・鶏糞・骨粉
混合土の有効径		mm	0.090	0.100	マサ土・川砂による合成粒

を期待した。

2.1.3　せせらぎプラントの性能

(1) 実験方法および測定項目

　装置の運転方法は、1日につき16時間の稼動後8時間の休止というパターンを採用した。トレンチの流入水は、間欠的になされたが、60分に1回の割合でそれぞれの流入量に応じてポンプが作動するような設定とした。また、全期間を通じての運転パターンは、2ヶ月運転、1ヶ月休止とした。なお、期間は、夏から春にかけての約8ヶ月である。

　測定項目のうち、水質については原水、前処理水、高度処理水をあらかじめ設定した頻度でもって測定した。測定対象水質項目は、pH、BOD、COD、SS、大腸菌群数、総リン（T-P）、総窒素（T-N）、透視度、濁度、色度とした。

　なお、実験に供した原水は、下水処理場の分配槽から取水した。それを前処理槽（合併式浄化槽）にて処理した水を前処理水、さらにそれをトレンチに通して処理した水を高度処理水と称する。

(2) 実験結果および評価

① 処理能力

　処理量について、1日あたり、1m^2につき処理される量（ℓ）で表して、その経日変化を図2に示す。1号トレンチでは、80ℓ/m^2・日あたりで推移しており、一時は70ℓ/m^2・日にまで低下したものの、休止による回復効果もあってほぼ安定した処理量が維持されていた。それに対し2号トレンチの処理量は、はじめこそ80ℓ/m^2・日であったが、すぐに上昇し、一時110ℓ/m^2・日にも達し、100ℓ/m^2・日を超える状況のもと休止期間を迎えた。運転再開後もしばらく

環境水浄化技術

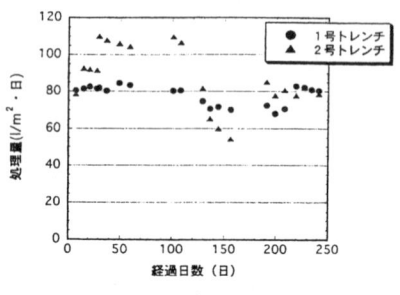

図2　トレンチ処理量の径日変化

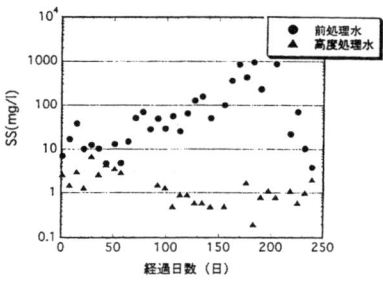

図3　SSの径日変化

は同じく高い処理量を保っていたが，その後急激に低下し，50ℓ/m²・日まで落ち込んだ。このあたりで予定通り2回目の休止期間にはいった。この休止により処理量は，当初の80ℓ/m²・日に回復し，その後安定した処理量が得られたことは図からも明らかである。なお，急激に処理量が低下した原因は，流量調整槽底部のヘドロを吸い込んだことと，その際の対策が不十分だったことが確認された。こうした不測の事態にもかかわらず，結果的には回復は順調であったと思われる。いずれにしても，過負荷運転は目詰まりを急速に促進させ結果的には後半における処理量の大幅な減少につながることが分かる。この点からすると，変動範囲を小さくし，適正な負荷に制御しながら運転する方が安定した処理量が確保でき，処理水の再利用という視点からは望ましいと考えられる。

　調査期間を通した平均処理量で見ると，1号トレンチでは77.1ℓ/m²・日，2号トレンチでは80.2ℓ/m²・日とそれほど大きな差は出ていない。1号トレンチに比べて2号トレンチでは，混合土の層厚をやや薄くし，かつ混合土の粒度をわずかではあるが大きくするなど，処理量の増大

第 2 章　土壌浸透浄化技術

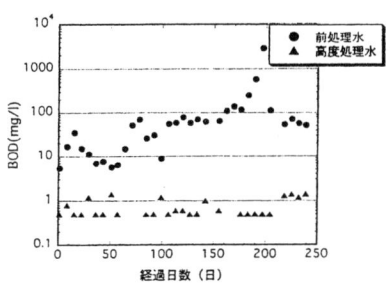

図 4　BODの径日変化

表 2　用途別目標水質と実験施設で得られた水質

項　目	単位	親水用水	修景用水	水洗便所用水	本施設
ph		5.8〜8.6	5.8〜8.6	5.8〜8.6	6.5〜8.1
BOD	mg/ℓ	3以下	10以下	15以下	3以下
COD	mg/ℓ	―	20以下	30以下	11以下
SS	mg/ℓ	―	―	10以下	5以下
大腸菌群数	個/mℓ	0.5以下	10以下	10以下	0.5以下[1]
濁　度	度	5以下	10以下	―	5以下
色　度	度	10以下	40以下	―	25以下
臭　気		不快でない	不快でない	不快でない	不快でない
備　考		人体の接触を前提としない	人体の接触を前提としない		

1) 大腸菌群数は，滅菌装置との併用による。　2) 用途別目標水質
(1990年3月建設省)「下水処理水の修景・親水利用水質検討マニュアル(案)」より
(1990年3月厚生省)「再利用水を原水とする雑用水道の水洗便所用水の水質基準等の設定について」より

を図ったが，一時的な効果は別として総体的にはその効果は期待したほどではなかったと言える。

② 浄化能力

　浄化能力については，まず基本となるSS，BODについて前処理水と高度処理水の値を図3，4に示す。SSは，流入水においてかなり大きく変動してはいるものの除去率は高く，処理水としては，おおむね5 mg/ℓ以下が確保されている。前処理水としては時折200mg/ℓ前後に及ぶが，前段の調整装置などで清掃作業などがある時以外は，通常の状態では100mg/ℓまでにほぼ

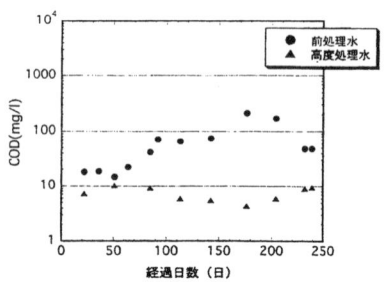

図5　CODの径日変化

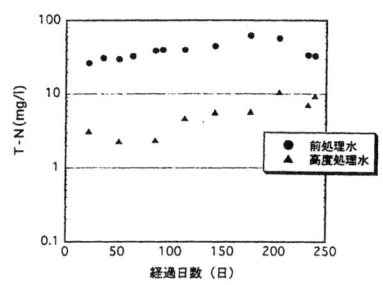

図6　T-Nの径日変化

収まるものと思われる。BODについては，前処理水の値が，SS同様に大きく変動しているにもかかわらず，高度処理水においては1号トレンチで常に0.5mg/ℓであり，2号トレンチでも1.4mg/ℓ以下が保たれるなど高い除去性能が認められる。これは，再利用水に対する用途別目標水質として数値化されているSS，BODのいずれの値をも満足するものである（表2参照）。

再利用を考えた場合，その他の水質項目としては，表2に掲載されているようにpH，COD，大腸菌群数，濁度，色度がその対象となる。そこで，次にこれら水質項目について，2号トレンチにおける浄化特性を見ることにする。

pHについては，高度処理水は6.9から8.1の範囲にあり，問題はない。CODについては図5に示すように，高度処理水はほぼ10mg/ℓ以下で推移しており，前処理水が大きく変動しても十分それに対応できるだけの性能が本装置に備わっていることが分かる。水洗便所用水30mg/ℓ，修景用20mg/ℓという目標値をはるかに下廻っている数値である。

大腸菌群数については，十分に除去されていない。とくに，初期には不安定な状況にあり，2

第2章　土壌浸透浄化技術

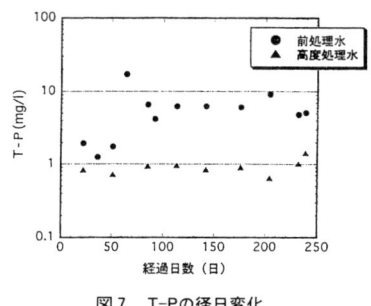

図7　T-Pの径日変化

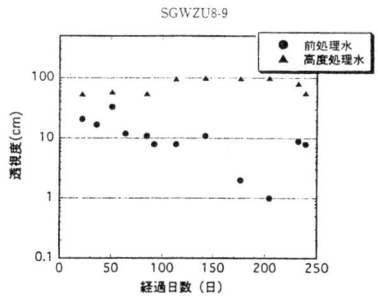

図8　透視度の径日変化

度にわたり100個/mℓを超えている。しかし，後半期には修景用水目標値である10個/mℓ以下になることがほとんどである。この結果から判断すると，さらに厳しい目標値0.5個/mℓが設定されている親水用水には，処理水の安定性の面からいずれにしても適用は難しい。濁度については，確実に3度以下に処理され，しかも安定して維持されているなど，厳しい親水用水目標値をも満足している。

　そして，色度であるが，6〜24度の範囲（平均13.3度）にあり，修景用水目標値40度を下廻る値は得られているが，やはり大腸菌群数と同じく親水用水としての利用においては問題がある。

　最後に，T-N，T-P，透視度に関しては，再利用水に対する目標値としては設定されていないが，参考までに結果の概略を示す。T-N（図6）の場合，高度処理水は夏期は3 mg/ℓ以下であるが，冬季には6〜7 mg/ℓと浄化能に低下が見られる。T-P（図7）の場合は，高度処理水はほとんど1 mg/ℓ以下に示し，除去率としてはほぼ80〜90％が維持されている。透視度（図8）は，高度処理水で19〜100cmであり，夏期に比べて冬期に高い値が得られている。透視度を

19

悪化させているのは，SS，濁度はともに効率よく除去されていることから考えて，多分残留色度成分によるものであろう。

2.2 混合土壌を用いた高速多段土壌層方式
―河川敷を利用した河川水の直接浄化―
2.2.1 経緯と背景
　河川水を直接浄化する場合の除去対象物質は，多くの場合有機物である。この分野では長い間，礫間浄化法とその類似方式が定番となっている感が強い。これらの方式では，処理水量と有機物の除去はある程度確保されるものの，高濃度汚濁水には不向きであり，装置単体によるリンや窒素の除去は期待できない。加えて，汚泥管理が困難または考慮されていない等を含め，長期間の浄化機能という点では必ずしも高い評価が得られているとはいえない。
　一方，土壌浸透浄化法は有機物の生物化学的分解作用を主としながら，リンの除去のみならず，窒素除去もある程度期待できる等，総合的な浄化機能を有している。しかし，従来型の土壌浸透浄化法は，処理水質は優れているものの処理水量が少ないことから，河川浄化には適さないという評価が定着していたため，実績はほとんどなかった。つまり，総合的浄化性能はともかく，処理水量に関してはそれほど多くは望めないのがこの方式の難点とされていた。
　高速多段土壌層法は，島根大学の若月教授グループが開発した多段土壌層法をベースとしており，水質に関する高い浄化機能を保ちながら，弱点であった処理水量も飛躍的に高めることのできる構造を有している。多段土壌層法は，前処理装置通過後の流入水濃度がBOD40mg/ℓ・SS 20mg/ℓ前後の条件下で，親水用水と同程度の水質基準をクリアし，単位処理量は4,000ℓ/m^2・日以上を達成している。このような高速処理を行いながら，懸念される土壌の目詰まりの進行も抑制され，その回復も従来型装置よりは早くなっている。

2.2.2 遠賀川における実施例
　2000年12月から1年間，福岡県遠賀川流域の支川である熊添川を対象とした実証試験がおこなわれた。基本性能について見ると，処理水量・処理水質とも所期の目標を達成しながら，建設費・維持管理費のいずれにおいても既存方式と同等か，それ以下にすることが可能であるとの見通しが立てられた。
　現在，この実証試験成果をもとに熊添川浄化実施設（日処理量7,000m^3〜8,200m^3）の建設が進行中であり，近々供用開始の予定である。システムとしては，河川水を対象とすることから，目詰まり軽減のために無機性の浮遊物質を事前に除去することが必須であり，このための工夫がなされている。
　本多段土壌層法の特色は，図9のようになる。

第2章　土壌浸透浄化技術

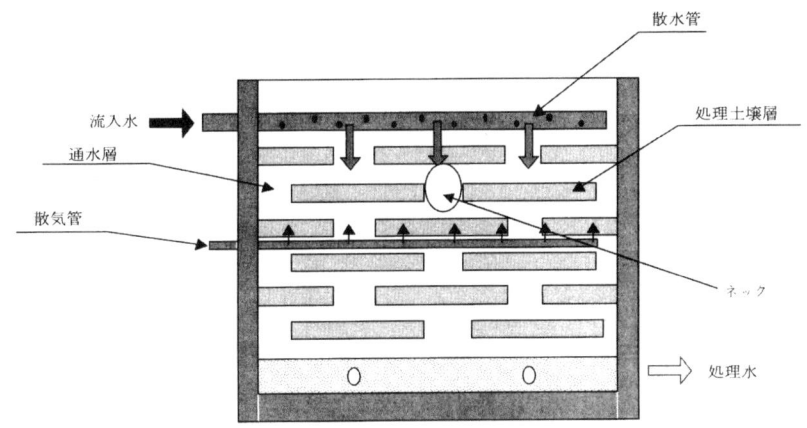

図9　多段土壌層の概念図

(1) 礫間接触酸化法の高速処理性能と生物分解能の高い土壌処理法を工学的に制御可能な方法で融合させた方法である。

土壌は腐植、粘土、シルト、砂等の集合体であり、これら大小の粒子の表面積は、きわめて大きい。問題は大小の粒子の集合体である土壌は、必然的に目詰まりを起こしやすいことである。

そこで、透水性の良い好気的な通水層と、透水性は落ちるが分解能力の高い処理土壌層を図9断面のようなレンガ状に組み合わせ、不飽和状態で重力浸透させる事により、流入水が浄化される過程で起こる目詰まり現象を極力、小さくする工夫が施されている。

目詰まりの進行を抑制し、回復を早める方法として、処理土壌層へのエアレーションが効果的である。本装置はレンガ積層の多段構造とともに、土壌内エアレーションを実施することで、目詰まりの回復を早める機能を持たせてある。

要約すれば、多段土壌層法は生物膜法である土壌浄化法に、礫間浄化法のような目詰まりしにくい高速処理性能を合わせ持たせた新しい浄化法であると言える。

(2) 用いる土壌機能強化資材は、浄化能の高いものから低いものまで多様な性質を持つ各地域の土壌を原材料に用いて、単一土壌のみでは不足する浄化機能を付与し強化することができる。

汚水浄化の大部分は処理土壌層が受け持つが、通水層にも必然的に未処理汚水が流れ込む。多段土壌層法は、通水層と処理土壌層が共に微生物活性を高めており、その結果、処理水量・水質の両面において高い浄化能を獲得している方式である。

通水層の構成は次のようになっている。

表3　高濃度処理装置の諸元

	単位	前処理		土壌処理	
		BOD	SS	BOD	SS
流入水質	mg/ℓ	60前後	40前後	40前後	20前後
処理水質	mg/ℓ	40前後	20前後	3以下	2以下
単位処理能力	m³/m²日			4～6	
処理時間	h	1.2		3.0	
排泥実施間隔	月	4～6		なし	

表4　低濃度処理装置の諸元

	単位	前処理		土壌処理	
		BOD	SS	BOD	SS
流入水質	mg/ℓ	30前後	20前後	20前後	10前後
処理水質	mg/ℓ	20前後	10前後	3以下	2以下
単位処理能力	m³/m²日			8～16	
処理時間	h	1.2		2.0	
排泥実施間隔	月	4～6		なし	

① **均一粒径のレキ層**：粒子径の変化するところでは流速が変化し，流速が小さくなった場所には移動水中のSSが集積し易くなる。このような影響を小さくするため，通水層資材は3～5mmの均一な粒径の礫層で構成し，高速処理を行いながら目詰まりを防止する。

② **ゼオライト，軽石等のレキ層**：ゼオライトはアンモニア等の捕捉に優れており，軽石はリン酸の吸着に優れている。併用する場合は，装置の上部（散水層）にゼオライトを，通水層に軽石を用いると良い。

処理土壌層の構成はつぎのようになっている。

① **マサ土**：母材には透水性の良いマサ土を用いるが，浄化能を補完するため以下の資材を添加する。

② **粉末木炭**：表面積が小さいマサ土等の生物活性の低い土壌でも生物活性を高くして，有機物分解能（BOD・COD除去）を向上させ，環境ホルモン活性等を抑制できるようにする。

③ **腐葉土**：腐食物質の含有量は微生物の活性を大きく左右する。腐葉土を添加することで土壌層の腐植化を促進し，浄化能を高めるスターターの役割が期待できる。

④ **鉄粒等の燐吸着資材**：高速処理（6m³/m²・日以上）の場合，マサ土に含まれているリン吸着材だけでは不充分であり，粒度の異なる活性鉄や活性アルミニウム等を添加する。

第2章 土壌浸透浄化技術

　土壌処理装置の処理能力を安定して持続させるには，流入水中の土粒子やBOD・SS濃度を一定レベルに押さえ込む必要がある。そこで前処理装置との併用をはかっている。

　表3と表4に，前処理装置を併設した高速土壌処理槽の諸元を示す。

　運転方法については，目詰まり対策に重点を置いたマニュアル作成が不可欠である。

　土壌処理装置に限らず，ほとんど全ての浸透・ろ過型の高度処理装置（砂ろ過・膜処理等）は，長期間の連続運転を続けると目詰まりを引き起こす。土壌処理槽の運転パターンを決定する上で重要なのは，どの位の連続運転期間であれば目詰まりが起きないのかを知っておくことである。土壌処理装置を連続して運転し続けると，装置内（処理土壌層および通水層のネック部分）に未分解有機性SSが堆積する。この場合の目詰まり（土壌孔隙の閉塞）は，装置を一定期間休止する間に，有機物は土壌内微生物により分解され，目詰まりは解消される。

　処理装置の機能を長期にわたって維持するには，2年に1度程度，3～4ヶ月のまとまった連続休止期間を導入し，処理槽内部の水分率を徹底して下げてやる。こうすることで，処理槽内の気相率は回復し，機能は持続される。

文　　献

1) 菅原正孝, 環境技術, **28**, 814～818（1999）
2) 岡本正美, 田平秀樹, 環境技術, **30**, 107～108（2001）
3) 土壌浸透浄化技術研究会編, 土壌浄化法解説シリーズ I（2001）
4) 増永二之ほか, 環境技術, **31**, 955～962（2002）

第3章　微生物による水質浄化

1　微生物による水質浄化の原理

菅原正孝*

1.1　はじめに

河川・湖沼における自浄作用では，物理的，化学的，生物学的な機構により水が浄化されていくことはよく知られているが，なかでも微生物の浄化力が重要である。微生物には，細菌，放線菌，藻類，原生動物，後生動物などが含まれる。藻類以外は生態系では分解者と位置づけられる。分解者は，炭水化物など光合成の産物である有機物を炭酸ガスやメタンガスなどに分解することによって生息している。藻類は，光合成作用により，光エネルギーを利用して大気中の炭酸ガスを固定して化学エネルギーとして蓄えている生産者である。

自然界で見られるこうした現象を利用して環境水を浄化する方法は，単独ではなく，物理化学的浄化現象をもとり入れた多種多様な形で開発されており，全体の浄化能に占める微生物の関わり方もさまざまである。

1.2　好気性微生物

有機物は，好気的条件下で好気性微生物による酸化分解作用を受けて，炭酸ガス，水，硝酸，リン酸，硫酸などになる。これは一般に好気性状態に置かれている浄化施設では通常見られる現象であり，たとえば，礫間接触浄化法とその類似法，土壌浸透浄化法，薄層流法，安定化池法など，それぞれその関わりの程度には差はあるが，微生物による酸化分解作用が起こっている。

窒素化合物がアンモニア，亜硝酸，硝酸と順次酸化（硝化作用）されるがその際には各種の硝化菌が効果的に働いている。窒素の除去には欠かせないこの工程は，やはり土壌浸透浄化法や安定化池法においては必須である。しかし，硝化菌の増殖速度は，有機物分解菌に比べて遅く，その保持には一工夫が必要であるが，とくに硝化菌が浮遊状態で用いられる浄化法ではとくに配慮が必要である。

微生物の存在形態は，多くは付着・固着型であり，礫や土壌の表面が生息の場である。安定化池のなかでは，とくに好気性安定化池では好気性微生物の活動が活発であるが，浮遊型の微生物

---

*　Masataka Sugahara　大阪産業大学　人間環境学部　教授

第3章 微生物による水質浄化

集団が主となっている。

さらに,好気性状態を保持するための酸素供給が過不足なく行われるように施設設計上の工夫が必要である。やはり,ある程度の反応促進を考えるならば,散気装置の併設による人工的な空気供給は,浄化法の如何を問わず避けられないと思われる。自然通気法,省エネルギー型の供給方法,藻類の利用などさまざまな工夫がなされる。

好気性微生物反応では,有機物の酸化分解の結果,上記のような生成物のほかに生物体の合成も盛んであり,こうした生成汚泥の管理が適正に行われているかどうかが評価を左右することになる。とりわけ土壌浸透浄化法では,これに起因する目詰まりをいかに抑制するか,またその回復を早める手だてをどうするのか,といったところが注目される。

1.3 嫌気性微生物

好気性微生物とは異なり,嫌気性微生物の利用は好まれないのが普通である。そもそも嫌気的環境は,酸素が存在しないかほとんど無いことから,そこの生息する生物は限られたものとなり,水中であれば,魚などが生きていける状態ではない。しかし,嫌気性微生物は,有機物や窒素の除去には必要である。

有機物は,嫌気性微生物によって分解されるが,その過程は各種の有機酸の生成を経て,最終的には炭酸ガス,メタン,水素,アンモニア,硫化水素,メルカプタンなどが生成されるが,そのなかには多くの臭気成分があることから周辺環境としては好ましいものではない。嫌気性微生物による有機物の分解が期待されている浄化法は,安定化池のひとつである好気性・嫌気性池(通性嫌気性池)法である。水面帯は好気性状態であるこの池の底部においては嫌気性微生物による沈殿物の分解が行われる嫌気性帯が形成されている。

窒素の除去に関しては,亜硝酸,硝酸を窒素ガスへと還元することによって完成する。このとき嫌気性微生物である脱窒菌がその役割を果たす。脱窒反応式は次のようになる。

$$NO_2^- + 3H^+ (水素供与体) \rightarrow \frac{1}{2} N_2 + H_2O + OH^-$$
$$NO_3^- + 5H^+ (水素供与体) \rightarrow \frac{1}{2} N_2 + 2H_2O + OH^-$$

したがって,脱窒菌が生息する環境をどのようにしてつくるかだけでなく,水素供与体である有機物の補給方法が課題である。水に含まれている有機物を利用するのは理に適ったやり方であるが,土壌浸透浄化法の場合など,あらかじめ水素供与体となる物質を混合土の中に入れておくなど,適当な位置に配置することもできる。構造的な工夫も必要である。

1.4 藻類や光合成細菌

微生物のなかでも光合成に関与している種は多くはないが，クロレラやアオコはよく知られている。藻類全体では地球上の光合成の約1/3を担っており，一次生産者として貴重な存在であるといわれている。この種の微生物は，まず安定化池において欠かせない。とりわけ好気性安定化池では，好気性菌および藻類が共生しているところが特徴であり，好気性菌が有機物を分解するのに必要な酸素の供給は，大気からと藻類の光合成からの両者による。好気性菌による有機物の分解の結果生成された炭酸ガスは藻類によって使用される。もちろん強制的な曝気を併用することもある。なお，好気性安定化池が，二次処理水（生物処理水）の仕上げ池としての役割を担うケースは海外でよく見受けられる。

1.5 おわりに

最近，地下水を水源としている上水道の浄水施設において，従来から多くのところで使われている凝集沈殿方式ではない方式が，徐々にではあるが導入されてきている。鉄バクテリアを使う方法であるが，これによって鉄はもちろんのことマンガンの除去まで可能である。地下水には鉄，マンガンが飲料水の水質基準を超えて含まれることも多く，鉄バクテリア法は有効である。こうしたことが環境水浄化にも応用できると思われるが，今後の研究開発の成り行きに期待したい。

文　　献

1）浅野孝訳，廃水処理工学2，泰流社
2）宮本和久ほか，ファルマシア，**39**，871〜875（2003）
3）特集，鉄バクテリア法など高効率生物処理，環境技術，**33**，278〜306（2004）

2 微生物による環境浄化の研究例・実施例

濱崎竜英[*]

2.1 概要

　汚水の処理技術は，生物学的処理法と物理・化学的処理法に大別されるが，生物学的処理法の大半は，微生物を利用した処理法である。その代表的な処理法は，活性汚泥法や嫌気性処理法である。生物学的処理法による汚水処理の主たる目的は，汚水中のBOD成分，すなわち生物分解可能な有機物の除去と，窒素やリンといった栄養塩類の除去である。

　環境中には多種多様な微生物が存在するが，生物学的処理法では，微生物の種類と量を制御することによって，汚水中の有機物や栄養塩類を除去している。これらの微生物は，反応域で担体に固定する方法と浮遊している方法がある。また，酸素との共存下で成長・増殖する好気性微生物を利用した方法と酸素のない状態で成長・増殖する嫌気性微生物を利用した方法がある。水処理技術として種々の方法が存在するが，その内，環境水浄化を目的とした場合，表1に示す処理方法が想定される。

表1　微生物による環境水浄化技術の種類

処理方法		微生物の状況	微生物の種類
活性汚泥法		浮遊	好気性
生物膜法	散水ろ床法	固定	好気性
	接触曝気法（接触酸化法）	固定	好気性
	回転円板法	固定	好気性
	生物膜法	固定	好気性
安定池法	酸化池	浮遊	好気性
	通性嫌気性池	浮遊	好気性・嫌気性
曝気式酸化池法		浮遊	好気性
酸化溝法		浮遊	好気性
湿地処理法		浮遊	好気性

　これら水処理技術の大半が好気性微生物を用いている。この他にも微生物が関与しているとされる土壌浸透浄化法や嫌気性微生物を積極的に用いた嫌気性処理法などがある。本節では，環境水浄化として一般に用いられている生物膜法の内，接触曝気法（接触酸化法）を中心に有機物の除去について，最近の研究例及び実施例を紹介する。

＊　Tatsuhide Hamasaki　大阪産業大学　人間環境学部　都市環境学科　講師

環境水浄化技術

2.2 接触曝気法(接触酸化法)

　接触曝気法は接触酸化法とも呼ばれ,生物膜法として最も実施例の多い方法である。環境水浄化として用いられるだけでなく,小規模の生活雑・排水処理施設にも採用されている。接触曝気法と類似した方法で生物ろ過法という方法がある。接触曝気法は,一般に反応槽(エアレーションタンク)中の接触材(生物ろ過法ではろ材)が占める容量が生物ろ過法よりも小さく,また生物ろ過法は,微生物による有機物の分解という側面と同時にろ過機能にも重点を置いている。しかし,反応槽では一般に曝気を行い,酸素供給を十分に行っていること,接触材に微生物生息環境を与え,微生物を担持させて,有機物の分解機能を持たせていることなどから,機能上類似している。このようなことから,ここで解説する接触曝気法には,一部で生物ろ過法と呼ばれる方法も含むことにする。

　接触曝気法は,接触材(接触ろ材,生物担体,支持体とも呼ばれる。)を処理対象水に浸漬させ,処理対象水に含まれる微生物が接触材に固着し,水中に含まれる有機物を担持した微生物によって酸化・分解させるというものである。同時に浮遊物質も微生物や接触材と接触し,物理・化学的なろ過や吸着という作用と併用して除去される。

　接触材には,直径10cmを超える礫といった天然物からプラスチックに代表される人工物まで様々な材料が用いられている。また,無煙炭(アンスラサイト)や活性炭などの材料も用いられている。形状も様々で粒状,糸状(ひも状),リング状,円筒状,特殊形状などがあり,一般に比表面積を大きくする工夫がなされているものが多い。接触曝気法では,BODやSSの除去を目的としていることから,接触材に求められる要件は次のようなものがある。

① 微生物が担持しやすいこと(生息しやすいこと)
② 環境に無害で溶出等が発生しないこと
③ 通水性があること
④ 維持管理しやすいこと
⑤ コストが小さいこと

　これらの要件を満たすことにより,広く環境水浄化に用いられることになる。
　次に接触曝気法について接触材の種類別に研究発表,論文,報告書にて公表されている研究例・実施例を5例紹介する。

2.2.1 礫

　浄化対象は河川水で,BOD値が6〜9mg/Lの水を5mg/L以下となる目標を設定している。用いられた接触材は,直径50〜150mmの礫とし,反応槽に2.9mの礫厚としている。空隙率は40%である。側面から流入して対向側面に排出する構造となっており,水流方向は水平(水平流式)である。本施設のフローを図1に示す。

第3章　微生物による水質浄化

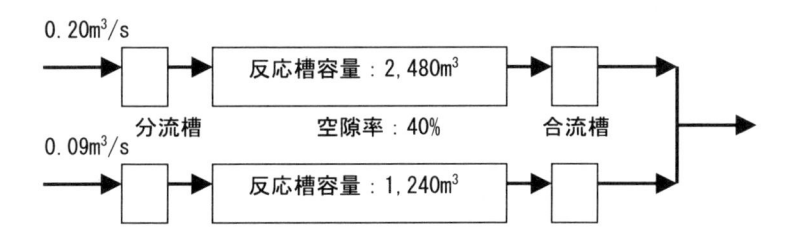

図1　本施設のフロー

流入水のBOD値は平均6.2mg/Lであることから、BOD負荷は107kg/day（0.20m³/s）、48kg/day（0.09m³/s）、BOD容積負荷は0.11kg/m³·day（0.20m³/s）、0.10kg/m³·day（0.09m³/s）となる。滞留時間は、83min（0.20m³/s）、92min（0.09m³/s）であった。

浄化後の処理水の平均は4.9mg/Lであり、平均除去率は21%となった。季節による変動があり、12月では最大62%という除去率を得ているが、11月では流入水より処理水のほうが高いBOD値であった。本施設をまとめると表2のようになる。

表2　本施設の評価

評価項目	数値
原水BOD	6.2mg/L
処理水BOD（除去率）	4.9mg/L（21%）
BOD容積負荷	0.10-0.11kg/m³·day
滞留時間	83-92min

2.2.2　サンゴ石，石炭，木炭

浄化対象は河川水で、BODは約3mg/Lから10mg/L程度まで変動しているが、平均は5.20〜5.91mg/Lとなっている。用いられた接触材は、サンゴ石、脱油焼成石炭及び木炭で、それぞれ独立している。反応槽には、長さ10m、幅1m、高さ0.3mの接触材が4基直列に充填されており、水深を0.5mとし、接触材の下部0.2mを汚泥溜としている。水流方向は水平（水平流式）であり、本装置のフローを図2に示す。また、本装置は曝気を行っていない。

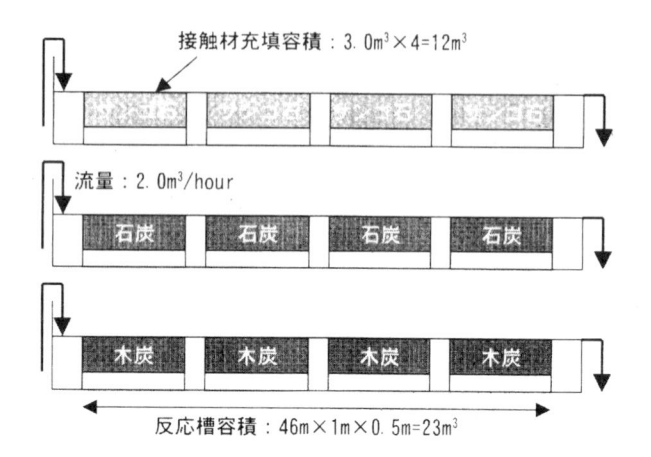

図2　本装置のフロー

　原水BODの平均が5.20〜5.91mg/Lであることから，中間値5.56mg/Lを用いると，BOD負荷は0.27 kg/dayとなる。接触材の空隙率を50%とすると，反応槽内に流入可能な容積は17m^{3}となることから，BOD容積負荷は0.016kg/m^3・dayとなる。滞留時間はおよそ8.5hourとなる。
　春夏秋冬のそれぞれの期間で測定しているが，いずれの接触材でも夏期のBOD除去率が良好となっている。サンゴ石は冬・春・夏期で最も除去率がよく，秋期は石炭が良好であった。全体的にサンゴ石，石炭，木炭の順で除去率が高くなった。良好と判断されたサンゴ石のBOD除去率は，秋期：47%，冬期：46%，春期：53%，夏期：69%となり，半分程度が除去されている。本装置の内，良好であったサンゴ石についてまとめると表3のようになる。

表3　本装置（サンゴ石）の評価

評価項目	数値
原水BOD	5.20〜5.91mg/L
BOD除去率	46−69%
BOD容積負荷	0.016 kg/m^3・day
滞留時間	8.5hour

第 3 章　微生物による水質浄化

2.2.3　サルボウ貝殻

　浄化対象は河川水と下水の混合水で，BOD値は一定ではない。代表水質は，懸濁性BOD（P-BOD）が約100mg/L前後，溶存性BOD（D-BOD）が約50mg/L前後でおよそ150mg/Lである。用いられた接触材はサルボウ貝殻で，その前段にSS除去を目的としてボール状プラスチック接触材を用いている。反応槽は，高さ2.1m，幅1.3m，長さ5.1mで，流入槽を含め6槽構造となっており，下部0.3mは，堆積汚泥貯留部となっている。実反応槽容積は，約10.6m^{3}である。通水は，交互に上向流及び下向流の連続であり，下部に散気管を設けて曝気を行っている。本装置のフローを図3に示す。

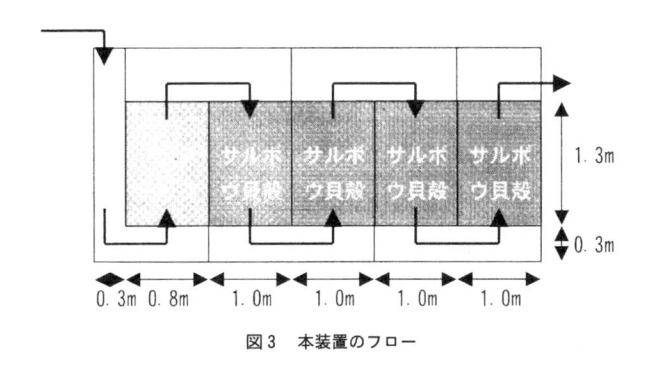

図3　本装置のフロー

　BODの除去率は，滞留時間が1.4〜2.3hourの場合では20〜80％，滞留時間が3.4〜4.0hourの場合では20〜90％，滞留時間が5.4〜7.5hourの場合では60〜90％と変動が大きいものの滞留時間が大きいと除去率が向上しているのがわかる。これをP-BODとD-BODに分類してそれぞれの除去率を見てみるとP-BODは，滞留時間が1.4〜2.3hourの場合では50〜90％，滞留時間が3.4〜4.0hourの場合では80〜100％，滞留時間が5.4〜7.5hourの場合では90〜100％となり，変動幅の小さく高い除去率を示している。しかしながらD-BODでは，滞留時間が1.4〜2.3hourの場合では10〜90％，滞留時間が3.4〜4.0hourの場合では15〜90％，滞留時間が5.4〜7.5hourの場合では40〜80％となり，変動幅も大きく滞留時間との相関性が小さい。これは，流入するD-BODが大きく変動しており，D-BOD容積負荷は数g/m^3・hourから80g/m^3・hourまでの幅があり，D-BOD容積負荷が小さければ高い除去率を示す結果となっている。P-BODは，接触材の1つの除去機能であるろ過機能によって浮遊物質（SS）と同様にろ過されるため，高い除去率を得ることができる。一方D-BODは，接触材であるボール状プラスチック接触材やサルボウ貝殻では捕捉困難であるため，特に大きなBOD容積負荷や短い滞留時間では，微生物の有機物分解酸化の能力を十分に発揮できないまま排出されてしまうため，大きな除去率を得ることができないと考えることができる。

2.2.4 プラスチック（ボール状）

　浄化対象はBODが1.0～4.5mg/L程度と水質汚濁が顕著ではない河川水である。接触材は，形状が直径210mmの大型ボール状で，材質がプラスチックである。これを反応槽に充填し，後段に椰子繊維ろ過槽を設けている。本装置のフローを図4に示す。

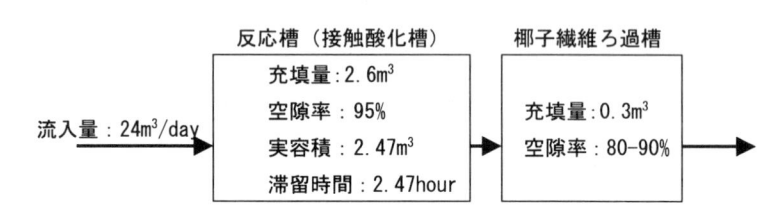

```
                    ┌─────────────────────┐    ┌─────────────────┐
                    │ 反応槽（接触酸化槽） │    │ 椰子繊維ろ過槽   │
                    │   充填量：2.6m³     │    │  充填量：0.3m³  │
流入量：24m³/day →  │   空隙率：95%       │ →  │  空隙率：80-90% │ →
                    │   実容積：2.47m³    │    │                 │
                    │   滞留時間：2.47hour│    │                 │
                    └─────────────────────┘    └─────────────────┘
```

図4　本装置のフロー

　本装置におけるBOD容積負荷は9.7～43.7g/m³・dayである。本装置の処理水のBODは，測定限界以下程度となっており，良好な結果と言える。また，SSも流入水が5～40mg/Lであるが，処理水は一時的な流入水SSの上昇時以外は測定限界以下に近い値を示している。SSの除去率が高いのは，椰子繊維によるろ過効果によるものと推定される。本装置についてまとめると表4のようになる。

表4　本装置の評価

評価項目	数値
原水BOD	2.0mg/L
BOD除去率	65%
BOD容積負荷	0.019 kg/m³・day
滞留時間	2.47hour

2.2.5　ポリプロピレン（リング状）

　浄化対象は，家庭排水が流入する用水池で，BODは6mg/L以上である。接触材はひも状ろ材で，家庭や業務用厨房などの排水ピットに投入する油吸着剤で，複数の小さなポリプロピレン製ループ繊維をモール状に形成した組紐構造となっている。本接触材の前段にはSS除去を目的とした軽量ろ材が取り付けられている。本装置のフローを図5に示す。

第 3 章　微生物による水質浄化

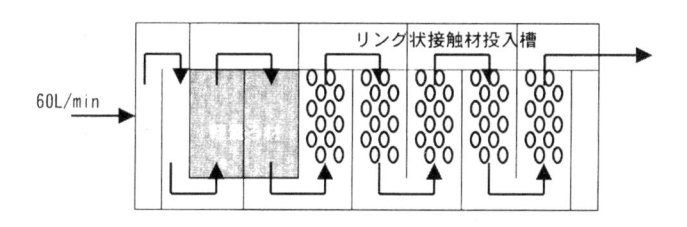

図 5　本装置のフロー

　本装置へのBOD負荷は，BOD値を6mg/Lとすると0.52kg/dayとなる。本装置のBOD除去率は21〜44%で，CODの平均除去率は23%，SSの平均除去率は35%となっている。本装置には，高圧水による洗浄装置が取り付けられており，生物膜の剥離があるものの高圧水洗浄後のCOD除去率は向上している。

2.3　課題
　自然環境中に生息する微生物を利用した環境水浄化は，物理・化学的な浄化技術に比べて，浄化速度や浄化施設面積などについて劣るものの，安全性や浄化費用といった点で優位であり，環境にやさしい技術であると言える。このような微生物利用の環境水浄化技術を普及していくためには，次のような課題を乗り越えて，問題点の対策と正しい性能評価方法を確立する必要がある。

2.3.1　発生汚泥対策
　活性汚泥法を代表する微生物利用の水処理技術の場合，汚泥，すなわち有機物や栄養塩類といった汚濁物質を吸収した微生物が発生しており，一般的にはそれら汚泥を処理系外に排出していかなくてはならない。活性汚泥法でいう余剰汚泥である。水中の有機物量が多い分，発生汚泥も多くなり，下水排水よりも有機物量が少ない環境中の河川水や湖沼水であっても微生物によって浄化することにより汚泥が発生することから，その対策は必要である。例えば，生物膜法の場合，接触材の表面に生物層が蓄積し，やがてその生物層が接触材に固着できなったとき，剥離して沈殿することになる。この沈殿した汚泥を放置し，堆積した状態にしておくと，やがて堆積部で無酸素状態となり，汚濁物質の再溶出につながるか，もしくは曝気などにより浮遊物質の増加につながることになる。この発生汚泥対策として一般的な方法は，定期的な引き抜きとなる。しかしこの場合は，引き抜きによる作業量の増大及び発生汚泥の処理費用などから運転維持管理費が増大することになるが，これに変わる方法がないのが現状である。現在，汚泥の減量化が，下排水処理分野で研究・開発されている。減量化の方法としては，生物学的方法と物理・化学的方法に

大きく分類することができる。生物学的方法としては，特定細菌を利用する方法，物理・化学的方法としては，熱利用，超音波利用，ミル（粉砕機）利用などがある。これらの方法は，現在，研究段階であり広く普及するという段階には至っていない。微生物を利用した環境水浄化では物理・化学的方法による汚泥の減量化は現実的ではない。このようなことから，汚泥発生量を少なくする方法を検討することを第一義とし，次いで生物学的な方法による汚泥の減量化を検討していくことが望まれる。

2.3.2 目詰まり対策（無機性SS対策）

河川水や湖沼水には，微生物利用の環境水浄化では除去困難なSSが含まれている。特にシルト等の無機性SSは，接触材もしくは反応槽等に直接流入すると目詰まりの原因となり，本来の機能を低減させることになる。前項で紹介した接触曝気法でも，SS対策を施した構造となっており，微生物利用の環境水浄化では対策が求められる課題の1つである。多くは，前段にろ過槽を設け，SSを十分に除去してから，対象水を反応槽に導入して接触材に担持した微生物によって有機物の分解を行わせている。

微生物利用の環境水浄化の場合，処理すべき水量を確保して寿命を伸ばすためには無機性SSに限らず，有機性SSについてもあらかじめ除去することが望まれる。方法としては，沈殿槽を設けて物理的に分離する方法，紹介したいくつかの接触曝気法のようにろ過槽を設けてろ材で分離する方法などが考えられる。凝集沈殿や浮上分離といった方法は，構造が複雑になり，環境水浄化法としては採用困難であるが，コストが低減でき，かつメンテナンスが容易となれば，検討の余地があるだろう。また，生物膜法の場合，反応槽にある接触材やろ材などの担体から生物膜も含むSSが除去しやすい構造とすることも対策の1つである。さらに，敷地面積を確保できるのであれば，酸化池に代表される安定池など，構造上目詰まりといった問題がない方法も検討されるべき方法の1つである。

2.3.3 難分解性有機物の除去

活性汚泥法に代表される微生物利用の水処理技術は，微生物によって吸収・分解が可能な有機物が中心的な除去対象となる。そのため，汚濁物質の指標であるBODは，高い除去率を得ることができるが，過マンガン酸カリウムや重クロム酸カリウムなどの酸化剤を用いたCODや有機物の炭素量を測定するTOCの除去率は，BODより低くなる傾向にある。これは，微生物利用の水処理技術の機能上やむを得ないことである。このような微生物では分解しにくい難生分解性有機物は，環境中では安定した状態で存在するが，例えば水利用の場合などでは，浄水場におけるトリハロメタン生成の原因物質となることがある。環境浄化という目的だけであれば，微生物利用で十分対応可能であるが，利水目的が加われば，難生分解性有機物の除去について検討せざるを得ない。微生物による分解が期待できない以上，物理化学的なろ過や吸着に頼ることになるが，

第3章 微生物による水質浄化

難生分解性有機物を分解することができる微生物による除去も将来的には可能な技術の1つになるかもしれない。

2.3.4 BOD測定の限界

BOD測定は，汚濁物質の指標として古くから利用されている測定方法である。生物酸化及び化学酸化によって水中の酸素が消費されるところに着目し，酸素の消費の大きさを汚濁物質の指標としており，一般的には密閉した容器を20℃暗所に置き，5日後の酸素量を測定してその差をBODとしている。このBOD測定は試料容器内に含まれる微生物及び酸化物質に依存している。このため，微生物環境を確保するため希釈水といった酸素と栄養塩類が含まれた水を希釈用として用いたり，また植種物質として下水の上澄み液，河川水，土壌抽出液を用いて積極的に微生物を用いたりする方法などがある。

いずれにしても，5日後の溶存酸素を測定し，その減少割合が40〜70%の範囲内の試料をBOD値として採用することになっており，適切な希釈が求められる。これは，酸素が十分に消費されない場合，すなわち減少割合が小さい場合は，試料中の微生物の活性，量に疑いが持たれ，また逆に酸素が大きく消費され，一部は酸素がほとんどない状態になった場合，すなわち減少割合が大きい場合は，汚濁物質量が大きく必要十分な酸素がなかったと想定される。大気圧下，20℃の純水の飽和溶存酸素量は8.84mg/Lであることから，40〜70%の濃度は，3.6〜6.2mg/Lとなる。このようなことから仮に希釈なしの試料の5日後の溶存酸素が6.2mg/L（70%）であるとすると，その試料のBODは2.64mg/Lとなる。このようなことから，BODの測定限界は2.64mg/L付近となる。活性汚泥法などの管理や設計でもBODを用いるが，この場合は測定限界より大きな値を取り扱うことから大きな問題とはならないが，河川浄化などの場合は，測定限界以下になることもあり，精度ある評価を行うことはできない。

しかし，現実は河川の環境基準では，AA類型のBODを1mg/L以下，A類型のBODを2mg/L以下と定めており，測定限界以下で行政上の基準が定められている。行政で環境基準が定められている以上，研究論文や報告書であってもBOD値が2mg/L以下の議論を多く見かける。

これを打開するためには，BODに変わる別の測定技術を汚濁物質の指標として採用していく必要がある。現在，TOC計による全有機炭素量の測定が広く普及しつつある。これは，水中の炭素量と無機炭素量を測定し，その差を有機炭素量としているものである。乾式と湿式があるが，いずれも検出限界が0.5〜50μg/Lであり，自動化されていることから信頼性も高い。問題点としては，TOC中のPOC（懸濁性有機炭素量）などのSS成分は，現在普及しているTOC計では目詰まりの原因となり，事実上DOC（溶解性有機炭素量）を測定していることになる。一部の装置では吸入口を大きくして，0.5〜0.8mm程度の粒径であっても測定可能としている装置もある。今後の測定機器の開発と低価格化を待ちたい。また，TOCは，易生分解性，難生分解性に限ら

ず有機物となっている炭素量を測定することになるため，BODの代替とはなりにくい。BODに変わる方法として，B-DOC（易生分解性溶解性有機炭素量）を測定する方法がある。これは，微生物や必要な栄養塩類が存在するガス洗浄ビンに試料を投入し，定温・暗所でクリーンな空気により曝気をし，一定期間後のDOCを測定し，その差をB-DOCとするものである。また，残ったDOCは，R-DOC（難生分解性溶解性有機炭素量）となる。このような方法は，汚濁物質が低濃度の河川水や湖沼水を対象とする水浄化の評価に十分に役立つと思われる。

文　　献

1) S.C. Reed, R.W. Crites, E.J. Middlebrooks著，石崎勝義，楠田哲也監訳，自然システムを利用した水質浄化，技報堂出版（2001）
2) William C. Anderson編，軽部征夫監修，バイオレメディエーション，シュプリンガー・フェアラーク東京株式会社（1997）
3) 児玉徹監修，バイオレメディエーションの基礎と実際，シーエムシー出版（1996）
4) 島谷幸宏，細見正明，中村圭吾編，エコテクノロジーによる河川・湖沼の水質浄化，ソフトサイエンス社（2003）
5) 楠田哲也編著，自然の浄化機構の強化と制御，技報堂出版（1994）
6) 今中忠行監修，微生物利用の大展開，エヌ・ティー・エス（2002）
7) J.T.Cookson Jr.著，藤田正憲，矢木修身監訳，バイオレメディエーションエンジニアリング，エヌ・ティー・エス（1997）
8) 公害防止の技術と法規編集委員会編，公害防止の技術と法規・水質編，丸善（1995）
9) 琵琶湖・淀川水質浄化共同実験センター年報（第1号〜第5号）（1999〜2002）
10) 山田謹吾，礫間接触酸化法による水質改善－桑原川浄化施設－，土木施工，44(9)，16-21（2003）
11) 津田将行，尾島勝，強汚濁河川における礫間接触酸化法による長期間原位置実験，水工学論文集，48(2)，1507-1512（2004）
12) 津田将行，尾島勝，礫間接触酸化法による強汚濁河川水の浄化効果に関する総合評価，水工学論文集，47，1099-1104（2003）
13) 荒木宏之，古賀憲一，浅尾靜佳，松尾保成，サルボウ貝殻を用いた接触酸化法の浄化機構に関する研究，佐賀大学科学技術共同開発センター年報，13，156-157（2002）
14) 松尾保成，荒木宏之，古賀憲一，サルボウ貝殻を用いた接触酸化法の浄化機構に関する基礎的研究，土木学会論文集，720，39-44（2002）
15) 野村和弘，山口修一，松江堀川における接触酸化法による低濃度閉鎖性水域浄化実験，629-630，土木学会第58回年次学術講演会（2003）
16) 野村和弘，山口修一，接触酸化法によるため池水質浄化実験，135，第36回日本水環境学会

第3章 微生物による水質浄化

年会講演集 (2002)
17) 三谷敏博,接触酸化法による水質浄化技術の開発,関西電力株式会社総研報告,**60**,149-152 (2002)
18) 三谷敏博,大西正記,接触酸化法による水質浄化技術の開発,電力土木,**301**,87-89 (2002)
19) 三谷敏博,大西正記,接触酸化法による水質浄化技術の開発,第19回エネルギーシステム・経済・環境コンファレンス講演論文集,107-110 (2003)
20) 黒崎靖介,橋口茂,高橋昌弘,長谷川愛子,河川湖沼浄化技術[総論],環境浄化技術,**2**(7) 5-8, (2003)
21) 中村圭吾,エコテクノロジーによる水質浄化技術-コンパクトウエットランドと湖内湖浄化法についての紹介,環境浄化技術,**2**(7) 59-62, (2003)
22) 須藤隆一,生物処理の管理285浄化槽の微生物(11),水,**46**(3) 30-31, (2004)
23) 福永和久,渡辺直久,河川・湖沼浄化技術,環境浄化技術,**1**(1) 63-67, (2002)
24) 山口哲也,杉村誠司,林弘忠,閉鎖性水域における浮体式浄化装置の開発,クリモト技報,**48** 40-44, (2003)
25) 藤村公人,井上理恵,竹尾敬三,伊藤忠男,曝気付き接触酸化設備(木下川浄化施設の例),63-64,環境浄化技術,**2**(7) (2003)
26) 森本修三,宇治川清流ルネッサンス21-仁淀川水系宇治川水環境改善緊急行動計画-,土木施工,**44**(9)32-36, (2003)
27) 船渡雄一,下山真人,田部譲,木炭による水質浄化システム,資源環境対策,**38**(10)991-994, (2002)
28) 木村弘子,渡邉真人,土壌被覆型礫間接触酸化法を用いた循環式硝化脱窒について,月刊下水道,**26**(10)97-10, (2003)
29) 富永正照,和田信昭,岡島裕明,永松真一,成井正文,富栄養化した湖沼の直接浄化について,第38回日本水環境学会年会講演集 409, (2004)
30) 溝口忠昭,梶山陽介,佐藤一教,高本成仁,村上光正,給排水点切り替え上下Uターン水路式生物ろ床法生活排水処理装置の開発,環境技術,**32**(5) 394-404, (2002)
31) 中山勝夫,串田正典,桑原健太郎,超低速回転円盤法及びキャピラリーろ過による河川・水路浄化システムの開発,霞ヶ浦水質浄化プロジェクトフェーズ1研究成果集,茨城県地域結集型共同研究事業 101-103, (2002)
32) 清水康弘,佐藤邦彦,広瀬和久,山形陽一,内湾漁場の底質改善対策調査 有用微生物活用に係る環境浄化実証実験,三重県科学技術振興センター水産研究部事業報告 75-79, (2002)
33) Steinmann, C.R., A combined system of lagoon and constructed wetland for an effective wastewater treatment, *Water Research*, **37**(9) 2035-2042, (2003)
34) 藤川陽子,ギャネンドラ プロサイ,濱崎竜英,菅原正孝,今田綾介,尾崎博明,既存の土壌浸透水処理施設の浄化性能の研究1,浄化施設流出水の逐次分析方法,506,第38回日本水環境学会年会講演集 (2004)
35) ギャネンドラ プロサイ,藤川陽子,濱崎竜英,菅原正孝,今田綾介,尾崎博明,国松孝男,既存の土壌浸透水処理施設の浄化性能の研究2,実施設の観測結果,第38回日本水環境学会年会講演集 507, (2004)
36) ギャネンドラ プロサイ,藤川陽子,濱崎竜英,今田綾介,尾崎博明,菅原正孝,生分解性

と潜在的変異原性に基づく溶解性有機物質の診断－新規な有機物分画法の開発と適用，京都大学環境衛生工学研究 18 192-197, (2004)

3 石油汚染海洋環境浄化

笠井由紀[*1], 渡邉一哉[*2]

3.1 はじめに

　石油は，現代人の生活に欠くことのできない物質であり，火力発電に使われるほか，自動車・船舶・飛行機の燃料，プラスチック・洗剤などの各種石油製品の原料としても使われる。石油の生産量および消費量は年々増加し，2002年には世界で約44億KLの石油が消費されている[1]。石油は世界の一次エネルギー供給量の約40％を占めており（2000年），この割合は10年間ほぼ横ばい状態が続いている[2]。石油は産地が偏在しており，その多くが中東に存在する[2]。このため生産された石油の約半分はタンカーで海上輸送されて消費地に運ばれることになる。石油の輸出地域は主に中東であり，これらの国々からアメリカ，日本，欧州などの消費国へと石油は海上輸送され，そのタンカー航路はオイルロードと呼ばれている。我が国では世界全体の7％を占める約3億1千万KL（2002年）の石油が消費されており[1]，そのほぼ100％近くがタンカーによる海上輸送で日本に運ばれてくる。このため，その輸送途上でタンカーの座礁事故が頻繁に起きており，その流出油による海域および沿岸の汚染が問題となっている。エクソン・バルディーズ号の座礁事故等，タンカー座礁による深刻な石油流出事故が世界中で起きているが，日本では，1997年に日本海でナホトカ号重油流出事故と東京湾でダイヤモンド・グレース号原油流出事故があいつ

表1　近年の代表的な石油流出事故

年	場所	原因	流出量
1989	アメリカ，アラスカ沖	エクソン・バルディーズ号	42,000
1991	クウェート油田	湾岸戦争	820,000（トン）
1994	イギリス，ショットランド島沖	ブレア号	85,000（トン）
1994	ロシア，ユージンスク	石油パイプライン破損	318,000
1995	韓国，麗水港沖	シー・プリンス号	96,000
1996	イギリス，ウエールズ州沖	シー・エンブレス号	70,000（トン）
1997	日本海	ナホトカ号	6,000
1997	東京湾	ダイヤモンド・グレース号	1,600
1997	シンガポール海峡	エボイコス号	25,000（トン）
1999	フランス沖	エリカ号	11,000（トン）
2000	インドネシア，ジャワ島沖	キング・フィッシャー号	160,000
2001	ベトナム，ヴン・タウ海岸沖	ベトナム・ペトロリメックス01号	19,000（トン）
2002	スペイン沖	プレスティージ号	77,000（トン）
2002	中国，天津沖	タスマン・シー号	80,000（トン）

（注）流出量で単位が無い項目はキロリットル。

＊1　Yuki Kasai　㈱海洋バイオテクノロジー研究所　微生物利用領域　研究員

＊2　Kazuya Watanabe　㈱海洋バイオテクノロジー研究所　微生物利用領域　領域長，主任研究員

で発生し,石油流出事故に対する関心が高まった。表1に,近年世界中で起きた主な石油流出事故をあげる。

　石油成分は生物に対する毒性を有するため,タンカー座礁により石油の流出が起こると,海域の魚や鳥,海草,貝類等の生物に対して悪影響を及ぼす。また,流出した石油が沿岸域に漂着した場合,沿岸域の生物や景観等にダメージを与え,生態系や経済に対して大きな被害を及ぼす。このように一旦タンカー座礁事故が起きると,現場周辺には安全性・経済性の面から甚大な被害が及ぶことから,それらを軽減するために速やかに流出した石油を除去するための対策がとられる場合が多い。海洋に流出した石油の処理は,海面上を漂っているものについてはオイルフェンスの設置,油回収船や中和剤と呼ばれる分散剤の散布で処置し,海岸に漂着した後は高圧熱水洗浄,重機・人力による回収作業が行われている。しかしながら,これらの物理的な方法では,人的・経済的負担が大きいばかりでなく,海岸の礫間隙に侵入し,石・礫表面に強く吸着した石油の除去が困難である。これに対して,近年,微生物を用いて流出油の除去を行う方法が提唱され,1989年3月に起こったエクソン・バルディーズ号の座礁事故の際に大規模に試みられた。このようなケースは,現場に生息する石油分解菌などにより流出油を分解しようというものであり,バイオレメディエーション（Bioremediation）と呼ばれている。

　本稿では,まず,タンカー座礁事故が起きたときの流出油の挙動について概観するとともに,海上における流出油への対応法,またバイオレメディエーションによる流出油の除去の可能性やその実施例,問題点等を論じる。

3.2　流出油の挙動

　石油の海洋への流出は,事故の発生以外にも,少量ではあるが日常的に起こっている。OECD環境白書[3]によると,海洋に排出される石油の量は年間300〜400万トンと見積もられている。このうち船舶等の事故に由来するものは10％以下であり,残りの大部分は主に陸上の人間活動によって排出される石油化合物の海洋への流入によるものであるといわれている。幸いなことに,海洋に流入した石油は生物的分解などにより減少し,表面上は顕著な蓄積が観察されていない。

　海洋へ流出した石油は風や波,太陽光などの自然の作用を受けて,時間の経過とともに組成や性状を変化させていく。このような流出油の変化は,風化（weathering）と呼ばれる。石油の比重は水より軽いため（原油の比重は約0.85）,流出した油は,海水の表面付近に留まり,漂流,拡散することにより,最終的には厚さ10〜100μmのスリックと呼ばれる膜を形成する[4]。

　環境中に放出された石油の挙動はその化学組成によって大きく支配されるが,多くの場合,最初に受ける重要な物理的作用は蒸発である。温暖な気候でガソリンは1日で約90％が蒸発し,ディーゼル燃料は2日で約50％が,中質油は約30％,重質油は約15％が蒸発する[5]。石油に含まれる低

第3章　微生物による水質浄化

分子の炭化水素は低沸点性であり，鎖長がC_{14}よりも短いn-アルカンの含量は，風化を受けることによって減少する。分子量が小さいほど沸点は低く，また極性が高いほど沸点は高くなる。分子量の小さな炭化水素ほど毒性が高いので，蒸発によって流出油が海洋環境に与える悪影響は減少していくが，逆に大気中の毒性は高くなる可能性があるので，汚染現場周辺住民や石油汚染除去作業を行う人々への影響が懸念される。

近視外光や可視光を吸収する芳香族，レジンおよびアスファルテン成分は，光化学反応を受ける。特に芳香族画分は，光化学反応によって分解し易くなると言われている。また，太陽光をほとんど吸収しないパラフィン類も光に影響されることが報告されている。

石油は物理的にも形態を変えていく。波等の作用によって小滴となった石油は水に分散し，海水と石油の接触面積は増大するため，微生物分解，溶解，沈降などの作用を受け易くなる。また，流出油は水と混合し，ムースと呼ばれる水－油型エマルジョンを形成する。ムースは50～80％の水を含むため，流出物の体積は数倍に膨れ上がる。また，粘性が高くなることから，沿岸の砂塵に接触すると，その除去が非常に難しくなる。さらに，揮発性成分が蒸発し，重質油成分が濃縮された石油は，固体となり，顕微鏡サイズから直径が数十cmのタールボールを形成することもある。

1989年にアメリカ，アラスカ沖で起きたタンカー，エクソン・バルディーズ号による原油流出事故後詳細な調査が行われ，流出油の成分変化やその物質収支が試算された（表1参照）。それによると，流出事故から約4年間に流出油の約20％が蒸発と太陽光による分解を受け，約14％が回収され，約50％が生分解を受け，約16％が海底や海水中に残存していると報告されている[6]。

3.3　流出油への対応

海上で流出した石油は，波等の物理的な作用によって拡散していくため，放っておけばかなり広範囲の海域が汚染してしまうことになる。このため，タンカー事故等で石油流出事故が起こった場合には，まずはタンカーの周りにオイルフェンスが張られ，流出油の拡散を防ぐ対策がとられる。オイルフェンスは，流出油を誘導して集めたり，原子力発電所や養殖場等の施設を流出油から守るために使用されることもある。オイルフェンスで集められた油は，油回収船や油回収装置によって回収されていく。この作業は流出油に対する最も基本的な対応であり，事故後迅速に行えば，静隠な海ではかなり効率的に流出油を回収することができる。

流出油の回収作業では，油吸着剤と呼ばれる資材が使われることもある。油吸着剤は水をはじいて油を吸着する性質を持っており，海面あるいは海岸で油を選択的に吸着・回収することができる。投入した油吸着剤は，すべて回収することが前提であるため，オイルフェンスで囲い込まれた流出油に使用されるのが一般的である。油吸着剤の吸着率は，油の含水率が40％以上になる

と急激に低下するといわれており，ムース化した油に対しては効果を発揮できないことが多い。

　流出量や環境状況等の理由で，上記の物理的手段のみでは流出油に対処できない時には，油処理剤が使われる場合がある。油処理剤には，海水中への油の分散を促進させる油分散剤と油をゲル化して回収し易くする油ゲル化剤の2種類があり，「海洋汚染及び海上災害の防止に関する法律施行規則」の中で満たすべき基準が定められている。現在主に使われているのは，乳化分散剤で，一般的に油処理剤といった場合には，油分散剤を指す。油処理剤は，油膜の拡散防止に効果が期待できる一方，その毒性によって環境がダメージを受けるのではないかという不安があるため，その使用を巡っては常に議論が起こっている。

　回収された油は，ゴミ等の不純物が混ざっていることが多く，再び石油として利用できることは少ないため，焼却処分される。外国では，回収した油を処理施設に運んだり貯蔵する手間を省くために，流出油の現場焼却が行われることがある。流出油を現場で燃焼させる場合，油膜の厚さは2～3mm以上必要なので，耐火性のオイルフェンスで流出油を寄せ集め，封じ込めてから行うのが一般的である。最初の油膜が20mmであれば約95％を現場焼却によって処理でき，大量の流出油を短時間で処理することが可能である。しかし，燃焼時に大量のすすや有毒ガスが発生するのではないかと懸念され，我が国では流出油の処理に現場焼却が適用されていない。

　様々な努力にも関わらず，大規模流出事故では，海岸に流出油が漂着してしまう場合が多い。海岸に流出油が押し寄せてきた場合，まずオイルフェンスで海岸を守り，できるだけ漂着量を減らす必要がある。その際，すべての海岸を保護することはほとんど不可能なので，油汚染に対する感受性とクリーンアップの難易度で海岸を分類し，どこを優先的に守るべきかを判断する指針を示したのが脆弱地図（センシティビティ・マップ）である。我が国では，環境省等が脆弱地図の作成を進めており，脆弱沿岸海域図をホームページ（http://www.env.go.jp/earth/esi/esi_title.html）で見ることができる。

　油が漂着し続けている最中にクリーンアップ作業を行っても，またすぐに汚染されてしまうため，海岸のクリーンアップは油があらかた漂着してから開始するのが普通である。クリーンアップ手段には，主にブルドーザーや，掘削機等の重機による堆積物の移動・掘り起こし，手作業による回収，吸着剤による吸収，高圧熱水洗浄，油処理剤の使用等がある。海岸クリーンアップは，海岸の種類，汚染油の量，油の状態等によって適当な方法が違ってくる。どの方法にも一長一短があり，おおむね，効率よく油を除去する方法は環境への負荷が大きく，環境への負荷が小さい方法は除去効率があまり良くないといえる。

　クリーンアップ作業は，どの方法をとっても多かれ少なかれ環境にダメージを与えることはさけられない。そのため，開放性の海岸等高い自然浄化作用が見込める海岸では，人為的なクリーンアップ作業は行わず，自然浄化に委ねた方がよいと考えられる場合もある。この方法は，人為

第3章 微生物による水質浄化

的に油を除去する場合に比べて、油の減少に時間がかかるのが普通である。そのため、人や動物による利用頻度の高い海岸には向いていない。

　流出油は、時間の経過に伴い粘度が高くなる。物理的回収、特に、重機を用いた回収では、流出油の粘度が問題となるため、時間の経過とともに重機の利用が難しくなる。さらに、時間の経過により汚染範囲は拡大し、石油汚染の密度は減少することから、重機や人海戦術による物理的回収の効果が減少する。これに対して、微生物による石油浄化では、汚染現場への栄養塩散布が主であるため、比較的汚染の密度が低く、広範囲にわたる場合にその威力を発揮することが期待される。このため、事故直後は重機および人海戦術により流出油の大きな固まりを取り除き、その後、低密度に分散した油あるいは礫間に吸着した回収しにくい油の処理にバイオレメディエーションが適用できるのではないかと考えられる。

3.4 微生物による石油成分の分解

　本稿では、今まで石油を1つの塊と考えその処理法などについてまとめてきたが、石油は分子量も構造も多様な炭化水素の混合物となっている。この点は微生物分解を考えるうえで特に重要であるので、以下石油中の成分について少し述べたい。

　石油には、炭化水素のほかにも、硫黄（S）、窒素（N）、酸素（O）を含む化合物が含まれており、微量であるが金属成分も存在している。原油中に含まれる化合物は数万を超えると考えられるが、同定されている化合物はごくわずかである[7]。しかも、その組成は産地によって異なる。そのため、原油中の成分は、カラムクロマトグラフィーによって分けられる4つの画分で総じて論じられることが多い。4つの画分は、飽和画分、芳香族画分、レジン画分、アスファルテン画

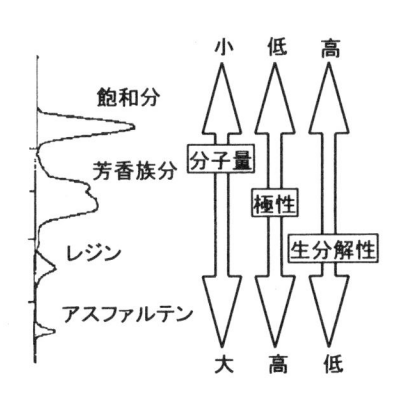

図1　原油中の4成分とそれらの化学的性質

分と呼ばれ，主に極性の違いによって分けられる（図1）。飽和画分には不飽和結合を持たない炭化水素（アルカンおよびナフテン）が主に含まれる。芳香族画分には，1つまたは複数のベンゼン環およびこれにアルキル側鎖のついた化合物が含まれる。これに対し，レジンとアスファルテンの画分には，飽和および芳香族化合物より分子量が大きく，炭素と水素に加え，硫黄や窒素，酸素，金属イオン等を含む複雑な構造の化合物が含まれている。分子量，極性の小さい飽和画分がもっとも分解されやすく，分子量と極性が大きくなるほど分解されにくくなっていく。もっとも重質な画分であるアスファルテンは，ほとんど生分解が起こらないと考えられている。

石油を分解できる微生物は，細菌，酵母，白色腐朽菌等の幅広い分類群で見いだされており，海洋，陸水，土壌と自然界に広く分布している。これらのうち細菌は，海洋での流出油の分解にとって量的に最も重要と考えられている。海水中には1mlあたり約10^6個程度の細菌が存在しており，非汚染海水中の石油分解菌の数はおおむね1mlあたり10^0～10^4個（1％以下）といわれている[8]。しかし，石油汚染を受けると，石油分解菌が増殖して優占化し，全体の約10％を占めるようになる[9]。石油分解菌は，飽和画分，芳香族画分を主に分解するものが多く，レジン，アスファルテン画分を分解できる微生物の報告は少ない。また，石油分解菌には，それぞれ分解できる成分があり，複数の画分を分解できる微生物の報告は少ない。つまり，多種類の化合物の集合体である石油の分解は，多くの種類の微生物群によって行われるのである。飽和画分の代表化合物である直鎖状アルカンや芳香族画分の代表的化合物のトルエンやナフタレンの分解経路は，すでに明らかにされている[10, 11]。アルカン分解菌はアルカンの末端を酸化することでアルコール→アルデヒド→高級脂肪酸へと順次変換し，最終的には生物に普遍的に存在するβ-酸化代謝経路により完全分解すると考えられている。アルカン分解菌については数多くの報告があり，自然界に普遍的に存在する[8]。

原油中の芳香族化合物でベンゼン，トルエン等の単環の化合物は沸点が低く風化過程ではとんど蒸発してしまうため，生分解の対象にはならない。表2に挙げた化合物は，バイオレメディエーションの際の分解指標となる芳香族化合物である。芳香族化合物の微生物分解においては，ほとんどの化合物が単環の化合物に分解された後にカテコール派生物へ酸化するという経路を経る。図2にフェナントレン分解経路の一例を示す。

石油の主成分である炭化水素は，長い間，酸素がなければ分解されないと考えられてきた。実際，地

表2 原油に含まれる代表的な芳香族化合物

二員環	ナフタレン フルオレン ジベンゾチオフェン
三員環	フェナントレン アントラセン
四員環	クリセン ピレン
五員環	ベンゾピレン

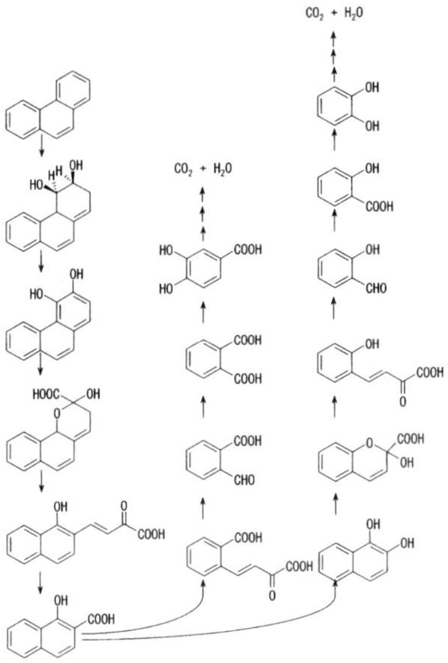

第3章 微生物による水質浄化

図2 細菌におけるフェナントレン分解経路

下の嫌気的環境に埋もれてしまった石油の分解はなかなか進まない。しかし、最近になって嫌気条件下で炭化水素を分解する微生物が知られるようになってきており、今までに炭化水素分解能をもつ脱窒菌、硫酸還元菌、鉄還元菌、などが単離されてきている[12]。しかし、これらの研究で明らかになってきているように、嫌気条件下での炭化水素の分解速度は好気的な分解に比べるとかなり遅い。そのため、地下に浸透した石油は、嫌気的な微生物分解を受けたとしても長期間残留してしまうと考えられる。

3.5 流出油のバイオレメディエーション

前述したように、海洋中には石油分解菌が少数ではあるが生息している。通常、海水中の石油存在量は少ないため、石油分解菌は常に石油が枯渇した状態におかれている。そこに、石油流出事故が起きて、石油が供給されると、石油分解菌は増殖を開始する。実際、石油で汚染された地域の微生物群集を調べると、石油分解菌が優占的になっていることが多い[13]。流出した石油が少量であれば、石油分解菌によって石油は速やかに分解されてしまう。しかし、大規模流出事故が起きて大量の石油が供給された場合、石油分解菌の増殖に必要な栄養塩や酸素等が枯渇してしま

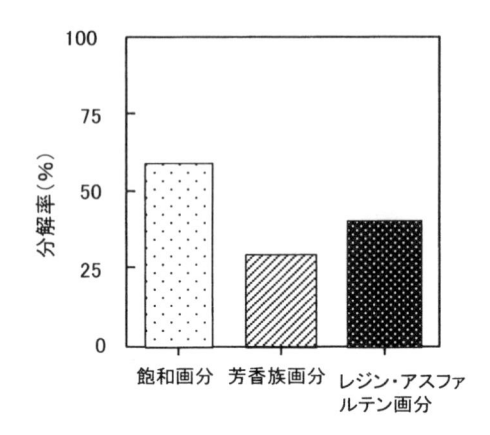

図3 海洋性細菌による漂着重油の分解（TLC／FID法による）

うために，石油分解菌の増殖が制限され石油の分解が途中で止まってしまう。海岸では栄養塩の枯渇が石油の生分解の制限要因になる場合が多いため，バイオレメディエーションでは不足する栄養塩を供給し，汚染海域の石油分解菌を活性化する方法（バイオスティミュレーション）が基本となる。図3にはナホトカ号の漂着重油を生分解させた例を示した。海水に漂着重油を加え，漂着重油あるいは海水中に生息していると考えられる土着の石油分解菌を活性化させることを目的として栄養塩（窒素およびリン）を加え，20℃で振とう培養した。培養1ヶ月後，重油成分を分析したところ，飽和画分の60%，芳香族画分の30%，レジン，アスファルテン画分の40%が分解された。また，分解試験中には重油の乳化が観察されたことから，ある種の石油分解菌は界面活性剤（バイオサーファクタント）を生産していることがわかった。石油は水に対して難溶解性であるため，油膜等を形成すると微生物分解を受けにくくなると考えられる。界面活性剤を生産する細菌を増殖させることができれば，砂礫等に付着した石油の洗浄（剥離）や，可溶化による分解促進が期待できる。

　油汚染された海岸の浄化に微生物の力を利用するという考えは古くからあり，1970年代後半からは小規模な試験が繰り返されていた。そして，1989年に起こったエクソン・バルディーズ号事故では，バイオレメディエーションが初めて大規模に実施された。米国史上最大の石油流出事故はアラスカに甚大な被害をもたらし，約200kmに及ぶ海岸線が汚染された。エクソン社とアメリカ環境保護局（United State Environmental Protection Agency: US-EPA）は，119kmに及ぶ海岸線にバイオレメディエーションを行い，3年間に渡り窒素換算で50トンにも及ぶ栄養塩が

第3章 微生物による水質浄化

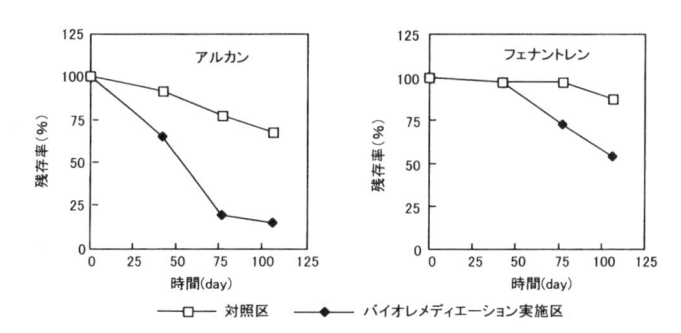

図4 海浜模擬実験装置を用いた流出油のバイオレメディエーション実験における砂利付着原油中の
アルカン、フェナントレン成分の分解の様子
(初期濃度を100%として表示、バイオレメディエーション実施系には0日目に栄養塩を添加した)

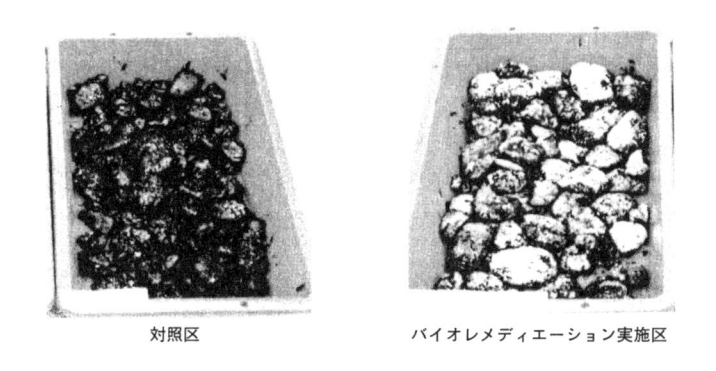

図5 バイオレメディエーションによる重油除去効果
(海浜模擬実験装置による効果)

散布され、その結果、油の浄化が3から5倍加速されたと報告されている[6]。しかし、使われた栄養剤には、親油性成分が含まれており、石油が分解されたというよりも、石油を海水中に可溶化する働きの方が大きかったのではないかと憶測する研究者もいる。

　我々の所属する海洋バイオテクノロジー研究所でも、流出油のバイオレメディエーションの有効性、環境への影響等の評価システムを確立するために基礎研究を行ってきた。ナホトカ号の漂着重油が付着した砂礫を汚染現場から採取し、海浜模擬実験装置を用いてバイオレメディエーション実施系と対照系における重油分解の様相を調査した。重油が付着した砂礫を海浜模擬実験装置（1.5m^3）内に敷き詰め、海水を常時通水させ、潮の干満を人工的に作ることにより、海水中の

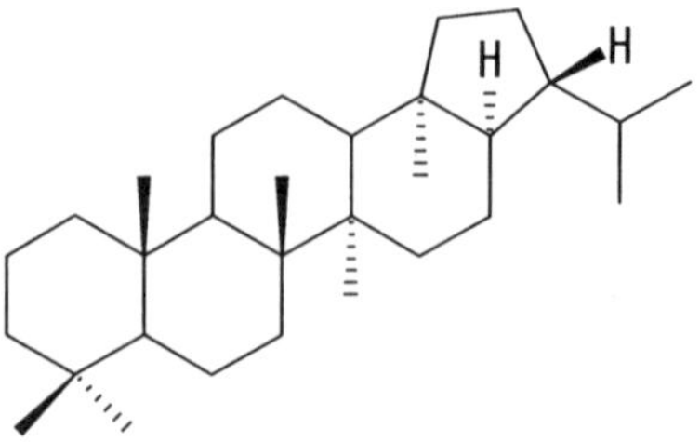

図6　17α（H），21β（H）-ホパン

　土着細菌による石油分解を行った（図4，図5）。バイオレメディエーション実施区には，栄養塩を加え，石油分解菌の活性化（増殖）を試みた。図4に，キャピラリーカラムガスクロマトグラフィー質量分析法（GC-MS）によって分析した砂礫付着漂着重油中のアルカン，フェナントレン派生物の残存率の経日変化を示した。これより，アルカン（飽和分）やフェナントレン（芳香族分）等の石油成分の分解は，バイオレメディエーション実施系で明らかに向上していることが分かる。また，図5には，石油の付着した石をバイオレメディエーションにより浄化した後の様子を示した。写真からわかるとおり，バイオレメディエーション実施区では石に付着した石油がほとんどないのに対して，対照区では石の表面に石油が残存している。これは微生物により生産された界面活性剤の効果によると考えられる。

　バイオレメディエーションの有効性を判断する時，最も大きな問題となるのはサンプルによるデーターのばらつきである。実験室のフラスコのような閉鎖された空間と異なり，自然環境では生分解以外にも風化による油分の減少が起きる。油の生分解速度を正しく評価するためには，油の全体量ではなく組成の変化を定量的に評価する必要がある。石油の揮発性分の分析に現在最も広く使われているのがキャピラリーカラムガスクロマトグラフィー水素炎イオン化検出法（GC-FID），または質量分析法（GC-MS）である。これらの方法で検出される石油成分の中には生分解の影響をほとんど受けない難分解性の成分が含まれており，その増減は波の作用など生分解以外の要因による油の移動を反映している。そのため，難分解性物質の量をバックグラウンドとして各成分の量を比較すれば，各成分の生分解速度を評価することができる。今日，標準物質としては，ホパン（17α(H),21β(H)-hopan：図6）がよく用いられている。

　バイオレメディエーションは，微生物の代謝反応を利用しているため，投入するエネルギーが少なく，また，汚染物質が分解されて消滅するため，汚染廃棄物処理の必要がなくコストを抑えることができる。一方，浄化を微生物の分解作用に依存しているため浄化速度はそれほど速くな

第3章 微生物による水質浄化

表3 バイオレメディエーションに適した一般的条件

海岸の特徴	種類	粗粒の砂浜，礫海岸，丸石海岸
	波のエネルギー	弱い
海水	温度	10℃以上
	pH	中性〜微アルカリ性
	栄養塩濃度	栄養塩濃度によって微生物の増殖が制限されている状態。農業排水や生活排水など栄養塩濃度の高い排水が近くに流入しているような場所は，栄養塩濃度が高く，添加した栄養塩の効果が現れない可能性がある。
漂着油	汚染の程度	軽度〜中度 重度の汚染の場合は，あらかじめ他の方法で油を取り除いておく。
	油の種類	重質な油は微生物分解されにくい。風化してアスファルト状になったものはほとんど微生物分解されない。
微生物		炭化水素分解菌が存在していること。通常は存在している。
場所の特徴	海水との接触	潮間帯。潮の干満によって水分と酸素が供給される。高潮線以上の領域は海水との接触が少ないため，微生物分解は起こりにくい。
	周辺地域	養殖場や希少生物生息地の近くは避ける。
	利用状況	早急に浄化が必要な場所には適さない。

く，浄化が完了するには通常2〜3ヶ月かかる。また，高濃度の汚染の場合には，分解がなかなか進まないことがある。このため，バイオレメディエーションは，他の手法で油を取り除いた後，さらに浄化が必要な場合に行うとよい。また，全ての海岸でバイオレメディエーションが有効というわけではない。これまでのフィールド実験でバイオレメディエーションが成功した海岸は，丸石海岸，礫海岸，砂磯海岸，粗粒の砂浜海岸が多い。これらの海岸は比較的通気性が良く，地中でもある程度の深さまでなら酸素不足になることは少ない。そのため，栄養塩が石油分解菌増殖の制御要因になっていることが多く，バイオレメディエーションが効果を発揮するのだと思われる。表3にバイオレメディエーションに適した条件をまとめた。

3.6 バイオレメディエーションの課題

石油のバイオレメディエーションによる処理は，短期間での著しい効果は望めないものの，物理的に除去が難しい礫間に吸着した油も除去でき，油処理剤等の化学物質を用いた手法に比べて環境に対する負荷が少ない等メリットを持つ。しかしながら，現場での実施例は非常に少ない（表4）。バイオレメディエーションの実施例が少ない大きな理由の1つに，パブリックアクセプタンスが得られないことが挙げられる。パブリックアクセプタンスを得るためには，リスク対効果を明確にするための安全性評価手法と，費用対効果を明確にするための経済性評価手法を確立

表4 エクソン・バルディーズ号事故以降のバイオレメディエーション適用事例

年	場所	原因	処置法
1990	アメリカ, テキサス州	アペックス・バージ事故	微生物製剤
1990	アメリカ, テキサス州	メガ・ボーグ爆発	微生物製剤
1990	アメリカ, ニュージャージー	石油パイプライン破損	栄養剤
1990	アメリカ, カリフォルニア	油田爆発	微生物製剤
1996	イギリス, ウェールズ州沖	シー・エンプレス号	栄養剤
1997	日本海	ナホトカ号	栄養剤, 微生物製剤

する必要がある。物理的処理法に関しては、そのリスク、効果、費用が比較的明確であり、そのため、パブリックアクセプタンスも得やすい。しかし、バイオレメディエーションに関しては、これらを議論するための基礎的なデーターが不十分なのが現状である。

安全性評価を行うにあたっては、まず、使用する資材（栄養塩を含んだ散布剤）の基準を作成する必要がある。富栄養化等の2次汚染を引き起こさないためにも、添加される散布剤の量および方法は十分に検討されなければならない。また、分解過程における中間代謝産物の生成および毒性の変化をモニタリングする必要がある。毒性試験には、急性毒性試験、慢性毒性試験のほか、遺伝子に対する影響を見る変異原性試験、生殖・発生毒性試験など様々な種類があるが、それぞれの目的に応じて簡便で迅速なスクリーニング方法の開発が求められる[14]。

経済性評価を行うにあたっては、浄化を行った場合および行わなかった場合の経済的損害を算出し、浄化による損害軽減が浄化費用に見合うかどうかを評価する必要がある。ここでは、漁業や観光業に対する直接的な経済的損失と共に、希少資源や生態系の保護といった、長期的視野に立った損失も考慮していかなければならない。また実際のバイオレメディエーションにおいては、基本的浄化法を基にして現場毎に適した浄化戦略を策定するための経験が欠かせず、専門家の育成も課題となってきている。

3.7 おわりに

油汚染した海岸のクリーンアップを行う際に、どの程度まできれいにするか、つまり浄化の終結点をいつにするか決めるのは議論すべき問題である。多くの場合、浄化にかかるコストが浄化できる程度に見合わなくなった時に自然の浄化作用に委ねられる。エクソン・バルディーズ号事故で汚染された海岸はバイオレメディエーションの適用によってかなりきれいになったと報告されている。しかしながら、バイオレメディエーションを実施した海岸から消えた全ての漂着油が石油分解菌に分解されて無くなったわけではない。海岸の地下深くに埋まったり、微生物に生産された界面活性剤の作用等で海水中へ拡散して見えなくなっただけで、かなりの量の漂着油が14

第 3 章　微生物による水質浄化

年以上たった今でも海岸に残存し，生態系に影響を与えていると報告されている[15~18]。これまでの海洋油汚染浄化は，目に見える油をいかに早く取り除くかを目的に行われてきた。今後はさらに汚染海洋環境全体のリスクを包括的に評価し，また長期的な視野に立った浄化手法の開発と適用が必要となってくると考えられる。

文　　献

1) 外務省，エネルギー基礎統計　http://www.mofa.go.jp.mofaj/gaiko/energy/tokei.html
2) 石油情報センターホームページ　http://oil-info.ieej.or.jp
3) OECD環境委員会編，環境庁地球環境部監訳（1992），中央法規出版
4) McAuliffe, C.D. (1987) Organisms exposure to volatile/soluble hydrocarbons from crude oil spills - a field and laboratory comparison. Proc. Of international oil spill conf., **10**, 275-288
5) Fingas, M.F. (1994) Chemistry of oil and modeling of spills. J. Adv. Mar. Tech. Conf., **11**, 41-63
6) Wolfe, D.A., Hameedi, M.J., Galt, J.A., Watabayashi, G., Short, J., O'Claire, C., Rice, S., Michel, J. Payne, J.R., Braddock, J., Hanna, S., and Sale, D. (1994) The fate of oil spilled from the Ezzon Valdez. *Environ. Sci. Technol.*, **28**, 561A-568A
7) Wang, Z., Fingas, M., and Ken, L. (1994) Fractionation of a light crude oil and identification and quantitation of aliphatic, aromatic, and biomarker compounds by GC-FID and GC-MS, part II. J. Chromatogr. Sci. **32**, 367-382
8) 清水潮（1978）微生物の生態5，日本微生物生態学会編，学会出版センター，197
9) Congress of the united states office of technology assessment. Bioremediation for marine oil spills (1991)
10) Iwabuchi, T., Inomata-Yamauchi, Y., Katsuta, A. and Harayama, S.(1998)Isolation and characterization of marine Nocardioides capable of growing and degrading phenanthrene at 42℃. *J. Mar. biotechnol.*, **6**, 86
11) Cerniglia, C.E. (1992) Bioremediation of polycyclic aromatic hydrocarbons, *Bioremediaiton.*, **3**, 351
12) Spormann, A.M. and Widdel, F. (2000) Metabolism of alkylbenzenes, alkanes, and other hydrocarbons in anaerobic bacteria. *Biodegradation.*, **11**, 85-105
13) Kasai, Y., Kishira, H., Shutsubo, K, and Harayama, S. (2000) Molecular detection of marine bacterial populations on beaches contaminated by Nakhodka tanker oil-spill accident. Env. *Microbiol.*, **3**, 246-255
14) 渡辺一哉，萩原清司（2001）石油汚染のバイオレメディエーションの安全性環境技術 **30**, 420-425.

15) Mudge, S.M. (2002) Reassessment of the hydrocarbons in Prince William sound and the Gulf of Alaska: identifying the source using partial least-squares. *Environ. Sci. Thechnol.*, **36**, 2354-2360
16) Peterson, C.H., Rice, S.D., Short, J.W., Esler, D., Bodkin, J.L., Ballachey, B.E., and Irons, D.B. (2003) Long-term ecosystem response to the Exxon Valdez oil spill. *Science.*, **302**, 2082-2086
17) Huggett, R.J., Stegenam, J.J., Page, D.S., Parker, K.R., Woodin, B., and Brown, J.S. (2003) Biomarkers in fish from Prince William Sound and the Gulf of Alaska: 1999-2000. *Environ. Sci. Technol.*, **37**, 4043-4051.
18) Short, J.W., Lindeberg, M.R., Harris, P.M., Maselko, J.M., Pella, J.J., and Rice, S.D. (2004) Estimation of oil persisting on the beaches of Prince William Sound 12 years after Exxon Valdez oil spill. *Environ. Sci. Technol.*, **38**, 19-25

第4章　植物による水質浄化

森　一博[*1]，藤田正憲[*2]

1　植物による水質浄化の原理

1.1　はじめに

　植物を用いた環境浄化・修復法はファイトレメディエーションとも呼ばれ，近年注目されている技術の1つである[1]。維持管理の直接の対象は植物であるため，汚染環境中で微生物の活性を制御して浄化を促進するバイオレメディエーションとは異なる。植生に備わる浄化能を利用するため，エネルギーの投入が少なく高度な維持管理操作も必要ではない。さらに緑地空間の創造にも寄与できるなど，これまでの浄化技術にはない利点を有している。植物を利用することから，土壌浄化に利用されることが多くなったが，植物種と栽培条件を整えれば水質浄化にも効果を発揮する。水質浄化へ植物を利用する試みは水生植物浄化法あるいは植栽浄化法としてファイトレメディエーションが注目される以前から行われており，土壌浄化への利用よりも歴史は古いともいえる。世界的に水生植物による水質浄化法は1960年代に研究が始まっており，日本においても1960年にミズアオイによる水質浄化の実験がなされている[2]。その後，様々な研究者や技術者が水生植物による水質浄化の実用化に取り組んできた。行政による取り組みでは旧建設省の「ふるさとの川モデル事業の推進」，「多自然型川づくり推進の通達」，旧環境庁の「生態系を活用した水質浄化事業補助」などがあり，水生植物による水質浄化の応用範囲は拡大しつつある。以下本項では，水生植物による水質浄化の原理をその背景とともにまとめた。

1.2　水生植物浄化法の背景

　元来，湖沼や河川などの環境水中には，生物の営みを支えるに足る栄養素が常に適当量含まれている。それは，植物の光合成による有機物の生産と，従属栄養生物による分解を通した物質循環が生態系で生じているためである。物質循環に関わる物質の移動や変換のしくみのことを自浄作用と呼ぶ。人の暮らしが自浄作用の範囲に収まっている時代には大きな環境問題が生じることなく生活を営むことができた。そのような生活の中で，日本では古くから植物がもつ水質浄化能

---

*1　Kazuhiro Mori　山梨大学　大学院医学工学総合研究部　社会システム工学系　講師
*2　Masanori Fujita　大阪大学　大学院工学研究科　環境工学専攻　教授

力を身近に利用していた。例えば栄養塩類の流入した湖沼で繁殖した藻を刈り取り，畑地に肥料として還元したり[3]，農閑期の収入源としてよしずを作り売るなど，植物による水質浄化と資源化は生活の中に組み込まれていた。ため池の水を澄ませるためにホテイアオイを利用する[4]ことも，住民の生活から生まれた伝統に沿うものであったといえる。世界的にも近代下水処理技術が取り入れられる以前は，自然の自浄能力をうまく利用した水質浄化が行われていた。しかし，都市化が進み経済活動が高度化すると物質循環では対応しきれない過剰な量の有機物や栄養塩が系外から持ち込まれ，汚濁物として蓄積して水質汚濁が生じることになった。過剰な有機物は従属栄養者の活動を促進するため，水中の溶存酸素が欠乏し生物活動の低下と物質循環の破綻を招くことになる。また窒素やリンに代表される栄養塩類も，過剰に存在すれば特定の藻類の異常増殖を引き起こすため，様々な利水障害を招く大きな有機性の汚濁負荷につながる。暮らしが豊かになると共に排出する物質の量と質も多様化するため，水の量と質にあわせたより高度な浄化法が必要とされるようになったのである。これが英国などで散水ろ床法や活性汚泥法といった近代下水処理技術が開発されることにつながる。これらの水質浄化技術も基本的には，自然の浄化に寄与している微生物の働きを活用したものであるが，微生物濃度を高め反応槽内へ大量のエネルギーを投入して効率的に処理する点が，大きく従来の水質浄化法と異なる。近代下水処理技術が効果を上げるとともに，現在，大中都市ではこれらの方法が主流となっている。しかし，小規模で処理水量が少ない場合には，このような高度な処理方法は効率的でない。また人口増加と工業化が激しい一方で，下水道システムの整備に問題を抱えている国や地域では，エネルギーやコストがかからず高度な維持管理操作も必要でない処理法が求められている。さらに，標準活性汚泥法だけでは窒素・リンを充分に除去することが難しいため，水域の富栄養化対策に役立つ技術が必要となるなど，これまでの手法の課題を補える新たな技術が求められている。そこで自然の浄化能力による水質浄化法の1つとして植物の利用が注目されることになった。植物を用いた水質浄化法では，有機物と栄養塩の除去が達成できる上に，植物種によっては有価物を生産することも可能である。このような特徴は，持続的な循環型社会システムの考え方にも適うため，近年になって再び脚光を浴びている。

1.3 水生植物による水質浄化の原理

植物を用いた水質浄化では直接の管理対象は植物であるが，浄化反応には植生を構成する様々な要素が関わる。すなわち植生の中で物質循環に関わる生物，物理，化学的な作用の総合的な結果として浄化が生じる。そのため水質浄化のメカニズムは複雑で，様々な浄化因子の相互作用を定量的に取り扱うことが難しく不明な点も多い。しかし，主要な因子は，①植物体による窒素・リン吸収作用，②根圏微生物による有機物分解と硝化・脱窒作用，③植物体の接触材としての作

第4章 植物による水質浄化

用,及び④その他の作用,に要約することができる。

(1) 植物体による窒素・リンの吸収作用

植物を用いた水質浄化の機能の中で最も期待されるのは,閉鎖性水域の富栄養化の原因となる窒素・リンの除去である。植物が生長のために窒素やリンを要求し,これを根から吸収することで栄養塩が除去される。もちろんこれらの物質以外にも様々な物質が吸収されるが,一般的に水域の富栄養化は窒素あるいはリンによって引き起こされることが多いので,水質浄化ではその吸収能が注目される。ここで吸収の律速因子となるのは,利用する植物の単位バイオマス当たりの窒素・リン含有率とバイオマスの生産速度と考えられる。特に後者は植物による差が大きい。Reddy[5]は,沈水植物および浮遊植物についての多数の測定値から,植物の現存量や生育速度とN,Pの除去速度との間に次式の関係を報告している。

$[N] = 17.63 GR + 0.662 PD + 263.7$

$[P] = 1.43 GR + 0.028 PD + 112.4$

ここで,[N]および[P]は,それぞれNおよびPの除去速度($mg/m^2/day$)

　　GRは植物の生育速度($g\ dry\ wt/m^2/day$)

　　PDは植物の現存量($g\ dry\ wt/m^2$)

これらの式は,浮葉植物および小型の抽水植物による窒素,リンの除去速度についても,かなり良い近似を与える。よって,高い浄化効果を得るためには生育が速くバイオマス量の大きな植物が重要視される。日本のような温帯地域においては温度,日照時間などの季節的な気候変動が窒素・リンの吸収能力に大きく影響し[6],これまでに報告されている吸収速度には,1オーダー以上の開きがある。しかし,そのような影響を除けば栄養塩の吸収には上記のような一定の傾向が

表1　各種水生植物で報告されている窒素・リン除去能力の例

植物	窒素除去能力 ($mg/m^2/day$)	リン除去能力 ($mg/m^2/day$)
ボタンウキクサ	985	218
ホテイアオイ	1278	243
サンショウモ	406	105
コウキクサ	292	87
アカウキクサ	108	33
ウキクサ	151	34
ミジンコウキクサ	126	38
ヨシ	280	28
バックブン	510	62

見出せる。代表的な水生植物について報告されている窒素及びリンの除去能力の例を表1に示した。水生植物による栄養塩類の吸収速度は、水中の栄養塩濃度や温度など生育環境の影響を受けて変化するため、ここに示した能力は至適条件において得られたものである。しかし、浄化施設の設計や維持管理においては目安となる重要な数値となる。

植物を利用することの利点は、温度や日射量など環境条件が植物の生育に適していれば、人為的にエネルギーを投入することなく浄化効果が得られることにある。しかし、吸収固定された栄養塩類はバイオマス中に固定されているため、定期的にバイオマスを回収し系外に排出しなければ水質浄化は達成されない。植物の生育速度を適正に保ち、枯死して分解されるのを防ぐためにもバイオマスの回収は重要である。回収したバイオマスには何らかの処理を施す必要があるので、後述するように再資源化や土壌還元など様々な有効利用法が模索されている。

(2) **根圏微生物による有機物分解と硝化・脱窒作用**

植物の根からは酸素をはじめ様々な物質がその周辺部に供給されており、微生物も活発に活動していると考えられている。このような根の影響を受けている領域を根圏と呼ぶ。水生植物による浄化作用は、植物による栄養塩の吸収だけでなく、根圏微生物の作用によるところが大きい。河川などの環境水中には10^4〜10^6CFU/mL程度の微生物が存在している。この値は、人の影響をあまり受けない清流から人口密集地を流れる都市河川にいたるまであまり大きな差は見られない[7]。このような水中に浮遊している微生物以外に、底泥中や砂礫の表面さらには水生植物の根にも微生物は付着して生物膜を形成している。これまで水生植物の根に付着している微生物はあまり注目されてこなかったが、著者らの調査ではウキクサやボタンウキクサの根1グラム乾燥重量あたり10^{11}CFUと予想以上に多くの微生物が高密度に付着していることが分かってきた。これ

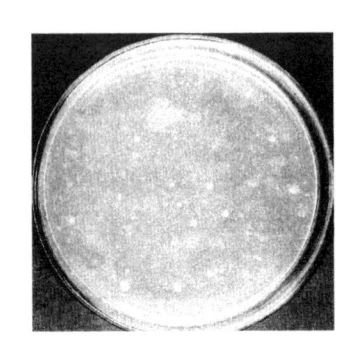

写真1　ウキクサの根に付着する細菌の培養結果

第4章　植物による水質浄化

表2　ウキクサ根圏におけるSDSの分解に伴う酸素消費

ウキクサ栽培条件	TOC除去速度 （mg-TOC/L/時間）	DO消費速度 （mg-O_2/L/時間）
明条件	0.406	0.595
暗条件	0.204	0.203

ウキクサの酸素輸送速度：385mg-O_2/時間/g(根の乾燥重量)
　　　　　　　　　　　（176mg-O_2/時間/m^2）

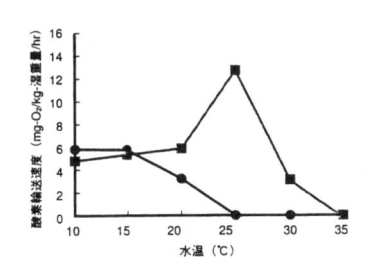

図1　水温とボタンウキクサの酸素輸送速度の関係
● : 照度20000lux, ■ : 平均照度91000lux

は，栽培面積 1 m^2 あたり生菌数として10^{10}〜10^{11}もの微生物がそこに生育する水生植物の根に付着していることを意味する。写真1は，根から分離した微生物試料を平板培地に塗布してコロニーを形成させたものである。様々なコロニーが観察でき多様性に富んでいることも分かる。このように水生植物の栽培系内には非常に多くのまた多様な微生物が存在しており，これらが活発に活動するときの分解作用は水質浄化においても有効であると考えられる。その際に重要なのが植物が行う酸素輸送と呼ばれる働きである。ヨシ，ホテイアオイ，ウキクサなどの水生植物は葉や茎の空隙，根茎の中央の空洞や通気道を通して酸素を放出し，根の周辺を好気的な環境にしている。表2は，極めて生分解性の良い界面活性剤であるSDSをウキクサの栽培水に添加した時の分解速度と酸素消費速度を求めた結果の一例である。明条件では高い酸素消費速度が維持され，有機物（この場合はSDS）の分解速度も高いことが分かる。さらにボタンウキクサで温度を変えて密閉型の実験装置を用いて酸素輸送速度を求めたところ，図1のようになった。弱い照度では，水温が高いと酸素輸送は減少したが，強い照度では高い酸素輸送が観察された。これは，日中の光合成の盛んなときに大きな酸素輸送が行われることを意味している。一般に水環境中では溶存酸素濃度の欠乏が生分解の律速因子になると考えられる。活発な酸素輸送によって水中溶存酸素濃度

環境水浄化技術

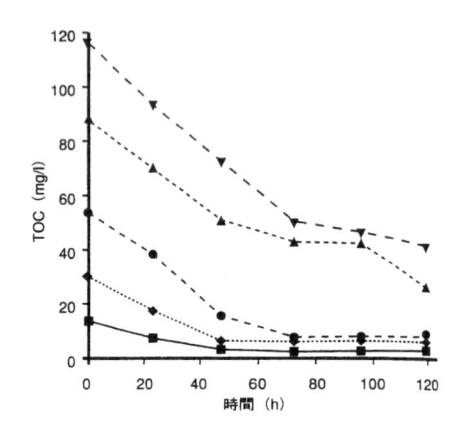

図2 ボタンウキクサ根圏における人工下水の分解

が上昇すれば，微生物による好気分解が促進されることになる。ボタンウキクサを入れた水槽に様々な濃さの人工下水を入れると図2のように効果的に有機物が無機化される。このように植物からの酸素供給とこれにより活性化される根圏微生物の働きによってかなり高濃度の汚水でも処理できることから，中小規模であれば栄養塩の除去だけでなく生活排水処理への利用も充分に可能である。すでにホテイアオイでは生活排水処理施設の設計指針が示されている[8]。また最近の研究から，浄化の対象は生活排水に含まれる比較的生分解が容易な汚濁物質に限られるわけではなく，従来植物を用いた水質浄化にはなじまないと思われていた，様々な種類の有機化学物質にも効果を示すことが明らかとなってきた。筆者らの研究室ではウキクサ根圏における難分解性の有機化学物質の分解を検討している。図3はその一例を示している。様々な種類の界面活性剤が非常に効率的にウキクサ栽培系内で分解されているのが分かる。この中には生分解性が悪く，いわゆる環境ホルモン様作用が危惧されるノニルフェノールポリエトキシレートのような生態系への影響が危惧される物質も含まれている。このように水生植物の根圏浄化作用は，幅広い物質の浄化に利用できる能力を秘めている。これは排水処理に限らず，野外で使用され水域に直接流入する化学物質の除去や負荷低減にも植生が重要な役割を果たせること示している。

ここまで根圏微生物による有機汚濁物質の浄化を紹介したが，栄養塩の除去にも根圏微生物は寄与していると考えられている[9,10]。富栄養化の原因物質として重要なのは窒素とリンであるが，特に窒素の環境中での動態には微生物の関与が大きい。環境中の微生物のはたらきで有機態窒素のアンモニアへの変換や硝化・脱窒が生じ，生態系で窒素が循環していることはよく知られる。

第4章　植物による水質浄化

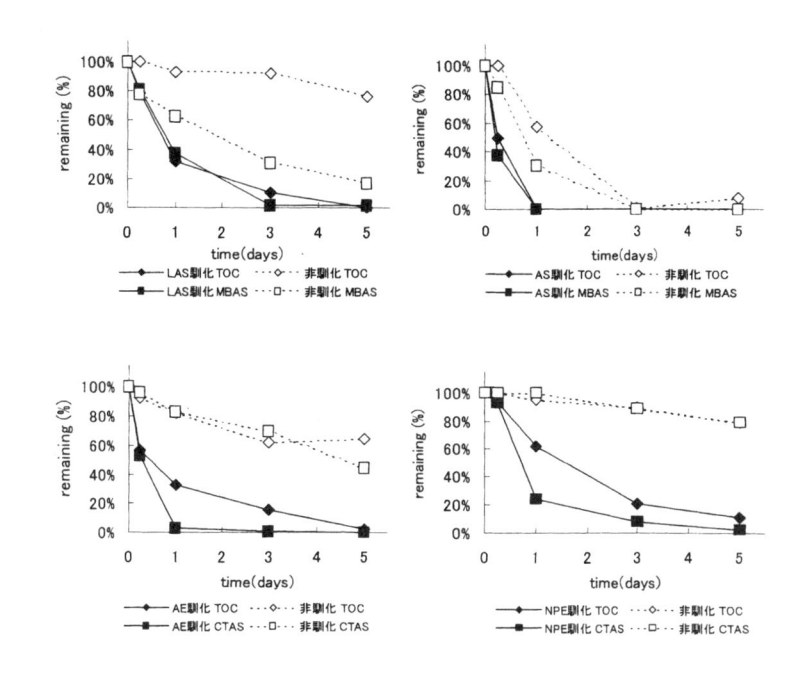

図3　ウキクサによる界面活性剤の分解

各図は，直鎖アルキルベンゼンスルフォン酸ナトリウム(LAS)，ドデシル硫酸ナトリウム(AS(SDS))，アルコールエトキシレート(AE)，ノニルフェノールエトキシレート(NPE)の根圏での分解をTOCおよび界面活性の指標(MBAS及びCTAS)にて測定。
ウキクサ根圏は各界面活性剤に長期間馴らしたもの（馴化）と初めて接触したもの（非馴化）を用いた。

しかし，硝化はアンモニア酸化細菌と亜硝酸酸化細菌のような特定の微生物の好気条件での作用に依存しており，一方の脱窒反応は比較的多くの微生物が行うものの嫌気条件でなければ生じない。根圏では植物による酸素輸送の影響が及ぶ範囲とその周辺部において，好気と嫌気の条件がともに期待できる。よって，植生系では汚濁水中に含まれる有機態の窒素は容易に生物分解を受けてアンモニア態に変化し，さらに好気条件下では硝化細菌によって硝酸態に変換される。その後，微生物による脱窒や植物による吸収作用によって除去されることになる。リンに関しても水域に放出された有機態リンは，微生物により好気条件下で酸化されリン酸となり，植物に吸収されたり鉄やカルシウムイオンなどとの反応により沈殿し水中から除かれる。いずれにしても除去されたリンは水質浄化施設内に溜まるので，最終的な植物体の回収と沈殿物の浚渫は必要である。このように根圏微生物の作用は，無機の栄養塩類の除去においても重要な役割を担っている。
以上の根圏における浄化の仕組みは図4のように模式的に理解することができる。

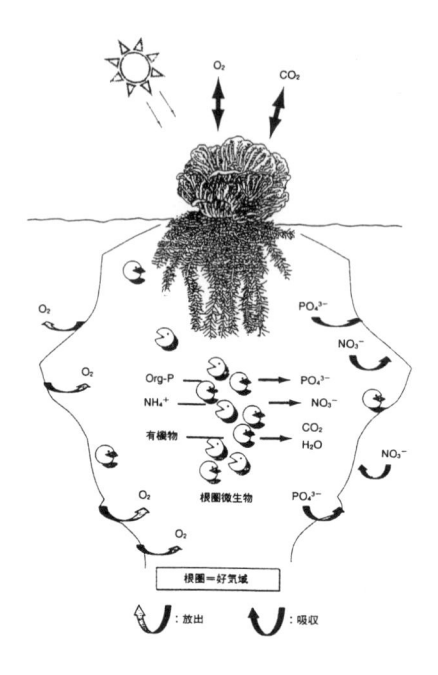

図4 根圏における浄化

(3) 植物体の接触材としての作用

植物体の水中茎，地下茎，根などは接触材としての機能を果たすため，これによって水中の浮遊物質が沈降・除去されると考えられている。しかし，これらの定量的な報告は見られない。

(4) その他の作用

抽水性あるいは沈水性の植物の栽培に土壌やろ材といった支持基盤が用いられる場合には，イオン交換能が期待できる。広くろ材として用いられているゼオライトは，陽イオン交換能が高くアンモニア態窒素や腐食酸の吸着ろ過に高い効果を示す。また園芸用土として知られる鹿沼土も，リン酸吸着能が高いことからろ材として今後その効果が見直されるものと思われる。その他に，蛎殻，木炭，ヤシマット，ロックウールなど廃棄物の利用も含めて様々な素材が植物と組み合わせて水質浄化に用いられている。

このように水生植物を用いた水質浄化法は，コストや維持管理の面から高度な処理方法がなじまない場合に非常に有効な処理法といえる。しかし，課題も多く残されていることも事実である。これまでにホテイアオイ，ヨシ，クレソン，クウシンサイをはじめ少なくとも80種以上の植物で

第4章 植物による水質浄化

何らかの浄化作用が報告されている[79]が,詳細な知見が得られている植物は少ない。また植物の生育は環境条件の影響を受けやすいため,安定した処理効果が十分に発揮できるような維持管理の手法も求められている。そのため,今後より多くの植物について生育や水質浄化に関わる知見を蓄積し,データを工学的に処理し活用できる環境を整えることが重要である。大阪大学では,これまでに報告されている様々な植物が持つ水質浄化能力に関するデータベースを作成し,エンジニアへの情報提供を進めている。これについては別途後述する。

2 バイオマス利用

2.1 はじめに

植物を用いた水質浄化では,窒素やリンなどの無機栄養塩は植物に吸収されバイオマスに固定される。この場合,活性汚泥法などの一般的な下排水処理法に比べると高度な維持管理操作は必要でない。しかし,植物の生育密度を適性に保たねばならず,冬季に植物が枯れれば栄養塩の溶出や有機物の分解に伴う溶存酸素の消費を引き起こすので,余剰バイオマスは適宜収穫しなければならない。旺盛な増殖を示す水生植物では,農業に利用される作物品種よりも高いバイオマス生産能力を示すものもある[11]。そのためホテイアオイのように生育が早いものでは,月に数回程度とかなり頻繁に余剰の植物を収穫しなければならないし,ヨシなどの抽水植物でも年に1回程度は刈りとる必要がある。回収したバイオマスは有効利用できなければ廃棄物を生むことになり,処理システムとして完結できない。さらに,維持管理コストに関する詳細な情報は少ないが,ホテイアオイを用いた水質浄化では,全窒素0.4〜0.8mg/L,全リン0.07〜0.14mg/L程度の処理対照水から窒素・リンを50〜60%除去する際に14.7円/m^3の処理コストが試算されている[12]。回収したバイオマスを有効利用できればこのような運転管理のコスト削減も可能となる。このように植物による水質浄化ではバイオマス利用がシステムの成否を決める鍵といえる。残念ながら現時点では多くの水生植物について充分な有効利用法が確立されてはいない。

2.2 バイオマスの有効利用法

回収したバイオマスの有効利用法として,食料,飼料,堆肥,固形燃料,メタン発酵原料,薬剤や紙などの工業原料などが考えられている。しかし,植物により含有成分や植物体組織の特徴が異なるため,処理方法も植物により異なりバイオマスの有効利用法が確立されている植物は少ない。また水生植物のバイオマスは一般に含水率が高いため燃料や工業原料として用いる場合には乾燥操作による水分調整が必要な場合も多く,処理コストが問題となることが多い。そこで資源価値の高い植物の探索やバイオマスからの資源回収方法の確立が必要となっている。

環境水浄化技術

(1) 食料，飼料，花卉

植物体の有効利用法として最も望ましいのは，回収したバイオマスを加工せずに利用することである。そこで，食料や飼料あるいは花卉として利用できる植物を水質浄化に用いる試みがなされている[8)]。尾崎らは，植物とろ材を組み合わせたバイオジオフィルターを用いて，トマト，モロヘイヤ，クレソンなどの野菜，ミント，バジルなどのハーブ，稲や小麦などの穀物，ペチュニア，マリーゴールド，ショウブなどの花卉といった利用価値の高い植物を水質浄化を行いながら生産できることを報告している[13,14)]。またトウモロコシやライグラスなどの飼料作物も水耕栽培することが可能[11)]であり，ボタンウキクサのように水生の雑草として利用法が検討されてこなかった植物も飼料に混合すれば有効利用できる[15)]ことが報告されている。水路型の栽培では処理水の流下に伴い栄養塩濃度が変化するが，植物により好む栄養塩濃度が異なるため植物種をうまく組み合わせることで浄化と生産を両立することができる。

(2) 土壌還元

植物に固定された栄養塩類を土壌に還元するという考え方は，物質循環の仕組みに沿っており理にかなっている。下水処理に伴う余剰汚泥や生ごみで行われているように，水生植物バイオマスでもコンポスト化が検討されている。シュロガヤツリやボタンウキクサではコンポスト化により良質な堆肥が得られることが報告されている[11,16)]。しかし，大規模に継続して稼動するシステムを動かす場合には植物体の乾燥工程にコストがかかるため，コンポスト化にはなるべく水分含有量の少ない植物が適している。欧米では植物の水質浄化への実施例も多く，写真2のようなコンポスト化システムも珍しくない。

写真2　コンポスト化による土壌還元

第 4 章 植物による水質浄化

(3) 資源化

　浄化能力に優れた植物も，バイオマスの有効利用が成り立たなければ水質浄化に用いることは難しい。上記の食料，飼料，花卉に利用できる植物は限られているし，コンポスト化による土壌還元も処理コストが高くなったり消費が見込めなければ難しい。そこで，バイオマスに処理を施して有用資源を回収する試みもなされている。ケナフやパピルスのような強い靭皮や維管束を持つ植物は，アルカリ処理などでパルプ化することで紙の生産に用いることができる。

　一方，石油危機を契機にバイオマスをエネルギーとして利用する研究が多数発表されたことがある。植物バイオマス中の有機物をメタン発酵過程を経て，利用しやすいエネルギーに変換する試みはホテイアオイやヨシなどで検討されている。例えばホテイアオイの場合60〜80％のメタンを含むバイオガスが373m^3/dry-t得られると報告されている[17]。バイオマスをメタンガスに変換することで効率は低下するが，農業植物の栽培にも利用できる肥料の回収も同時に可能で，コンポスト化による土壌還元よりも経済的であるとの報告もある[18]。

　さらに植物のバイオマスにはセルロースやヘミセルロースといった多糖類が多く含まれることから，これを原材料に有価物を発酵生産する試みも進められている。これらのホモあるいはヘテロ多糖類は分解されにくい物質であるが，前処理により加水分解を進めればアルコール発酵や乳酸発酵が可能となる。大阪大学では，化学処理と酵素処理を組み合わせることでボタンウキクサやホテイアオイのバイオマスの効率的な糖化に成功し，これを用いたエタノール生産の可能性を検討している[19]。

2.3 バイオマス利用の展望

　現状では上記のような有効利用が可能な植物は限られている。バイオマスに有用性がある植物材料を増やすことが水質浄化のためには重要である。そこで筆者らは浄化に適した植物を選択するために，汚水に強くバイオマス生産速度が高いことに加えて，有価物を多く含むことを条件として，2種類の植物を選びその資源価値を検討したので紹介する。1種類目は，東南アジア原産のパックブン（クウシンサイ）である。この植物は，汚水に強く温暖な条件では高い生育速度を示す極めて容易に栽培できる抽水植物で，ビタミン，アミノ酸，繊維質が豊富に含まれた野菜である。水耕栽培することで栄養塩除去を目的とした高度処理が行え，収穫後は栄養価の高い野菜としてバイオマスを利用できることがわかった[20〜22]。写真3は，活性汚泥処理水のパックブン水槽による高度処理の様子である。2種類目には，大きさが1mm程度の微小な浮遊植物であるミジンコウキクサ（写真4）を選んだ。ミジンコウキクサは，出芽により植物体が二分して旺盛な増殖を示す。また，植物体にはタンパク質やデンプンを主体とする炭素源が豊富に蓄積される。例えば，筆者らの実測から，水面に浮遊する生長期（栄養塩除去に利用）にタンパク質を乾燥重

写真3 水生野菜パックブンによって活性汚泥処理水を高度処理する様子

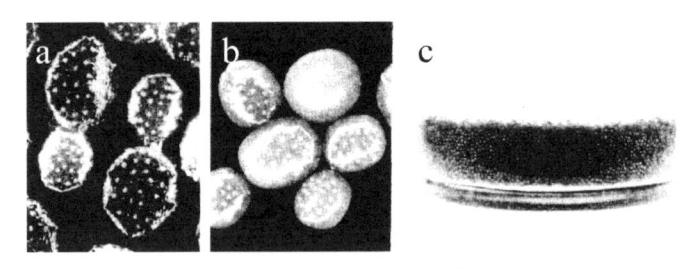

写真4 ミジンコウキクサの生育期と休眠期
a：水面で二分して増える生育期の様子
b：デンプンを蓄積した休眠期
c：水底に沈降する休眠期の植物体

量当たり40％以上，水底に沈降する休止期にデンプンを50％以上蓄積することが分かった。これらは，飼料や食糧としての直接利用以外に，アルコールその他の生産原料として使うことも可能で，資源生産型の水質浄化につながると期待される[23, 24]。

この例のように，水質浄化能力とバイオマスの資源価値に優れた植物を探索して利用できる種類を増やせば，水質浄化とバイオマスの資源化の両立が可能となるだろう。食用，鑑賞用や飼料への利用は，水質浄化と組み合わせたとき受け入れられやすい提案となるが，浄化を強調した場合，十分な増殖速度が得られるかが重要となる。そこでホテイアオイやボタンウキクサのように旺盛に生育する植物の新規な有効利用法の開発も注目される。これまでは水質浄化能力の調査に重点が置かれていたけれども，今後はバイオマスの利用特性にも注意を払った研究が必要であ

第4章　植物による水質浄化

る。さらに，水質浄化で得られた植物を飼料や食糧として利用する場合には，消費者心理を考慮して有害物質や衛生面での安全性が問題となる。これとは別に，水の浄化を兼ねた親水公園などで一般市民が栽培植物（花卉など）を採取できるようにすれば，バイオマスの有効利用を促進するだけでなく，市民の環境教育にもつながる。実用化を促進するためには，このように安全性と多面的な効果への配慮も今後重要視されることになるだろう。

　バイオマスの有効利用におけるもう1つの重要な視点は，エネルギーの回収である。バイオマスからメタン発酵過程を経て利用しやすいエネルギーとすることは使用上有利であるが，効率の低下は免れない。また，発生する消化汚泥の処分も課題となる。そこで，直接燃焼してエネルギーを回収する方法が見なおされている。このとき燃焼により発生するダイオキシンが危惧されるが，バイオマスの専焼炉で均一な燃焼を十分な管理の下に行えばダイオキシン問題は十分クリアーできるとされている。ここで最大の課題は，乾燥に必要なエネルギーと発生エネルギーの差がどれほどあるか，言いかえれば水分含有量の少ないバイオマスを得られるかどうかが鍵となる。水生植物を用いた水質浄化においては，バイオマス中の水分含有量を抑えることは難しい課題といえる。

3　水質浄化への遺伝子操作技術の応用

3.1　はじめに

　水生植物を利用した浄化法は，湖沼，湿地，河川などの直接浄化から生活排水処理まで幅広い用度に応用でき，低コスト・低エネルギーで浄化効果が期待できる。さらに，都市内水域での水辺緑地空間の創造やバイオマス資源の供給などにも寄与することができる。しかし，水の浄化効果が期待できるのは根の周辺部に限られるため，充分な浄化効果を得るためには広い栽培面積が必要となり，都市部の多い日本などでは利用の機会が少ないと言わざるを得ない。また浄化には植物，微生物，ろ材の作用が総合的に関与するため浄化機能の制御が困難で，季節変動も大きく，特に冬季に高い浄化効果を示す植物が少ないことも我が国での利用の妨げとなっている。そこで，水質浄化に利用する上で障害となる植物や根圏微生物の性質を改変し，幅広い環境条件でも安定して高い浄化作用を示す生物材料を得ようとする試みが始まっている。

3.2　植物の育種

　優れた形質を示す植物の育種操作は，農業分野では生産効率の向上を目的に日常的に行われている。近年ではかけあわせによる従来型の品種改良だけでなく，遺伝子導入技術を用いて特定の機能だけを単独で植物に導入する技術も盛んに利用され始めている。植物を用いた環境浄化技術の有効性が明らかになるとともにその問題点も指摘されるようになり，例えば土壌浄化の効果を

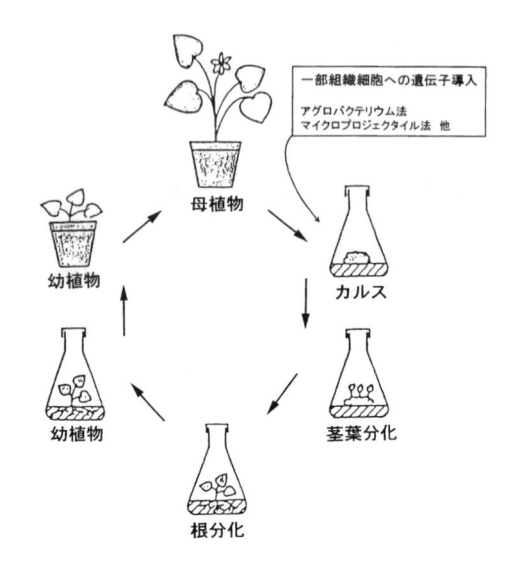

図5　植物の形質転換

高めるための植物の機能改善に、このような育種技術も取り入れられ始めている[25〜30]。しかし、水質浄化を念頭においた育種例は意外に少ない。限られた面積で十分な浄化効果を得るには、高い浄化能力を持つ水生植物が求められる。根圏の浄化能を別にすれば、植物による浄化速度は生育（バイオマス生産）速度とバイオマス当りの対象物質含有量に依存することはすでに述べた。よく調べられている水生植物だけでもこれらの値は種によって10倍以上の差があり[31,32]、浄化能力が高い特定の植物が頻繁に利用される理由がここにある。また浄化能力が調べられている植物の多くが熱帯あるいは亜熱帯の気候条件で高い生長速度を示し、日本では年間を通して栽培できるものが少ないことも課題となっている。

　そこで、種々の植物の水質浄化における欠点を改善した株を育種できれば、日本においても効率的で安定した浄化システムとして利用することができるようになるだろう。特に、栄養塩除去を目的とする場合、水生植物の環境への適応性（耐寒性、耐塩性等）を広げたり、生育速度やバイオマス当たりの窒素・リンの含有量を高めて吸収速度を向上させることが効果的だと考えられる。近年の遺伝子導入による植物の分子育種技術の発展は目覚しく、作物品種を中心に様々な植物へ外来遺伝子が導入できるようになった。しかし、ここで取り上げている水の浄化に利用が考えられている植物の多くは農業品種ではないため、育種の対象としての研究はほとんどなされて

第4章 植物による水質浄化

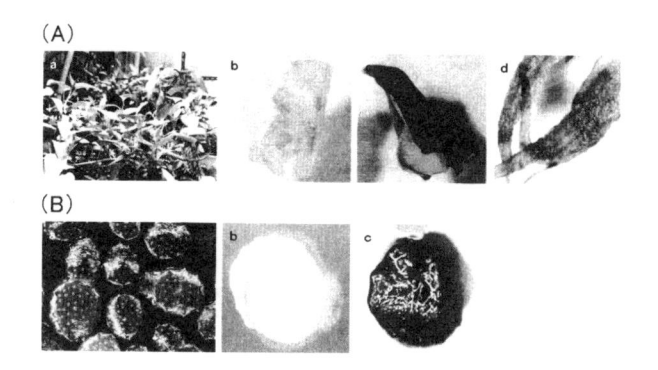

写真5 水生植物の形質転換とレポーター (GUS) 遺伝子の発現
(A)：パックブン (Ipomoea aquatica)；(B)：ミジンコウキクサ (Wolffia arrhiza)
a：元株；b：元株のGUS染色結果；c, d：形質転換体のGUS染色結果

いない。トランスジェニック植物の作成は，植物細胞へ目的遺伝子を導入した後，組織培養技術によって植物体を再生するのが通例である（図5）。細胞内への遺伝子導入は多くの植物で比較的スムーズに行えるが，形質転換細胞からの植物体の再生は条件が植物によって異なり脱分化および再分化がこれまでのところ困難な植物も少なくない。このように水生植物では，組織培養がほとんど検討されていないことが農業品種に比べて育種研究が遅れている原因の1つと考えられる。そこで筆者らは，水質浄化能とバイオマスの利用性に優れたいくつかの水生植物で遺伝子導入法を検討した。例えば，抽水性の双子葉植物であるパックブン (*Ipomoea aquatica*) の節組織や生長点の細胞にアグロバクテリウムを介して遺伝子を導入した後，植物生長調整物質としてベンジルアデニン (BA) とナフタレン酢酸 (NAA) を用いてトランスジェニック植物を再生した[33〜35]。さらに，1mm程度の大きさで根を持たない浮遊植物であるミジンコウキクサ (*Wolffia arrhiza*) についても遺伝子導入を試みた。この植物は出芽法により植物体が二分して増殖する特徴を持つことから，筆者らは組織培養を経ないで形質転換を試みた。アグロバクテリウムにより植物体内の細胞に遺伝子を導入した後，選択条件下で植物体を増殖させたところ，形質転換されたミジンコウキクサが確認された。どちらも形質転換の効率に問題が残されているが，水生植物にも遺伝子導入による育種操作が可能であることを示している。写真5は，パックブンとミジンコウキクサに，β-グルクロニダーゼ (GUS) (イントロンを挿入したもの) をコードした遺伝子を導入し，その発現を組織染色により観察した結果である。どちらの水生植物においても導入遺伝子が植物体内で発現していることが分かる。今後は，このような実用性に優れ育種系の整った植物への有用遺伝子の導入が検討されることになるだろう。

次に問題となるのは，どのような遺伝子を導入するのかということである。水質浄化植物の育種では，植物の耐寒性や耐塩性といった環境適応性や窒素・リンの吸収，固定に関わる機能を向上させることが期待されている。しかし，これらのメカニズムの遺伝子レベルでの解明は研究途上にあると言わざるをえない。特に，耐寒性はそのメカニズムが複雑で不明な部分が多い。しかし，耐凍性に関わる遺伝子など，低温で誘導される遺伝子とその機能が明らかになりつつある[36]。また耐塩機構に関与する遺伝子とこれを用いた植物の育種についても報告されている[37,38]。一方，窒素やリン除去能力向上に応用が期待されるアミノ酸合成遺伝子[39]やポリリン酸合成遺伝子[40,41]も解明されつつあり，植物の分子育種も検討されようとしている。このように浄化植物の育種に利用できる遺伝子材料も徐々にではあるが整いつつある。周辺生態系への配慮などフィールドでの利用には課題も多いが，近い将来，水環境の保全に効果的な植物を育種することも可能となるだろう。

3.3 根圏微生物の育種

植物を用いた水質浄化では，植物とともに根圏微生物が大きな役割を果たしている。特に有機物の分解や硝化・脱窒作用は重要である。単位面積あたりの根圏微生物が示す浄化作用とその安定性を向上させることは，植物の機能改善とともに重要な課題といえる。植物の根に生息する微生物の機能改善に関する研究は，陸生植物の根圏でわずかな例[42,43]が見られるが，水生植物の根圏についてはほとんど研究例を見出せない。そこで筆者らは，微生物を根に安定して導入する技術の有効性を検討したので紹介する。ウキクサの根には予想以上に多様な微生物が付着しており，ここから100株ほどの微生物を分離した。その中から根での増殖に長けた数株を選別し，これらの株に芳香族化合物の開裂酵素をコードした遺伝子を保持させた。得られた株をウキクサの根に付着する微生物群集に再導入し，その後の残存性を調べた。その結果，特に根に強く付着するタイプの菌株では，長期にわたり根の表面に菌株とその酵素活性が残存できることが分かった。水の流れがある水生植物の栽培系では，根に付着することで系外に排出されることなく根圏に安定して残存できるものと考えられる。筆者らが検討した結果では，根から分離した微生物は河川や活性汚泥などから分離した微生物に比べて，植物体によって増殖が活性化される傾向が高いことも分かってきた。微生物が植物に与える影響は不明だが，植物と微生物の共生システムが成り立っているのではないかと考えられる。汚染物質に長期間さらされると根圏の浄化作用は向上することが多い（図6）。しかし，ビスフェノールAの例のように，長期間の接触にもかかわらず浄化効果の改善が芳しくない場合には，根圏での残存性に優れた分解菌を導入する手法も有効であろう。バイオレメディエーションでは外来微生物を浄化系に導入する技術（バイオーギュメンテーション）が開発されているが，上記の試験結果は植物を用いた水質浄化法においても，同様の技

第4章　植物による水質浄化

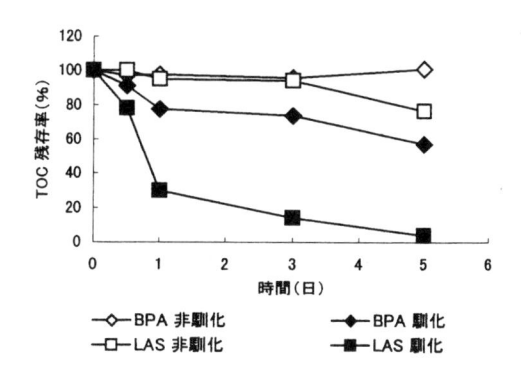

図6　馴化操作が根圏におけるビスフェノールと直鎖アルキルベンゼンスルホン酸ナトリウム分解能の変化に及ぼす影響

術を開発できる可能性を示している。化学物質の微生物分解については多くの分解菌の分離と遺伝子レベルでの解析が進められており，分解遺伝子に関する知見も多く蓄積されつつある。水生植物の根に付着し他の微生物との競争条件においても高い残存性を示す菌株について研究が進めば，優れた根圏導入微生物を育種することが可能となるであろう。近い将来，"リゾオーギュメンテーション"ができるようになれば，水生植物を用いた水質浄化法によって難分解性の汚染物質ですら効率的に除去できるようになるかもしれない。

4　植物による水質浄化の施設と実施例

4.1　植物を用いた水質浄化施設の分類

　植物を用いた水質浄化では，用いる植物にあわせて様々な様式が用いられる。以前は自然の水系に植生するのが主流であったが，植物にあわせて河川や湖沼を改変したり，植物を組み込んだ浄化施設の開発も盛んに行われている。いずれも水耕栽培か人工湿地によって植物を栽培しつつ浄化を図るものである。使用する植物ごとに浄化施設を模式的に示すと図7のようになる。

(1)　抽水植物や陸生植物による浄化

　ヨシ，マコモ，パックブンなどの抽水植物は湿地やろ材を入れた水路で用いられる。一般に，沼地や湿原のような湿地帯を汚水が通過する過程で水質が改善されることは知られた現象である。湿地は土壌と水生植物から構成され，両者が重要な浄化因子として作用するためその効果は高い。自然湿地に汚水を流すことは環境保全の観点から難しく，水質浄化施設には人工湿地の利用が適当である（写真6）。人工湿地では汚濁負荷にあわせて最適な施設を設計できるうえ，刈り取り

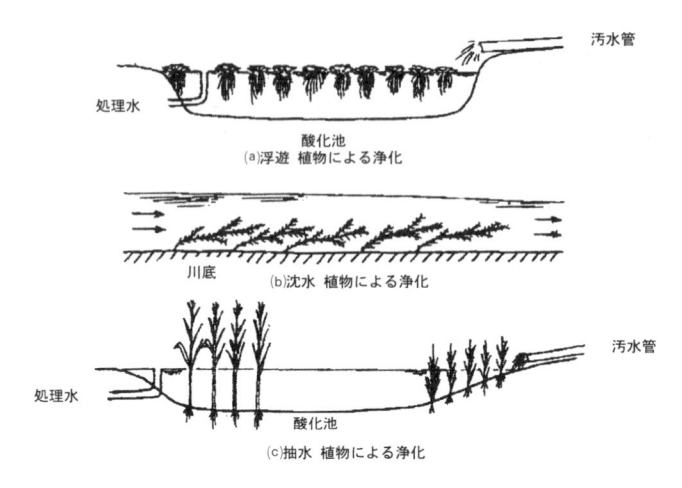

図7　各種水生植物による水質浄化施設

(a) 浮遊植物による浄化
(b) 沈水植物による浄化
(c) 抽水植物による浄化

写真6　人工湿地による汚水の浄化例

写真7　水生植物の植栽事例

などの維持管理も自然湿地に比べて容易である。処理対象水は，表面流あるいは伏流として系内を流れ処理水として排出される。同様に，水路型の処理槽にろ材を入れて，これを植栽基盤として植物を栽培し水質浄化を図る手法も広く検討されている。植物とろ材の両者が持つ水質浄化作用が働くために高い浄化効果が得られる。このような，ろ材と植物からなる浄化システムがろ過装置とみなせることからバイオジオフィルターとも呼ばれる。ろ材には鉱物ろ材であるゼオライトや鹿沼土のような栄養塩類の吸着効果の高いもののほか，生物膜の形成を狙った礫状の接触材を用いる場合もある。植物には水生の植物に限らず飼料や食糧をはじめ，花卉，ハーブ，紙の原

第4章 植物による水質浄化

写真8 ホテイアオイとボタンウキクサによる水質浄化
a：ホテイアオイ, b：ボタンウキクサ

料などとして利用価値の高い様々な陸生の植物を利用することができる。さらに，公園内の修景池のような人工構造物で水底に植物を植えつけられない場合には，人工的に浮力を与えた植栽基盤に植物を植えつけて水面に浮かべる手法がしばしば用いられる。陸生のものを含めて多くの植物は水耕栽培が可能であり，植栽基盤に根を張り植物体を維持することができれば必ずしも土壌成分は必要ではない。植栽基盤と植体を組み合わせればヨシの様な大型の抽水性植物も十分に生育させることができる。様々な種類の人工浮島が商品化されており，水辺の緑化を兼ねた水質浄化法として広がりを見せている。写真7はヤシマットを植生基盤に用いて様々な水生植物を修景池に組み込んでいる事例である。

(2) 浮遊植物による浄化

ボタンウキクサ，ホテイアオイ，ウキクサなどの浮遊植物を浮かべた栽培槽に処理水を導入することでも水質浄化を図ることができる（写真8）。浮遊植物は水辺の植生として重要な構成要素の1つである。抽水性の植物とは異なり根が水と直接接しているため栄養塩の吸収が容易に行える。この種の植物には旺盛な増殖を示すものが多く，雑草として嫌われることすらある。しかし，栄養塩の吸収固定能力に長けていることから，維持管理を適切に行えば水質浄化への応用価値は高い。また土壌中に根を張る植物では植物体の回収に労力を要するが，浮遊植物はバイオマスの回収が容易で管理コストを低く抑えることが可能である。ホテイアオイ[44～68]，ウキクサ[45, 48, 51, 69～72]，ボタンウキクサ[73, 74]，ミジンコウキクサ[23]については詳細な検討がなされており，設計のための指針もまとめられている[75, 76]。表3にホテイアオイについて出されている水質浄化施設の設計基準と期待される処理水質[120]を紹介しておく。

(3) 沈水・浮葉植物による浄化法

植物体が全て水中にある沈水植物や，葉部のみ水面に浮かぶ浮葉植物も水質浄化へ利用することが可能である。根が張る土壌中から栄養塩は除去される一方，水中の茎や葉などの部位が接触

表3 ホテイアオイを用いた水質浄化システムの設計基準と処理水質[120]

	浄化システムのタイプ		
	好気性二次処理 (曝気なし)	好気性二次処理 (曝気あり)	好気性高度処理 (曝気なし)
設計基準			
前処理	スクリーン処理 または沈殿処理	スクリーン処理 または沈澱処理	二次処理
流入水BOD(mg/L)	130-180	130-180	30
BOD負荷率($g/m^2/$日)	4-8	15-30	1-4
水深 (m)	0.5-0.8	0.6-0.9	0.9-1.4
滞留時間 (日)	10-36	4-8	6-18
水量負荷 (L/m^2)	>20	50-100	<80
収穫	1回〜4回/年	2回/月〜連続	2回/月〜連続
処理水質			
BOD (mg/L)	<30	<15	<10
SS (mg/L)	<30	<15	<10
T-N (mg/L)	<15	<15	<5
T-P (mg/L)	<6	<1-2	<1-2

材の役割を果たし,浮遊物質がろ過や吸着効果により除去される。しかし,植物体の回収や余剰植物体の有効利用に問題があることから実施例は少ない。

4.2 植物を用いた水質浄化施設の計画

欧米では植物を用いた水質浄化が積極的に用いられており,北アフリカで300ヶ所,ヨーロッパでは500ヶ所の人工湿地が都市排水,工業排水,農業排水の処理に使われるように事例が多い[77]。しかし,主に使用される植物は,ホテイアオイ,ウキクサ,ヨシといった特定のものに偏る傾向がある。さらに日本での利用を考えると計画・設計の手法は明確にされておらず,専門家の経験に依存するところも大きい。気候・風土や維持管理の条件にあった施設を計画しなければ結果的にトラブルを招くことになるので,植物を水質浄化に用いる場合には,事前の調査と計画を綿密に行う必要がある。

(1) 環境条件

水生植物浄化法では,自然発生的に得られる植生を利用することは少なく,特定の植物を選択して浄化に用いることが多い。そのため浄化施設の計画においては,あらかじめ環境条件を詳細に調べておく必要がある。特に水質,水量,水位とその時間変化についてよく把握して,環境条

第4章　植物による水質浄化

写真9　各種水生植物の植栽例

a：シュロガヤツリ及びミニパピルス，b：ミソハギ，c：マコモ，d：ヨシ，e：ヒツジグサ，f：バックブン
g：ガマ，h：ホテイアオイ，i：ボタンウキクサ

件に充分に適応できる植物と栽培条件の選択に注意しなければならない。また，植物の管理方法によっても異なるが，用いる植物が周辺の生態系に与える影響について注意を要する。そのような影響が危惧される場合には，自生する植物を浄化施設で利用することが望ましく，周辺環境の植生をあらかじめ調査しておく必要がある[45]。

(2) 植物の選定

どのような植物を用いるのかによって浄化効果とともに，維持管理方法が大きく異なるため植物種の選択は慎重に行う必要がある。施設を設置する環境や維持管理の条件に合う植物を選ぶためには，生育特性，水質浄化能力，管理栽培方法，余剰植物の利用法を考慮する必要がある。また公園内の親水池や修景池などでは花卉による景観デザインも重要な要素となろう。このように利用を検討する植物について必要な情報を充分に入手し検討を進めることが施設計画を成功に導くためには重要である。

(3) 植栽条件

植物の浄化施設内への植え込みは，種類に応じて最適な時期と方法を選び，移植，播種，株分けなどにより行う。一般的に5〜30株/m^{2}程度が望ましい[6]。写真9は，固定型の植栽基盤に抽水生，浮遊性，浮葉性の植物を植え込み栽培している例である。浮遊植物には植栽基盤は必要ないが，このように基盤上に植え込んでもかまわない。

(4) 維持管理条件

　施設内での植物の維持管理をおろそかにすると，植物の生育阻害や枯死並びに腐敗を引き起こす。これは浄化効果の低下や場合によっては水質汚濁を招くことにもなる。日常の維持管理では，病害虫の駆除には注意を要する。さらに小型の植物を用いる場合には鳥や亀などの動物が住処とすることも多く，植物の生育を阻害する場合がある。このような場合にはフェンスや網による防護が必要となる。また，ヨシやフトイなどの抽水植物では生育が止まる秋季にはバイオマスを回収し，耐寒性の低い植物の場合には冬季の越冬対策も必要である。ホテイアオイのような浮遊植物では個体数の増加が激しく，生育期においても生育密度を維持するために定期的にバイオマスを回収する必要がある。バイオマスの回収は，小型の施設の場合は人手による刈り取りが一般的であるが，大型の施設の場合は刈り取りボートやトラクターが用いられる。いずれの場合もバイオマスの回収経費が維持管理経費に占める割合が大きいため，計画時に綿密な計画を立てておくことが望まれる。

4.3 植物を用いた水質浄化の実施例

　日本においても植物を用いた水質浄化は規模の大小に関わらず広がりを見せはじめている。しかし，植物の種類や浄化法から水質浄化成績まで詳細なデータが得られているものは多くはない。浄化施設の詳細な資料が公表されている事例を表4にまとめた。ここにまとめた20件の事例を見ると，様々な植物が使用できるし，対象水も河川・湖沼水，生活雑排水，下水二次処理水，農業排水など多様で利用範囲が広いことが分かる。しかし，ホテイアオイ，ヨシ，クレソンなど水質浄化能力が広く知られている限られた植物が使われている事例が多いことにも気づく。次項で紹介するように，すでにかなりの種類の植物について水質浄化能力が調べられているにも関わらず，実際に使用されている植物が特定の種類に限られているのは，研究成果が実施設に十分に生かされていないためと考えられる。植物を用いた水質浄化施設では，浄化以外に修景効果，ビオトープの形成など多面的な効果が得られ，野菜などの植物ではバイオマスの収穫に市民の積極的な参加も期待できる。このように，多くの研究や経験から得られた情報を計画，設計の段階で利用する環境が整えば，様々なニーズに適した植物種の選択と浄化施設の設計が可能になると考えられる。ここで紹介したものには実験やモデル的な施設も多く，水質浄化を目的にした実稼動施設はまだまだ少ないのが現状である。今後，計画，設計に必要なデータベースが整備されると共に植物の水質浄化への利用が広く実用化されていくものと考えられる。

第4章　植物による水質浄化

表4　日本国内における植物を用いた水質浄化施設一覧（20ヶ所）

施設名	浄化法/面積	使用植物	対象水	水質浄化成績	余剰植物体の有効利用法	備考
浮水耕ベット　秋田県	浮島法/―	枝豆, セスバニア	湖沼水		食用, 花卉	実験施設
環境保全型給餌システム[98]　宮城県	湿地法/4,800m²	マコモ	湖沼水	T-N除去速度 0.26〜2.41×10⁻³g/m²/日 T-P除去速度 最大3.0×10⁻³g/m²/日	飼料（野鳥給餌）	
ビオパーク　茨城県	湿地法/34,000m²	バックブン, クレソン, オオフサモ, ミソハギ, ミント, シマフトイ, ルイジアナアヤメ, ワスレナグサ等	湖沼水	窒素リン除去率 20〜40%	食用, 花卉	
ヨシ人工湿地[100]　茨木県	湿地法/12,000m²	ヨシ	生活雑排水	年平均除去率 T-N59% T-P69%		
バイオジオフィルター[13,21,82,98]　茨木県	植栽ろ床法/7.8m²	トマト, モロヘイヤ, ケナフ, バックブン, クワイ, パピルス等	浄化槽二次処理水	平均除去率 T-N50%以上 T-P70〜90%	食用	
バイオフィルターシステム[116]　茨木県	浮遊植物法/1,960m²	ホテイアオイ, クレソン	湖沼水	平均除去率 T-N60% T-P60%	肥料, 飼料	実験施設
山王川植生浄化施設[117]　茨木県	湿地法/約5,600m²	ヨシ, マコモ	河川水	平均除去率 T-N30% T-P20%		実験施設
印旛沼におけるヒシの刈り取り[118]　千葉県	浮遊植物法/2,500,000m²	ヒシ	湖沼水	年平均除去量 窒素2.2t リン0.8t	肥料	
手賀沼におけるホテイアオイの植栽・回収[57]　千葉県	浮遊植物法/7,000m²	ホテイアオイ	湖沼水	年平均除去量 窒素594kg リン97.7kg	肥料	実験施設
ヨシ人工湿地　栃木県	湿地法/14,000m²	ヨシ	湖沼水	除去率 T-N35% T-P50%		
花卉の水耕栽培による栄養塩除去[8]　神奈川県	水耕栽培法/16m²	スペア・ミント, インパチェンス	浄化槽二次処理水	除去率（5〜10月） T-N60% T-P90%		
雑排水個別処理装置　長野県	植栽ろ床法/6m²	セリ, クレソン	生活雑排水	T-N69% T-P85%		モデル設置
生態系活用水質浄化施設　石川県	浮遊植物法/91m²	ホテイアオイ	農業排水	水質浄化目標 T-N0.6mg/L以下 T-P0.1mg/L以下		
Biyo（琵琶湖淀川水質浄化共同実験）センター　滋賀県	湿地法, 水耕栽培法, 植栽ろ床法/25,000m²	ヨシ, クレソン, ミント	湖沼水		食用, 花卉	実験施設
ミズアオイ池の汚水浄化[11]　奈良県	浮遊植物法/2,500m²	ミズアオイ	湖沼水			調査
生活排水汚濁水路浄化施設[71]　奈良県	浮遊植物法/20m²	ボタンウキクサ, ホテイアオイ	河川水	T-N, T-Pともにほとんど除去できず		実験施設
ホテイアオイを用いた水質浄化[5]　兵庫県	浮遊植物法/250m²	ホテイアオイ	湖沼水	1ヶ月間の除去量 窒素1.9kg リン0.7kg		実験施設
豚ふん尿浄化処理[64]　香川県	浮遊植物法/38m²	ホテイアオイ	豚ふん尿汚水	アンモニア除去率71% リン酸除去率54%		実験施設
ハスによる水質改善[39]　愛媛県	浮遊植物法/68,100m²	ハス	湖沼温水	平均除去量 T-N3.1kg/d T-P0.7kg/d		調査
洞海ビオパーク[119]　福岡県	水耕栽培法, 浮葉植物法, 湿地法/240m²以上	シュロガヤツリ, カラー, ミント, キショウブ, スイレン, 他	下水二次処理水	水質浄化目標 T-N10.0mg/L以下 T-P0.6mg/L以下		

75

5 水質浄化植物データベース

5.1 はじめに

前項に述べたように,植物を用いた水質浄化施設の計画では,どのような植物を選ぶのか,どのような施設を設計するのかが問われる。検討項目は多岐にわたり必要な情報を個々に検索して入手するには多大な労力を要する。さらに,植物の生育や水質浄化に関わる知見が専門書や学術雑誌に数多く報告されているが,それらは条件や表現方法が個々に異なるため各植物の能力を比較することが難しく技術者には利用し難い。このように水質浄化施設を計画する際に,膨大な数の文献から必要な情報を取り出し,分析し比較することは現状では困難と言わざるを得ない。植物を用いた水質浄化施設を設計し管理していくには,工学,農学,植物学,造園学など様々な専門的視点から多くの研究データを総合化し,利用しやすい形で提供する媒体の整備が必要となっている[31]。これまでに環境関連分野では集合住宅の緑地計画のための植物データベースが構築されている[78]が,水質浄化を考慮した事例は極めて少ない。ここでは大阪大学が作成したデータベース[31]の例を紹介する。

5.2 大阪大学が開発した水質浄化植物データベース

大阪大学では,日本各地で植物による浄化を実施するに際し有効なデータを集めることを目的に,主として国内の研究報告を収集し,データベースを作成しインターネット上に公開した。本データベースは,植物名一覧,検索システム,植物データ,詳細データ,参考文献等のページから構成され,データベースとしての有用性と操作性に配慮して作成されている。データの収集は,JICST(科学技術情報事業本部)の科学論文検索システムと,UncoverやPubMed等のインターネット上で利用可能な文献検索システムを活用して集められた150以上の文献から行われ,抽出と平均化処理を施して植物データの収録値とした。なお,水質浄化能力は環境条件や個体差の影響を受けやすいため,平均値とともに算出に用いた個々のデータとそれが得られたときの条件も詳細データとして示されている。収録した植物は表5に示す陸上22種,抽水11種,浮遊7種,沈水4種,浮葉2種の合計46種であった。記載された情報は多岐にわたるが,水質浄化に関しては表6のように,名前や植物の特徴などを記載した基本項目,生育環境項目,窒素・リン除去速度や増殖速度を記載した水質浄化項目及びその他に分類し,データベース化している。さらに地域性,浄化法,対象とする汚水,水質浄化に重点をおくか否か,植物のサイズ,有効利用法を検索項目として採用し(表7),施設の計画に必要な情報を提供できるようにしている。なお,水質浄化能を重視する場合には収録された植物の中から除去速度が上位三分の一に入るものが検索されるように,窒素除去速度は$0.6mg/m^2/$日,リン除去速度は$0.15mg/m^2/$日以上が検索条件に設定されている。

第4章　植物による水質浄化

表5　植物の生活型による分類とデータベース収録植物種（合計46種）

生活型	特記事項	収録種*
陸上植物 （22種）	必然的に水耕栽培法となるため，馴化過程が必要である。余剰植物体の利用が容易なものが多い。	アリッサム[81]，イタリアンライグラス[82]，インパチェンス[83]，オオクサキビ[44]，オーチャードグラス[84]，オオムギ[82]，キンセンカ[85]，クロタラリア[20]，ケナフ[84]，コムギ[84]，サツマイモ[44]，サトイモ[44]，ストック[84,86]，セリ[44,87]，ソルガム[88]，ハトムギ[84]，ハナナ[84,88]，ベニバナ[84]，マリーゴールド[83,84,85]，ミディートマト[21]，ミント[83,44]ユリオプス・デージー[83]
抽水植物 （11種）	酸素輸送能力が優れており，根圏微生物の活動を活発にする。	アヤメ[88]，イグサ[84,89]，イネ[84,86]，オランダガラシ[81,45,90〜93]，ガマ[46]，バックブン[20,44,47,94]，ハナショウブ[81]，パピルス[84,95,96]，ヒメガマ[87,97]，マコモ[45,98]，ヨシ[45,84,45,90〜104]
浮遊植物 （7種）	表層で栄養塩類を吸収するため，底層の水を表層に循環させる必要もある。	アオウキクサ[48,49]，アカウキクサ[50,105,106]，ウォルヒア[23]，ウキクサ[45,48,89〜72]，コウキクサ[105]，ボタンウキクサ[73,74]，ホテイアオイ[44〜68]
沈水植物 （4種）	回収が困難であるが，栄養塩類の含有率が高い傾向がある。	オオカナダモ[45,97]，コカナダモ[107]，サンショウモ[45]，フサモ[45,69]
浮葉植物 （2種）	底泥に根を張るが，水中根によって水中からも，栄養塩を吸収する。	ハス[45, 108]，ヒシ[45,109,110]

*植物の水質浄化特性以外の基礎特性は，植物図鑑・事典[111〜114]を参照した。

表6　水質浄化に利用可能な植物データベースに含まれる項目

大項目	小項目
基本項目	和名，別名，学名，英名，写真，生活型，世代時間，サイズ，特徴，バイオマス，含水率，含窒素率，含リン率
生育環境項目	分布域，生存温度，適応可能温度，適応可能塩分濃度，適応可能ph，水深
水質浄化項目	窒素除去速度，リン除去速度，増殖速度
その他	余剰植物体の有効利用方法，利用上の留意点等

5.3　データベースの有用性

　上記データベースは，日本国内へ情報を提供することを目的に作られており，主に日本国内での研究事例からデータが収集されている。全ての植物で全項目のデータが得られたわけではないし，生育条件による値の変動も大きいはずである。しかし，収録データを比較することで植物ごとの水質浄化能力やバイオマスの主だった特徴を把握することは可能である。本データベースの公開ページには生育速度，栄養塩除去速度，栄養塩含有量，並びにバイオマスの有効利用法について収録データの比較結果（図8，図9，表8）も参考として掲載されている。図8はデータが

表7　水質浄化に利用可能な植物データベース検索項目と選択肢

検索項目	選択肢	検索条件	
地域	北海道，東北地方，北陸，関東，東海，中部，近畿，中国，四国，九州，沖縄	その地域（気候条件等）に分布している植物	
浄化法	湿地法	植物の生活型	
	浮遊法		
	水路法		
	沈水浮遊植物法		
対象水	生活雑排水，浄化槽二次処理水，下水二次処理水，河川水，湖沼水，河口水	これまでにその対象水を用いて，浄化が行われたことのある植物	
水質浄化能を重視するかどうか	はい	窒素除去速度0.6g/m^2/日以上 リン除去速度0.15g/m^2/日以上	
	いいえ	条件なし	
植物の大きさ	大	植物の大きさ	1m以上
	中		10cm以上1m未満
	小		10cm未満
有効利用法	花卉（景観）	花をつける植物	
	食料	野菜，ハーブ等	
	工業作物	紙や工芸作物等の原料となるもの	
	薬用	漢方薬等に使われるもの	
	飼料	そのまま，もしくは加工して飼料にできるもの	
	肥料	堆肥の原料となるもの	

収録されている植物について，単位栽培面積当たりの生長速度を比較したものである。ヨシ，ホテイアオイ，ガマなどの植物は水質浄化能力が高いことで知られ，浄化への利用例が多いことはすでに述べたが，これらの植物は，データが得られている他の植物に比して生育速度が極めて高いことが分かる。植物による栄養塩の吸収固定能力は，実質的にはバイオマスの生産速度と単位バイオマス中の含有量に依存する。多くの植物で生育速度が調べられており[17]，水質浄化能力が調べられていなくても浄化能力を把握するうえで重要な指標となることが理解できる。一方，窒素除去速度とリン除去速度の関係を見ると図9のようになる。陸上植物が大きな除去速度を示しているが，抽水植物のパックブン，浮遊植物のホテイアオイ，ボタンウキクサも高い除去速度を示している。このように，高い水質浄化能力を示す植物のうち，陸上植物を水耕栽培槽で生育させることはバイオマスの有効利用の点から有利であるし，浮遊植物を利用すれば植物体を容易に回収できるので，維持管理コストが低減できるものと推測できる。また，必ずしも窒素除去能力

第4章　植物による水質浄化

図8　データベース収録植物の生長速度の比較（データが得られた16種について）

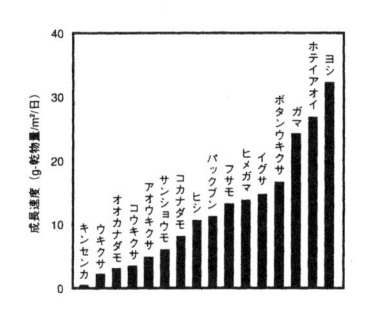

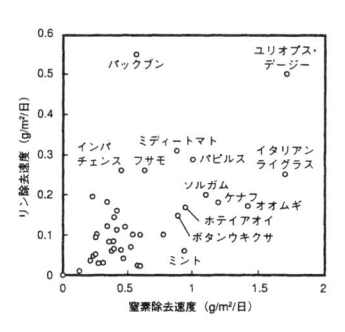

図9　データベース収録植物の栄養塩類の除去速度の比較（窒素・リン両データが得られた42種について）

表8　余剰植物体が有効利用可能な植物一覧

花卉（景観）(5種)	春	ストック
	夏	アヤメ，アリッサム，インパチェンス，ハナショウブ
	秋	インパチェンス
	冬	なし
食糧(20種)		イネ，オオムギ，オランダガラシ，ガマ，コムギ，サツマイモ，サトイモ，セリ，ソルガム，ハトムギ，ハス，パックブン，ハナナ，パピルス，ヒシ，ベニバナ，マコモ，ミディートマト，ミント，ヨシ
工業作物(7種)		イグサ，ガマ，クロタラリア，ケナフ，ベニバナ，パピルス，ホテイアオイ
薬用(10種)		ウキクサ，ガマ，キンセンカ，セリ，ハス，ハトムギ，ヒシ，ベニバナ，ユリ，オプス・デージー，ヨシ
飼料(9種)		アオウキクサ，アカウキクサ，イタリアンライグラス，オークサビ，オーチャードグラス，ソルガム，ボタンウキクサ，ホテイアオイ，マコモ
肥料(3種)		アカウキクサ，ホテイアオイ，ヨシ

が高いものがリン除去能力にも優れているとは限らないことに気づく。例えばパックブンは，窒素除去能力は特に優れているとはいえないものの，リン除去能力はデータが得られているものの中では極めて高い値を示している。富栄養化の原因物質は事例ごとに異なるし，水路型の浄化施設では処理対象水の流下にあわせて水質に濃度勾配が生じる。このような条件で植物を水質浄化に用いる場合には，植物によって物質ごとの吸収能力が異なることに注意して適切な植物をうまく組み合わせることが必要となるだろう。続いてバイオマスの有効利用法について収録データを分類すると表8のようになる。39種類の植物について，有効利用法のデータが収録されている。

しかし，すでに述べたように，水生植物バイオマスの有効利用につながる処理技術は開発の途上にあり，ここにまとめられているものだけでは，充分な知見が集積されたとはいえない。バイオマスの有効利用法が植物を用いた水質浄化法の成否を握るともいえることから，有効利用法の検討が重要な課題として残されていることが分かる。

このように水質浄化に用いようとする植物について生育，浄化，バイオマス処理に関わる様々なデータを比較することで目的にあわせた植物の選択と施設設計が効率的に行えることがわかる。本データベースのホームページには1日に40件以上のアクセスがあり，コンサルタント会社や研究機関から質問や感想が寄せられ，このようなデータベースに高いニーズがあることが明らかとなった。さらに，専門家以外の方からの意見も多く寄せられ，一般市民への環境教育や啓蒙にも有用であることが分かってきた。ここで紹介したデータベースにはデータの不足から施設計画に用いるには不十分な項目も生じた。今後はさらなる研究データの蓄積とともに計画や設計サイドからのニーズが反映されたより実用性の高いデータベースの構築が望まれる。

6　植物を用いた水質浄化の課題

池や水辺の植物が浄化作用を有していることは古くから知られており，農閑期になると力を合わせて，灌漑用のため池や水路では定期的に底泥を排出したり藻刈りを行うなど，浄化作用の持続性を維持してきた。今，自然の浄化作用を改めて技術として利用するにあたり，我々がなじんできた生活の仕組みに学びつつ工学や農学の技術をうまく融合していかねばならないと感じる。特に植物による水質浄化では，持続的で無理のない仕組みを多くの技術の支援の下に作ることが重要である。そのためには地域の気候や風土にあった植物を選択し，植物の生育に最適な施設を用意することで高い浄化効果を得ることと，定期的に植物を収穫し有効利用する維持管理が持続的に無理なく行えることが必要となる。情報媒体を活用した最適な植物の選択，窒素，リンの吸収速度からの設計仕様の算出，簡易な収穫方法，温度変化（季節）に応じた植物の組み合わせと植栽管理，支持ろ材の選択，収穫植物の利用技術など，様々な技術を取り入れて新しい浄化技術をくみ上げることができるかが課題となる。そのうえで，浄化効果とバイオマスの資源化の両者を改善できる可能を秘めた植物育種技術がうまくかみ合えば，より多くの植物を水質浄化に役立てることができるようになるだろう。

第4章 植物による水質浄化

文　献

1) 森川弘道，ファイトレメディエーションの新展開，バイオインダストリー，**19**, 1, 51-62 (2002)
2) 池田弘子，ミズアオイの池の汚水浄化，奈良女子大学生物学会誌，**10**, 146-148 (1960)
3) 本橋敬之助，水質汚濁とその対策（続）－水質直接浄化の実状と課題－，水，**35-13**, 16-28 (1993)
4) 喜納政修，安里辰夫，田中康彦，高良保英，ホテイアオイ池による有機廃水処理実験，下水道協会誌，**13**, 37-44 (1976)
5) Reddy K. R., Nutrient removal potential of aquatic plants, *Aquatics*, **6**, 15-16 (1984)
6) 桜井善雄，水と緑の読本　水辺の緑化による水質浄化，公害と対策増刊，67-77 (1988)
7) 藤田正憲，森　一博，化学物質の微生物分解－近畿の河川の生分解活性度－，日本の水環境 5（近畿編）社団法人日本水環境学会編，pp.169-176，技報堂出版 (2000)
8) Reddy R. K. and Smith H. W., *Aquatic plants for water treatment and resource recovery*, Magnolia Publishing Inc., Orland, Florida (1987)
9) 須藤隆一，生物処理の管理158エコテクノロジーの活用15，水，**35-8**, 78-79 (1993)
10) 江成敬次郎，浦川めぐみ，李瓊貝，伊崎和夫，中山正与，水生植物（マコモ）の根圏における硝化作用の抑制手法の検討とそれによる窒素吸収と硝化の比較，環境工学研究論文集，37, 229-235 (2000)
11) 縣和一，宋祥甫，水質浄化と水辺の修景，ソフトサイエンス社 (2002)
12) (財)エンジニアリング振興協会，水生植物による富栄養化水域浄化システムに関する調査研究報告書，1-123 (1982)
13) 尾崎保夫，尾崎秀子，阿部薫，前田守弘，有用植物を用いた生活排水の資源循環型浄化システムの開発－排水中の窒素，リンを資源とした新たな取り組み－，用水と排水，**38**, 12, 48-53 (1996)
14) 尾崎保夫，有用植物を用いた生活排水の循環・共生型水質浄化システムの開発，日本水処理生物学会誌，**33**, 3, 97-107 (1997)
15) 植木邦和，ホテイアオイ，バイオマス－生産と変換－（上），学研出版センター，195-202 (1981)
16) 青井透，上流部における水生植物による環境の浄化，環境施設，**82**, 74-78 (2000)
17) (社)日本エネルギー学会編，バイオマスハンドブック，オーム社 (2002)
18) Per-Andersons and Hans Fredriksson, Use of summer harvested common reed (Phragmites australis) as nutrient source for organic corp production in Sweden, *Agriculture Ecosystem and Environment*, **102**, 365-375 (2004)
19) Mishima D., Tateda M., Ike M., and Fujita M.,Enzymatic production of sugar resources from biomass of aquatic macrophytes generated in water purification process for eutrophication, *Proceedings Asian Waterqual* 2003 (CD-ROM), IWA-Asia pacific regional conference (2003)
20) 橋本奨，Channel flow systemによる汚水処理と食糧生産に関する研究(1)，環境技術，**13**,

3, 3-10 (1987)
21) 橋本奨, 古川憲治, 南純一, バイオジオフィルターによる高度水処理. 発酵工学, **65**, 1, 45-52 (1987)
22) Furukawa K. Fujita M., Advanced treatment and food production by hydroponic type wastewater treatment plant, *Water Science and Technology*, **28**, 2, 219-228 (1993)
23) Fujita M., Mori K., Kodera T., Nutrient removal and starch production by aquatic plant *Wolffia arrhiza*. Proceedings-6th International Conference on Wetland System for Water Pollution Control, 569-576 (1998)
24) Fujita M., Mori K., Kodera T., Nutrient removal and starch production through cultivation of *Wolffia arrhiza. Journal of Bioscience and Bioengineering*, **87** (2), 194-198 (1999)
25) Oscar N. Ruiz, Hussein S. Hussein, Norman Terry, Henry Daniell, Phytoremediation of organomercurial compounds via chloroplast genetic engineering, *plant physiology*, **132**, 1344-1352 (2003)
26) Gabor Gullner, Tamas Komives, Heinz Rnenenberg, Enhanced tolerance of transgenic poplar plants overexpressing r-glutamylcysteine synthetase towards chloroacetanilinde hebcides, *Journal of Experimental Botany*, **52**, 258, 971-979 (2001)
27) Marinus Pilon, Jnnifer D. Owen, Gulnara F. Garifullina, Tatuo Kurihara, Hisaaki Mihara, Nobuyoshi Esaki, Elizabeth A. H. Pilon-Smiths, Enhanced selenium tolerance and accumulation in transgenic Arabidopsis expressing a mousse slenocysteine lyase, *plant physiology* **131**, 1250-1257 (2003)
28) Sharon Lafferty Doty, Tanya Q. Shang, Angela M. Wilson, Jeff Tangen, Aram D. Westergreen, Lee A. Newman, Stuart E. Strand, Milton P. Gordon, Enhanced metabolism of halogenated hydrocarbons in transgenic plants containing mammalian cytochrome P450 2E1, Proc. Natl, *Acad. Sci. USA*, **97**, 12, 6287-6291 (2000)
29) Bennett LE, Burkhead JL, Hale KL, Terry N, Pilon M, Pilon-Smits EA., nalysis of transgenic Indian mustard plants for phytoremediation of metal-contaminated mine tailings, *J Environ Qual.*, **32**, 432-440 (2003)
30) Lee J., Bae H., Jeong J, Lee JY., Yang YY. Hwang I., Martionia E., Lee Y., Functional expression of a bacterial heavy metal transporter in Arabidopsis enhances resistance to and decreases uptake of heavy metals, *plant physiology*, **133**, 2, 589-596 (2003)
31) 藤田正憲, 森本和花, 河野宏樹, Silvana Perdomo, 森一博, 池道彦, 山口克人, 惣田訓, 水質浄化に利用可能な植物データベースの構築. 環境科学会誌, **14**, 1, 1-13 (2001)
32) 須藤隆一, 生物処理の管理164 エコテクノロジーの活用21. 水, **36-1**, 501, 82-83 (1994)
33) 森 一博, 荊原弘行, 藤田正憲, 吉田和哉, 新名惇彦, 水生植物バックブンの形質転換法の確立. 第5回植物細胞分子生物シンポジュウム講演要旨集、p.63 (1996)
34) Mori K., Igehara H., Yoshida K., Shinmyo A. and Fujita M., Plant regeneration from septumsegment of a water plant pak-bung (*Ipomoea aquatica*). *Japanese Journal*

of Water Treatment Biology, **35**, 1, 1-7 (1999)

35) Kittima Khamwan, Ancharida Akaracharanya, Supat Chareonpornwattana, Yong-Eui Choi, Tatsuro Nakamura, Yube Yamaguchi, Hiroshi Sano, Astuhiko Shinmyo, Genetic transformation of water spinach (Ipomoea aquatica), *Plant Biotechnology* **20**, 335-338 (2003)

36) Steponkus P. L., Uemura M., Joseph R. A., Gilmour S. J., Thomashow M. F., Mode of action of the COR15a gene on the freezing tolerance of Arabidopsis thaliana. Proc. Natl. Acad. *Sci. USA*, **95**, 14570-14575 (1998)

37) Apse M.P., Aharon G.S., Snedden W.A., Blumwald E., Salt tolerance conferred by overexpression of a vacuolar Na^-/H^+ antiport in *Arabidopsis*. *Science*, **285**, 1256-1258 (1999)

38) Nakayama H., Yoshida K., Ono H,. Murooka Y., Shinmyo A., Ectoine, the compatible solute of Halomanas elongata, confers hyperosotic tolerance in cultured tobacco cells. *Plant Physiology*, **122**, 1239-1247 (2000)

39) 坂本敦, 竹葉剛, 田中國介, イネ・グルタミン合成酵素遺伝子群の構造と発現. 生化学, **62**, 3, 197-201 (1990)

40) Hardoyo, Yamada K, Shinjo H, Kato J, Ohtake H., Production and release of poly phosphate by a genetically engineered strain of *Escherichia coli*. *Appl. Environ. Microbiol.*, **60**, 10, 3485-90 (1994)

41) Ogawa N., DeRisi J., and Brown P., New components of a system for phosphate accumulation and polyphosphate metabolism in Saccharomyces cerevisiae revealed by genomic expression analysis. *Molecular Biology of the Cell*, **11**, 4309-4321 (2000)

42) G. M. Brazil, L. Kenefick, M. Callanan, A. Haro, V. DE Lorenzo, D. N. Dowling, F. O'Gara, Construction of Rhizosphere Pseudomonad with Potential to degrade polychlorinated biphenyls and detection of bph gene expression in the rhizosphere, *Applied and Environmental Microbiology*, **61**,1946-1952 (1995)

43) R. Sriprang, M. Hayashi, H. Ono, M. Takagi, K. Hirata, Y. Murooka, Enhanced accumulation of Cd^{2+} by a Mesorhizobium sp. transformed with a gene from Arabidopsis thaliana coding for phytochelatin synthase, *Applied and Environmental Microbiology*, **69**, 1791-1796 (2003)

44) 小山田勉, 各種植物の水面における生育適応性と水質浄化. 昭和62年度研究成果情報 (関東東海農業), 149-150 (1987)

45) 大槻恵, 水生生物を用いた環境改善・創造-1 水性植物. ヘドロ, 9 (58), 25-29 (1993)

46) Boyd, C. E., Vascular aquatic plants for mineral nutrient removal from polluted water. *Economic Botany*, **24**, 95-103 (1970)

47) 青山勲, 水生植物を利用した水質改善. 用水と廃水, **24**, 87-93 (1982)

48) 松本聰, ウキクサによる栄養塩吸収とその利用. 生物と科学, **7**, 594-600 (1978)

49) Debusk T. A., Ryther J. H., Effects of seasonarity and plant density on the productivity of some freshwater macrophytes. *Aquatic Botany*, **10**, 133-142 (1981)

50) 菊池眞夫, 渡辺巌, 熱帯稲作におけるアゾラの緑肥利用－その経済潜在力と技術確立上の制

約要因-. 農業総合研究, **37**, 71-121（1983）
51) 佐々木道也, 外岡健夫, 水草による栄養塩の除去について. 茨城県内水面試研報, **15**, 61-67（1978）
52) 今岡務, 寺岡靖治, ホテイアオイの栄養塩吸収能を利用した水質浄化に関する研究-第1報ホテイアオイの生長速度およびリン吸収速度に及ぼす環境要因の影響-. 水質汚濁研究, **8**, 314-322（1985）
53) 今岡務, 寺西靖治, ホテイアオイの栄養塩類吸収能を利用した水質浄化に関する研究-第2報ホテイアオイの水質浄化効果に関するシミュレーション解析-. 水質汚濁研究, **8**, 358-366（1985）
54) 歌崎秀夫, ホテイアオイを用いた水質浄化-伊丹市・昆陽池における事例から-. 公害と対策, **17**, 110-114（1978）
55) 沖陽子, 水生雑草ホテイアオイをめぐる諸問題. 農業技術, **35**, 495-501（1980）
56) 沖陽子, 中川恭二郎自然水域におけるホテイアオイ個体群の生長と群落構造の解析. 文部省科研「児島湖集水域」研報, 115-140（1981）
57) 奥田惟精, 佐藤正春, ホテイアオイによる栄養塩吸収-手賀沼における植栽実験から-. 公害と対策, **19**, 77-83（1983）
58) 喜納政修, 田中信壽, 神山桂一, ホテイアオイ収穫量および窒素除去量と収穫栽培管理に関する研究. 水環境学会誌, **16**, 638-644（1993）
59) (財)エンジニアリング振興協会, 水生植物による富栄養化水域浄化システムに関する調査研究報告書, 1-123（1982）
60) 酒井英市, ホテイアオイによる豚ふん尿汚水の浄化処理. 畜産の研究, **27**, 533-538（1973）
61) 佐々木道也, 外岡健夫水草による栄養塩の除去について. 茨城県内水面試研報, **15**, 61-67（1978）
62) 関口忠男, 小池正純, 水生植物を利用した水質浄化に関する研究（第二報）-ホテイアオイを利用した下水処理場排水の水質の浄化-. 栃木県公害研究所年報, **13**, 33-43.（1988）
63) 徳永隆司, 北喜代志, ホテイアオイの生長と無機栄養元素の貯蔵. 日本水処理生物誌, **14**, 1-8（1978）
64) 花田聖孝, 岡本智伸, 水性植物および微細藻類による水質浄化とそのバイオマス利用. 用水と廃水, **38**, 465-470（1996）
65) 松崎雅英, 岡本正孝, ホテイアオイによる食鶏処理場汚水の処理効果. 畜産の研究, **44**, 458-460（1990）
66) Polprasert C., Khataiwada N. R., An integrated kinetic model for water hyacinth ponds used for wastewater treatment. *Wat. Res.*, **32**, 179-185（1998）
67) Polprasert C. and Khataiwada N. R., Bhurtel J., Design for COD removal in constructed wetlands based on biofilm activity. *J. Environ. Eng.*, **124**, 838-843（1998）
68) Bishop P. L. Eighmy T. T., Aquatic wastewater treatment using *Elodea nuttalli*. *J. WPCF*, **5**, 641-648（1989）
69) 角野康廣, 水生植物の分布とpH, アルカリ度, カルシウムイオン, 塩素イオン, 電気伝導度の関係について. 日本生態学会誌, **32**, 39-44（1982）
70) Alaerts G. J., Mahbubar M., Kelderman P., Performance analysis of a full-scale

duckweed-covered sewage lagoon. *Wat. Res.*, **30**, 843-852 (1996)
71) Oron B., Porath, D., Performance of the duckweed species Lemna gibba on municipal wastewater for effluent renovation and protein production. *Biotechnol. Bioeng.*, **29**, 258-268 (1987)
72) Hammouda O., Gaber A., Abdel-Hameed M. S., Assessment of the effectiveness of treatment of wastewater-contaminated aquatic systems with *Lemna gibba*. *Enzyme Microb. Technol.*, **17**, 317-323 (1995)
73) 古川憲治, 藤田正憲, 重村浩之, 平群町役場生活環境課, 各種接触担体と水生植物の組み合わせによる生活排水汚濁水路浄化施設の処理特性. 日本水処理生物学会誌, **33**, 161-170 (1997)
74) Aoi T. Hayashi T., Nutrient removal by water lettuce (*Pisitia stratiotes*). *Wat. Sci. Technol.*, **34**, 407-412 (1996)
75) Sherwood C. Reed, Ronald W. Crites, E. Joe Middlebrooks, Natural system for waste management and treatment, McGraw-Hill Inc. (1995)
76) 松尾友矩他監訳, 水質環境工学, 技法同出版 (1993)
77) Macborro E., Davis A.J., Treatment wetland database now available, *Water Environment and Technology*, **6**, 31-33 (1994)
78) 鈴木雅和, パーソナルコンピューターによるシステム開発の方法－緑地植物データベースの開発を例として－, 環境情報科学, **14**, 1, 37-45 (1985)
79) 森 一博, 河野宏樹, 森本和花, 藤田正憲, 水質浄化に関する植物データベースの作成. 第35回下水道研究発表会講演集, 16-18 (1998)
80) 稲盛悠平, 西村浩, 須藤隆一, 生態工学を活用した水環境修復技術の開発動向と展望. 用水と廃水, **40**, 10, 7-18 (1998)
81) 津野洋, 宗宮功, 花卉植物の水耕栽培による下水二次処理水からのりん及び窒素の除去に関する研究. 下水道協会誌論文集, **27** (316), 53-60 (1990)
82) 稲森悠平, バイオジオフィルターによる水質改善. 用水と廃水, **38**, 6, 71 (1996)
83) 平野浩二, 花卉の水耕栽培による団地浄化槽2次処理水中の栄養塩除去. 資源環境対策, **31**, 1041-1050 (1995)
84) 阿部薫, 尾崎保夫, バイオジオフィルターによる水質浄化. ALPHA, **9**, 10-17 (1993)
85) 津野洋, 宗宮功, 下水二次処理水による花卉植物の水耕栽培と栄養塩除去. 用水と廃水, **33**, 207-215 (1991)
86) Abe K., Ozaki Y., Kihou N., Use of higher plants and bed filter materials for domestic wastewater treatment in relation to resource recycling. *Soil Sci. Plant Nutr.*, **39**, 257-269 (1993)
87) 沖陽子, 水生雑草が有する機能の活用. 農業技術, **46**, 537-542 (1991)
88) 尾崎保夫, 阿部薫, 植物を活用した資源循環型水質浄化技術の課題と展望－潤いのある農村景観の創出を目指して－. 用水と廃水, **35**, 771-783 (1993)
89) 下瀬昇, 作物の塩害生理に関する研究 (第3報) イグサの耐塩性. 日本土壌肥料学雑誌, **34**, 147-149 (1963)
90) 鎌田俊巳, 割石・水生植物を用いた水質浄化実験. ホテイアオイ研究会News Letter, **8**, 4

(1986)
91) 長野県生活環境部, 家庭排水の処理に関する調査研究（第三次報告）. 下水道協会誌論文集, 28-43 (1984).
92) 橋本奬, Cannel flow systemによる汚水処理と食糧生産. 水処理技術, **24**, 109-116 (1983)
93) 日高伸, クレソン等－ゼオライト系水質浄化システムの開発. 高付加価値排水処理計画調査, 10-43 (1994)
94) 徳永隆司, 水性植物の水質汚濁防止への利用. 水処理技術, **23**, 127-133 (1981)
95) 形山順二, パピルスによる水質浄化. 遺伝, **45**, 11, 7-8 (1991)
96) 片山順二, 勝田久子, パピルス葦の栽培による池水の水質浄化. ALPHA, **6**, 21-25 (1993)
97) 桜井善雄, 水辺の緑化による水質浄化. 公害と対策（増刊）, 67-77 (1988)
98) 江成敬次郎, 水性植物（マコモ）を利用した水質改善の試み－伊豆沼の例－. 用水と廃水, **38**, 647-655 (1996)
99) 細川恭史, 三好英一, ヨシ原による水質浄化の特性. 港湾技術研究報告書, **30**, 208-233 (1991)
100) 細見正明, 湿地による生活廃水の浄化. 水質汚濁研究, **14**, 10, 24-31 (1991)
101) 細見正明, 稲葉一穂, アシ原の自然浄化機能を活用した生活雑排水処理. 国立公害研報, **119**, 7-17 (1988)
102) 堀江穀, 細川恭史, 植物体（ヨシ）による浄化能力の検討. 技研資料, **591**, 1-18 (1988)
103) 村岡浩爾, あし原の自然浄化能による水質浄化. 水, **31**, 18-22 (1989)
104) Brix M., Gas exchange through the soil-atmosphere interface and through dead culms of Phragmites australis in a constructed wetland reed bed receiving domestic sewage. *Wat. Res.*, **24**, 259-266 (1990)
105) 汐見信行, 鬼頭俊而, アカウキクサの多目的利用. 水処理技術, **27**, 2, 123-129 (1986)
106) 渡辺巌, アゾラとその利用. 環境科学総合研究所年報, **14**, 117-122 (1995)
107) 沖陽子, 水生雑草の利用に関する基礎研究－バイオフィルターとしての利用－. 雑草研究, **36**（別）, 164-165 (1991)
108) 福島忠男, 生活雑廃水が混入する溜池の植生（ハス）による水質改善効果について. 農業土木学会論文集, **142**, 99-105 (1989)
109) 岩熊敏夫, 土谷岳令, 生育期のヒシによる湖水からの栄養塩除去の実験的研究. 国立公害研究所研究報告, **96**, 101-125 (1986)
110) Williams C. H. and Davies J. J., The dynamics of growth, the effect of changing area and nutrient uptake by watercress *Nasturtium officinale* R. Br. in a New Zealand stream. *J. Appl. Ecol.*, **19**, 589-601 (1982)
111) 大滝末男, 石戸忠, 日本水生植物図鑑. 北隆館 (1980)
112) 桜井良三, 決定版生物大図鑑 植物I 双子葉植物. 世界文化社 (1984)
113) 桜井良三, 決定版生物大図鑑 植物II 単子葉植物. 世界文化社 (1984)
114) 牧野富太郎, 牧野 新日本植物図鑑. 北隆館 (1962)
115) 佐藤敦, 「浮き水耕ベッド」による八郎潟浄化の試み. 環境技術, **23**, 386-396 (1994)
116) 茅野秀則, バイオフィルターシステムについて 水性植物による水域浄化システム. PPM, 1986/8, 1-9 (1986)

第 4 章　植物による水質浄化

117) 建設省関東地方建設局霞ケ浦工事事務所, 霞ケ浦の自然を生かした「植生浄化施設」. 1005-1018.
118) 本橋敬之介, 湖沼・河川・排水路の水質浄化―千葉県の実施事例―. 海文堂出版 (1997)
119) 吉田俊幸, 鍋島豊, 竹中明博, 植生浄化による処理水のせせらぎ利用. 第36回下水道研究発表会講演集. 1-3 (1999)
120) Debusk W. F., K. R. Reddy, "Wastewater treatment using floating aquatic macrophytes, Contaminant removal processes and management strategies" in Aquatic Plants for Water Treatment and Resource Recovery, *Magnolia Publishing*, pp.27-45 (1987)

第5章　底質改善による水質浄化

1　底泥置換覆砂工法

大谷英夫*

1.1　はじめに

　湖沼や内湾などの閉鎖性水域では，アオコ・赤潮の発生や貧酸素化問題に悩まされている。水質浄化対策として底泥を系外へ除去する浚渫工法や底泥を清浄な砂で覆う覆砂工法が広く採用されている。そのうち，覆砂工法は，底泥からの栄養塩溶出の抑制，底泥の酸素消費量の削減，水流による底泥巻上げ抑制作用による透明度改善，生物相の回復などの環境改善効果を有している。さらに，生物相が回復した結果，水草の繁茂はその光合成によって溶存酸素濃度向上をもたらし，また，アサリなどに代表される魚介類の増大は彼らが有する水質浄化能力を強化することにつながり，湖沼や内湾の持つ水質の自浄能力が復活されることが期待される。

　しかし，覆砂工法には，良質な砂を入手しなければならないこと，施工に際して底泥を乱さずに施工しなければならないことなどの課題も抱えている。底泥を撹乱させてしまうと，巻き上がった底泥により水質に悪影響を与えるのみならず，巻き上がった底泥と覆砂材である砂の沈降速度の違いから，覆砂した砂の上に底泥が堆積してしまい，覆砂工が持つ環境修復効果が発揮されない。また，覆砂厚に関しても元来生息している生物に重大なインパクトを与えない程度の厚さに管理することも課題となる。

　「底泥置換覆砂工法」は，底泥の下にある砂層にジェット水流を吹き込むことにより，砂を底泥上に湧き出させる覆砂工法である。このため，砂を外部から持ち込む必要がないという利点を有しているほか，底泥の巻き上げが少なく，薄層覆砂も可能な工法である。本節では，底泥置換覆砂工法の開発経緯と施工事例を紹介し，その環境改善効果について述べる。

1.2　底泥置換覆砂工法の原理と特徴

1.2.1　概要

　底泥置換覆砂工法の原理を図1に示す。湖底をジェット水流で掘削しながらジェット管を砂質土層まで沈める。さらに，水流を流しながらジェット管を降下させると，ジェットにより掘削さ

---

*　Hideo Ohtani　大成建設㈱　技術センター　土木技術研究所　水域・生物環境研究室　主任研究員

第5章 底質改善による水質浄化

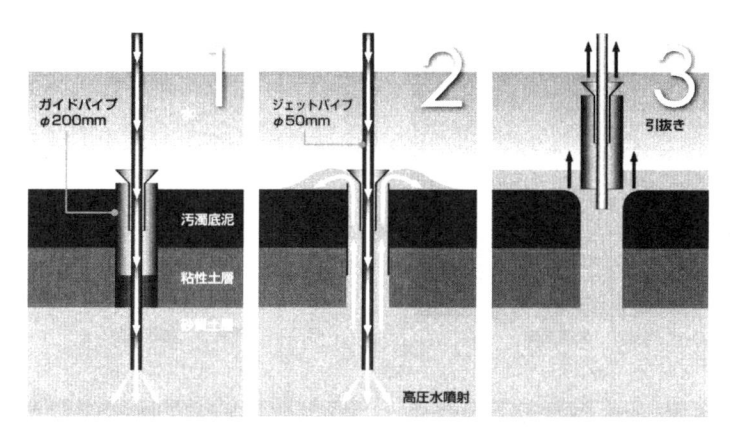

図1 底泥置換覆砂工法の説明

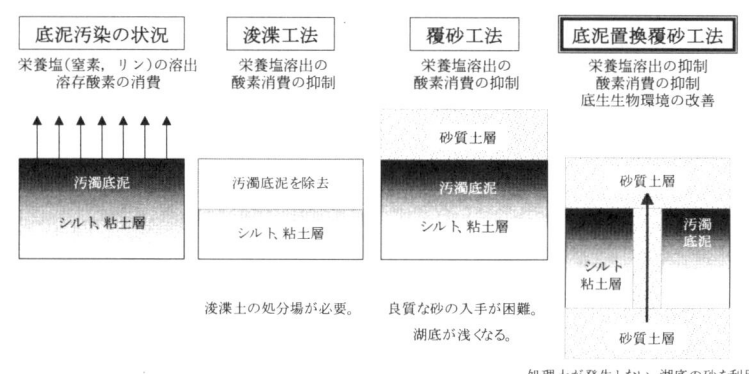

図2 底泥置換覆砂工法と他工法との比較

れた砂が注入された水とともにガイド管を通って上方に排出される。水と砂は混合し，密度流となって同心円上に広がり覆砂が行われる。この際，ガイド管の口から流出する砂はスムーズに底泥上に沈降するので，濁りや浮泥の巻き上げがほとんど発生しない。ガイド管は底泥の崩れを防止し，揚砂を効率化させる役目を持つ。

　本工法の概念図と他工法の比較を図2に示す。まず，本工法を浚渫工法と比較すると，汚濁底泥の除去がないので浚渫土の処理場問題が発生しない。また，従来の覆砂工法と比較すると，本工法は底泥下部に堆積している砂を利用するため砂入手の必要がないこと，湖底が浅くならず貯

写真1　実験装置

写真2　覆砂状況

写真3　覆砂後の状況（平面）

写真4　覆砂後の状況（断面）

水容量が変化しないことなどの長所がある。覆砂工法による水質浄化・環境修復効果として，底泥の酸素消費量や栄養塩溶出量が低減され湖水の貧酸素化・富栄養化が抑制されること，湖底環境が砂質土系の好気性環境に変わり底生生物や水生植物が復活することなどがあげられる。

1.2.2 室内水理実験

底泥置換覆砂工法の覆砂特性と濁りの状況を室内水理実験で確認した結果を以下に述べる。円筒水槽(D4.6m×H3m，写真1)内に，砂層(厚さ:85cm，D_{50}：96μm)，底泥層（厚さ：15cm，D_{50}：5μm），水層（水深:1m）の3層モデルを構築し，ジェット流量は10,15,20 l/分と変化させて，覆砂厚の分布と濁りの拡散範囲を計測した。実験縮尺は後述する諏訪湖実証実験の1/4とした。

写真2は覆砂中の状況である。吹き上がった砂が上方に拡散しないように，ガイドパイプの上端にツバ（傘）がついている。砂は，ガイドパイプの上端から排出されると流れを下向きに変え，ガイド管の外側を下方に流下する。覆砂後の砂の広がりを写真3に，覆砂厚の断面分布状況を写

第 5 章　底質改善による水質浄化

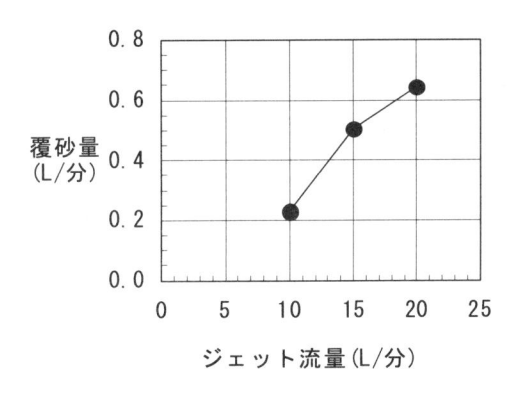

図3　覆砂量とジェット流量の関係

真4に示す。写真3よりジェット管を中心に同心円上に覆砂されたことが分かる。写真4では，覆砂された断面では，ヘドロの下にあった砂がヘドロ上に揚げられ，その分ヘドロ層が沈下していることが示されている。また，覆砂されたヘドロの上面と覆砂層の境目は明確であり，覆砂中のヘドロと砂との混合がなく，ヘドロを巻き上げずに覆砂されたことが分かる。覆砂厚については，ジェットパイプの近傍で大きく距離が離れるにしたがって減少している特徴を持っていることが分かる。図3は，ジェット流量と覆砂に寄与した砂量（覆砂量）の関係を示したものである。ジェット流量が大きいほど覆砂量も大きくなったことから，所用の覆砂厚を満たすためには，ジェット流量の調整が必要であることが明らかになった。実際の施工では，ジェット間を数本並べて覆砂することから，ジェットパイプの配置間隔についても覆砂厚を決定する要素となる。

一方，施工中の濁りについては，写真2でも明らかなように，底面近傍の5 cm程度に限定され，それより上層ではほとんど濁りが発生していない。ガイドパイプ周辺の流れと砂の挙動を観察した結果，濁りが底面近傍に限定される理由として次の現象が明らかになった。ガイドパイプから湧き出した砂が沈降すると，周辺の水も下向きに連行される。この連行流に濁りの原因となる砂の細粒分が取り込まれ，濁りは上方へ巻き上がらない。

1.3　施工事例
1.3.1　諏訪湖実証実験[1, 2]

実証実験は諏訪湖の北部水域（図4）において2000年11月（その1）と2001年11月（その2）の2回実施した。「実験その1」では，実験場所Aにおいて底泥置換覆砂工法の実用化を判

環境水浄化技術

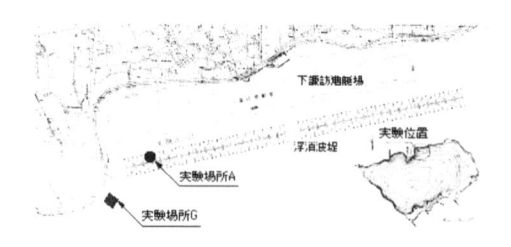

図4 実験場所

断する基礎実験を行うとともに、7m×7mの覆砂範囲の中で、施工直後およびその7ヵ月後（2001年6月）に生態系の復元に関する環境調査を行った。環境調査の項目は、粒度分布、全窒素・全リン・有機炭素、酸素消費速度と栄養塩溶出速度、生物調査である。「実験その2」では、実験場所AおよびGにおいて覆砂厚の特性、濁りの拡散状況を調べた。場所Gでは、15m×15mの範囲を覆砂し、施工後に環境調査を行った。主な実験諸元を表1、使用機器を表2に示す。

施工方法は次の通りである。65トンクローラークレーンを搭載したスパッド付組立台船（写真5）に覆砂用設備を設置した。覆砂用設備（表2）は、ガイド管、ジェット管（写真6、7）、配管類、水中ポンプ、発電機（125KVA）から構成される。写真7にジェット噴射状況を示す。ガイド管は、1.5m角の正方形吊り枠に4本配置し、ホイストで吊り下げた。ジェット管はガイド管と同様に1.5m角で配置しクローラークレーンで吊り下げた。ジェット管の長さは、粘性土層厚、砂層厚を考慮し全長6mとした。所定の覆砂位置へは、台船をGPSで誘導し、係留ワイヤーのウインチ操作およびバックホーによる微調整により移動した。覆砂位置では、覆砂前にオートレッドにより水深を計測し、ジェット管の予定先端深度を確認した。スパッド付組立台船に小型台船を併設し、小型台船上のハウス内にGPSおよびデータ取得用のパソコンを装備した。施工サイクルは次の通りである。

表1 実験条件

	場所A	場所G
水深	3.7m	2.7m
揚砂粒径D_{50}	0.2mm	0.4mm
土質条件	図5	

表2 使用機器

使用機器	形状・仕様	数量
組立台船	65tクローラークレーン	1
水中ポンプ	200V,37kW,H35m	1
	ジェット流量0.5m³/min、吐出圧0.4MPa	
ヘッダー管	ϕ150	1
ホース	ϕ38、20m	4
ジェット管	ϕ38×6m	4
a.1本セット：覆砂厚等確認試験用		
b.4本セット：覆砂面積49m²（7m×7m）用		
ガイド管	ϕ200×1.5m	4
GPS		1

第5章 底質改善による水質浄化

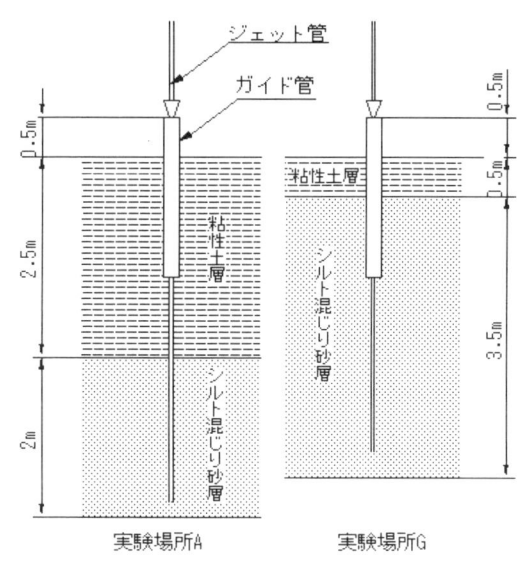

図5 実験土層

写真5 スパッド付組立台船

写真6 ガイド管およびジェット管

環境水浄化技術

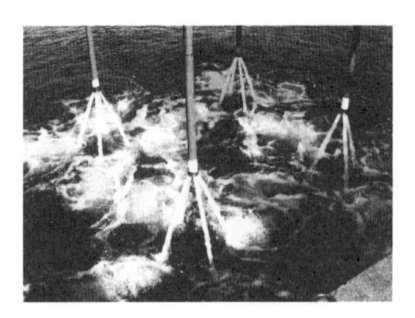

写真7　ジェットの噴出状況

a）　台船移動位置決め
b）　スパット打設
c）　ガイド管ジェット管セット
d）　ジェットポンプ運転始動
e）　ガイド管ジェット管底泥層内貫入
f）　ジェット管砂層内貫入置換覆砂
g）　ガイド管ジェット管引抜き
h）　スパット引抜き

　覆砂厚は，ダイバーが採種したコア（写真8）を読み取ることにより計測した。また，施工中の濁り状況を確認するため，小型ボートを用いて水平方向と鉛直方向に濁度計で浮遊物質濃度SSを計測した。
　写真9に，（a）湖底のヘドロと（b）砂層から揚がった砂を示す。実験に先立ち，湖底のヘドロと砂が混ざることが心配されたが，室内実験と同様，ヘドロが混じらない清浄な砂で覆砂できた。砂粒径は場所Aで$D_{50}=0.2mm$，場所Gで$D_{50}=0.4mm$であった。また，

写真8　サンプルしたコア

覆砂厚として10cmから30cmの範囲の出来形が得られた。覆砂中に計測したSSの分布を図6に示す。ガイド管近傍，鉛直方向にはガイド管出口より低い位置に，SSが大きい領域が認められるが，これは揚砂した砂をとらえたものである。本工法に特徴的な現象として，水平方向にジェット管から4m以上離れた場所においても，濁りは湖底近傍に限定され，水面方向には拡散していないことが挙げられる。これは室内水理実験と同様，

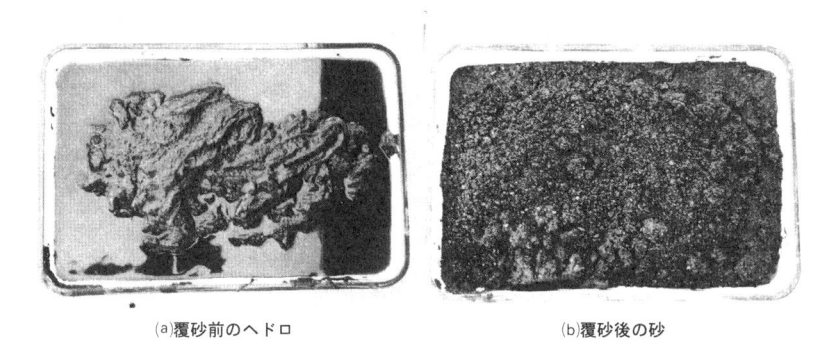

第 5 章　底質改善による水質浄化

(a)覆砂前のヘドロ　　　(b)覆砂後の砂

写真 9　覆砂前後の底質

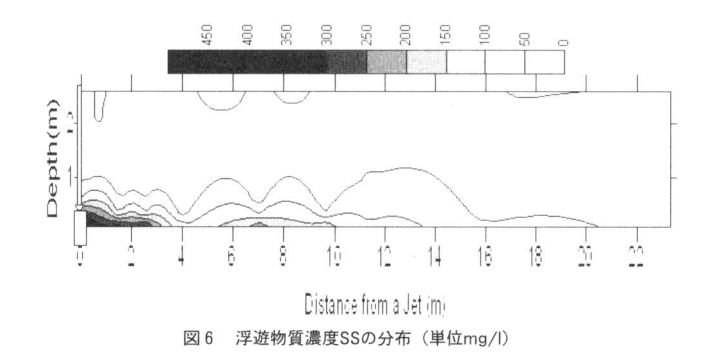

図 6　浮遊物質濃度SSの分布（単位mg/l）

ガイド管出口からの砂の沈降が周囲に下降流を誘起し，濁りの水面方向への拡散を抑制した結果であると言える。本工法では濁りの拡散がほとんど発生しないことが実証された。

1.3.2　宍道湖試験工事

2002年3月より10月までの期間で，宍道湖（図7）において試験工事を実施した（国土交通省中国地方整備局出雲工事事務所発注）。砂層・土質・環境に関する事前調査を経て，15本のジェット管を装備した台船（写真10）により2,500m^{2}の底泥置換覆砂工法を行った。覆砂装置はジェット管を1m間隔で15本（3本×5本）の格子状に配置し，1回の施工範囲を15m^{2}とした（図8）。代表的な覆砂の出来形を図9に示す。覆砂厚の目標値10cmに対して，10cmから24cm平均15cmの出来形を実現した。宍道湖の砂層は，粒径D_{50}＝0.067mm〜0.085mmのシルト分が多く含まれ

環境水浄化技術

図7　試験工事場所

写真10　クレーン台船

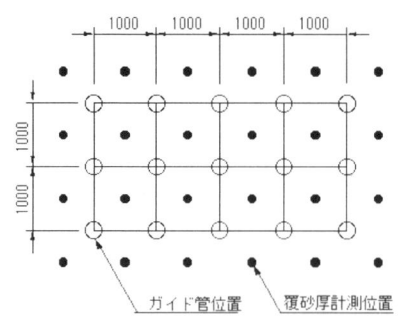

図8　ガイド管配置および覆砂厚計測位置

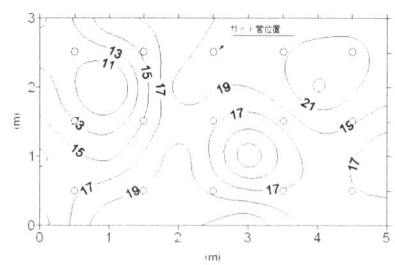

図9　1ブロック内の覆砂厚計測結果の例（単位cm）

写真11　覆砂装置とジェット噴出模擬状況

第 5 章　底質改善による水質浄化

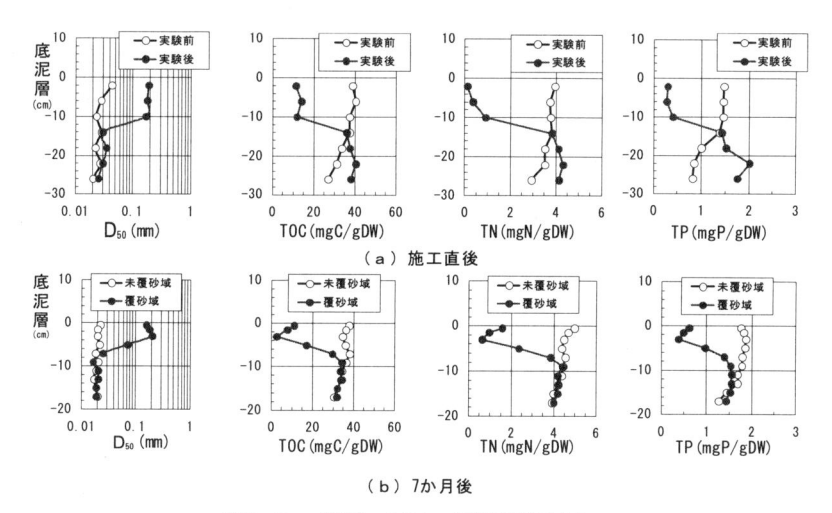

(a) 施工直後

(b) 7か月後

図10　D_{50}・全窒素・全リン・有機炭素断面分布

ていた。そのため，砂の細粒分が1回の施工範囲15m^{2}から横に流失しないようガイド管外周に横流れ防止枠（写真11）を設置し覆砂厚を確保した。覆砂工事は2002年7月末に終了し，その後，覆砂による底質浄化効果，底生生物の生息状況などの環境調査を実施した。

1.4 底泥置換覆砂工法の効果

1.4.1 底泥浄化の結果

2000年11月に実施した諏訪湖実証実験（図4-A）の前後に計測した中央粒径D_{50}，全有機体炭素TOC，全窒素TN，全リンTPの鉛直分布を図10（a）に示す。底泥コア試料の採種位置は4本のジェットパイプに囲まれた四角の中心である。実験前では全層にわたりD_{50}が0.02mm～0.04mmのシルト質土であったのに対して，実験後ではシルト質土の上にD_{50}が約0.2mmの細砂が厚さ約10cmで覆砂されたことが分かる。底質の栄養塩の変化については，実験前では，全層にわたりTOCが25～40mgC/gDW，TNが3～4mgN/gDW，TPが0.8～1.5mgP/gDWと有機汚濁化していたのに対して，実験後では，表層10cmの覆砂層部でTOCが約10mgC/gDW，TNが1mgN/gDW以下，TPが0.4mgP/gDWと大幅に減少した。底泥置換覆砂工法により，汚濁底泥と砂が混合することなく覆砂でき，表層の有機物含有量が1/3以下に低下することが確認された。

図10（b）は施工後7ヵ月経った2001年6月の計測結果である。D_{50}の鉛直分布から覆砂後7ヶ月では表層1cmで細粒分が増加している傾向にあるものの，その下層では覆砂が維持されて

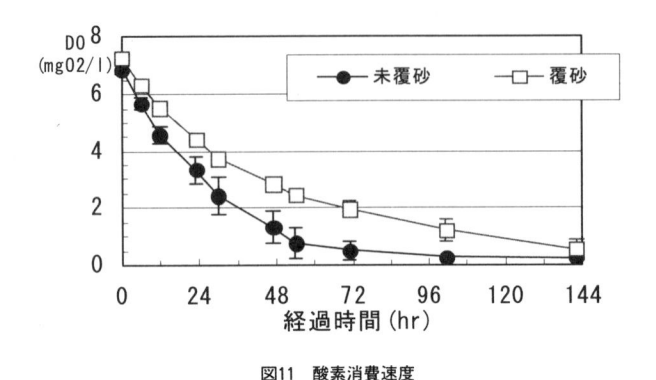

図11 酸素消費速度

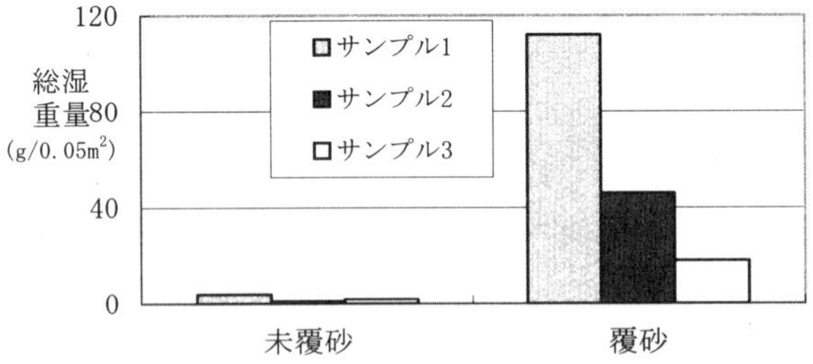

図12 未覆砂域と覆砂域（覆砂後7ヶ月）の底生生物総湿重

いた。また，覆砂直後（図10(a)）と同様，底質の表層では全有機体炭素・全窒素・全リンの全てが覆砂前に比べて大幅に低下した状態を維持していた（図10(b)）。図11は，覆砂域（覆砂後7ヶ月）と未覆砂域の不撹乱底泥カラムにより酸素消費速度を計測した結果である。覆砂域の酸素消費量は未覆砂域より約20％低下し，底泥置換覆砂工法により好気性環境を提供できたことが明らかになった。

1.4.2 底生生物環境の再生効果

諏訪湖の覆砂実験区（図4-A，7m×7m）は，水深約4mと深く，貧酸素化や日射量不足の影響を受けるため，水生植物も底生生物も非常に少ない状況であったが，覆砂実施から7ヶ月後の調査では，ユリミミズ（図12）の繁殖とコカナダモの繁茂を確認した。ユリミミズは未覆砂域に比べて覆砂域に圧倒的に多く生育しており，覆砂により底生生物に良好な環境を提供できた

第5章　底質改善による水質浄化

と言える。また，日射量不足の影響を受けにくい浅い区域で覆砂を行い，生物の繁殖を促すことが重要であると考えられる。

1.5 まとめ

底泥置換覆砂工法は，底泥下の砂を底泥と混合することなく揚砂・覆砂する工法であり，施工後は底質が好気性環境へと変化し，底生生物が復活したことを述べた。環境修復を目的とした覆砂工は，航路浚渫工が近くで行われているなどの条件が必要で，山砂や川砂を用いることは広い意味での環境修復に反すると考えられる。この意味から底泥置換覆砂工法は環境修復の目的に，より適した工法であると言える。今後，多くの湖沼や内湾で底泥置換覆砂工法が活用され，対象水域が持つ水質の自浄能力を高め，健全な水域環境・生態系の改善に繋がることが期待される。

文　　献

1) 松木田正義，小林峯男，上野成三，岡田和夫，丸山邦男，底泥置換覆砂工法の開発，土木学会第56回年次学術講演会，VII-033，pp.66-67（2001）
2) 松木田正義，小林峯男，友井宏，勝井秀博，上野成三，大谷英夫，岡田和夫，丸山邦男，底泥置換覆砂工法の現地実証実験，土木学会第57回年次学術講演会，VII-246，pp.491-492（2002）

2 高濃度薄層浚渫

蓑輪祐介[*1], 榎本 孝[*2]

2.1 技術開発の経緯と目的

従来，河川，湖沼，港湾などにおける堆積汚泥の浚渫は主にポンプ浚渫工法で実施されるので，水と汚泥が一緒に吸い上げられ，大量の余水が発生し，余水処理のため揚泥場所の広さが問題となっていた。また，ポンプ浚渫船吸入口のカッターで堆積汚泥を掻き乱すため周囲の水域に濁りが発生していた。高濃度薄層浚渫技術とは，大量の余水発生や広大な揚泥場所，汚濁という施工と環境上の問題を解決するため開発された技術であり，底質改善事業においてもこの技術が積極的に取り入れられるようになった。

底質改善事業における高濃度薄層浚渫は，水質悪化の原因となる窒素やリンなどが底泥の表層に多く含まれるため，表層部の底泥のみを乱さずに薄く浚渫でき，かつ，余水の発生を極力抑えることを目的とした技術である。

2.2 「カレン工法」の概要

琵琶湖（赤野井湾）の底質改善事業に参画した「カレン工法」は，高濃度薄層浚渫技術の中の1つに位置され，1994年に実験機を開発し北海道の茨戸川で実験を行った事を初めに，1995年にはバックホウ装着型の小型機「カレン2号」を開発し，相馬市松川浦でそれぞれ実証実験を行った。1996年に最初の実用機として高濃度薄層浚渫船「カレン3号」を建造し，霞ヶ浦で初めての実施工を行った。霞ヶ浦での実施工における確証を得た後，1999年に琵琶湖（赤野井湾）の底質改善事業を対象とした高濃度薄層浚渫船「カレン5号」を建造した。「カレン工法」は，ロータリーシェーバー式集泥機，自動浚渫運転制御システム，RTK-GPSを利用した施工管理シス

表1 カレン3号，5号主要目表

		カレン3号	カレン5号
浚渫能力	公称浚渫能力	80.0m³/hr	50.0m³/hr
	最大浚渫深度	-8.0m	-6.0m
	送泥距離	5000m(MAX)	3000m(MAX)
	含泥率(実績)	約71.0%	約75.0%
船体寸法	長さ	30.0m	22.4m
	幅	9.0m	7.3m
	深さ	2.5m	1.4m
	吃水	1.5m	1.0m
集泥機	型式	ロータリーシェーバー式	
	集泥機長さ	4.70m	3.20m
	集泥口幅	1.64m	2.20m
	集泥土厚	0.30m	0.30m
スパット装置		スパットキャリッジ式	
出力	主発電機	513kW	51kW
	主コンプレッサー	－	(140+15)kW
	ポンプ	(190+55)kW	335kW

[*1] Yusuke Minowa　東洋建設㈱　大阪本店　土木部　課長代理
[*2] Takashi Enomoto　東洋建設㈱　大阪本店　土木部　係長

第5章 底質改善による水質浄化

写真1　カレン3号

写真2　カレン5号

テムを装備することで高濃度薄層浚渫が可能となる工法である。

　表1にカレン3号，5号の主要目表を，写真1にカレン3号を，写真2にカレン5号をそれぞれ示す。

2.3 「カレン工法」の技術的特徴
2.3.1 ロータリーシェーバー式集泥機

　ロータリーシェーバー式集泥機の浚渫機構を図1に示す。ロータリーシェーバーには，複数の底面掘削刃が取り付けられ，回転部中心にスクリューコンベアがあり，これの端部に揚泥ポンプが装備されている。ロータリーシェーバーは，通常，浚渫船のスイング速度と同期して回転する。底面掘削刃で切り取られた底泥は，上部でスクリューコンベアへ投入され，端部の揚泥ポンプま

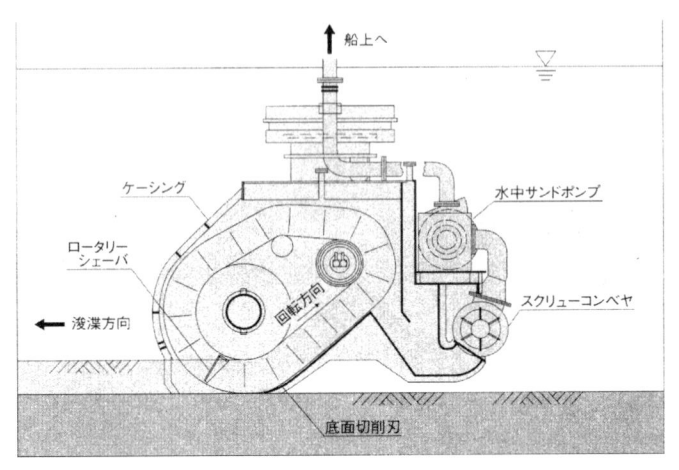

図1　ロータリーシェーバー式集泥機

で攪拌搬送される。

集泥機全体を覆うカバーによって，底泥を切り取る際に発生する濁りを拡散することを抑え，ロータリーシェーバーで底泥を掻き上げる段階における水の混入を防ぎ高濃度の浚渫が可能となる。ロータリーシェーバーの回転は，自由に変更することが可能であるため，スイング速度を調整することで，底泥の土質に変化が生じる場合でも高含泥率の底泥を取り込むことができる。言いかえれば，底泥の土質に適したスイング速度とロータリーシェーバー回転数を見つけだすことが重要となる。

2.3.2　自動浚渫運転制御システム

自動浚渫運転制御システムとして以下の3つのシステムがある。

①　スイング自動制御システム

施工前に浚渫深度とスイング速度を設定し，集泥機が設定浚渫深度に達すれば，設定速度でスイングと集泥機のロータリーシェーバーが同期運転を行うシステムである。また，GPSのデータから浚渫位置を演算し，左右それぞれの寄り切り位置にくると，ロータリーシェーバーの停止，ラダーの昇降，スパッドキャリッジ前後進，再スイング開始の1連の制御を自動で行うことが可能である。

②　スパッドキャリジ自動前後進制御システム

浚渫船の前進，後進が固定スパッドを油圧にて押し出すことで容易にでき，キャリッジスト

第5章　底質改善による水質浄化

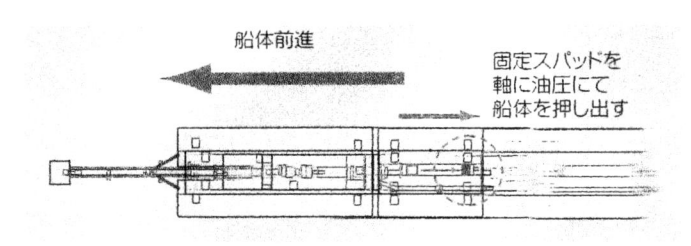

図2　スパッドキャリッジ概要図

ロークが規定位置まで達すれば，設定した地山貫入深さ，引抜き高さでスパッドの自動打換えを行うことができる。また，打換え動作時にスパッドの浚渫法線からのズレを自動的に補正することもできる。図2にスパッドキャリッジ概要図を示す。

③　揚泥ポンプ自動流量制御システム

あらかじめ揚泥流量を設定し，この設定流量を保持するように，浚渫中に変動する流体負荷に追従して揚泥ポンプが回転制御され流量調整を行うシステムである。また，貯泥槽が高レベルになれば揚泥ポンプ，スイング，集泥機共に減速運転を行う安全機能を付加している。

2.3.3　施工管理システム

施工管理システムとして以下の3つのシステムがある。

①　船位計測システム

船位計（GPS），ジャイロコンパス，トリム，ヒール計のデータより，船体および集泥機の平面位置をリアルタイムに演算，画像処理して運転室内のCRT画面上に表示して施工精度の向上を図っている。この船位データはスイング自動制御システムに伝送する。

②　運転監視システム

集泥機深度，浚渫土厚などの浚渫状態をリアルタイムにCRT画面上に表示する。また，集泥機内に小型水中カメラを取り付け，ロータリーシェーバーの動作状況を運転室内のCRT画面で監視でき，スパッド打換え動作時は，自動的にキャリッジ，スパッド動作状況を画像処理しCRT画面上に表示する。

③　排送管理システム

排泥流量，排泥密度，排泥圧力がリアルタイムで運転室内に表示され，揚泥土量，浚渫土の物性などが把握でき，排砂管の閉塞を監視する。

2.4　「カレン工法」琵琶湖における施工例

日本有数の蓮の群生地として名高い赤野井湾は琵琶湖（南湖）の東側に位置し，烏丸半島に囲ま

環境水浄化技術

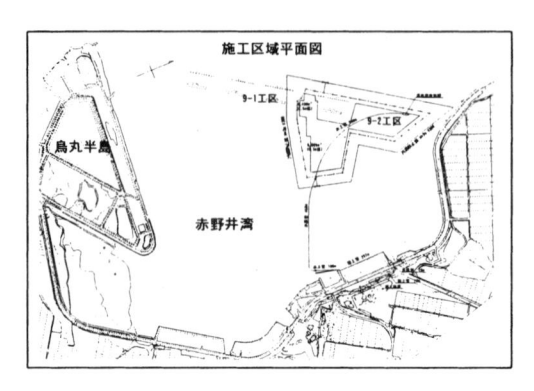

図3 浚渫区域平面図

れた穏やかな水域で，背後には守山市とその周辺の広大な農地が広がっている。その形状から湖水の動きは弱く，流入する3つの河川からは，市街地や農地からの有機物や窒素，リンを多く含んだ水が流れ込んでおり，水質の悪化が問題となっていた。そのため，滋賀県は，赤野井湾浄化事業として1998年度～2003年度の期間で集中的に各種対策工事を行った。赤野井湾ではほぼ全域にわたり高濃度薄層浚渫船による底泥の除去が行われた。ここでは，2003年度に当社が施工を行った9工区を施工事例として紹介する。

2.4.1 工事概要
工事名：琵琶湖（赤野井湾）補助河川環境整備底質改善工事（第9工区）
発注者：滋賀県
施工場所：滋賀県守山市赤野井町
施工者：東洋建設・桑原組建設工事共同企業体
施工面積：70,800m^2　浚渫土量：23,200m^3　浚渫厚：30cm（航路部60cm）
送泥管延長：1,502m（水上管：640m，水底管：487m，陸上管：375m）
汚濁防止膜：1,720m
工期：2003年9月3日～2004年3月1日
使用船舶：カレン5号

2.4.2 施工の流れ
　図4に示すように，カレン5号により層厚300mmで浚渫した底泥をϕ250mm，総延長L＝1,502mの送泥管を通じて陸上に設置された貯泥ピットまで空気圧送する。貯泥ピットからはサンドポンプにより密閉式のベッセルダンプに積込み，約3.5km離れた処理ヤードへ陸上運搬する。処理

第5章　底質改善による水質浄化

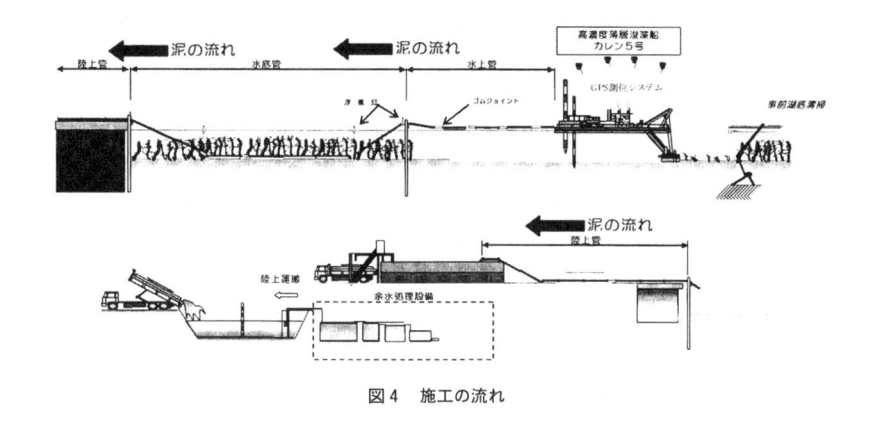

図4　施工の流れ

ヤードでは，余水処理を行い浚渫泥を天日乾燥させる。その後，乾燥した泥は，耕土や造成用として再利用されている。

2.4.3　施工

当工事では，浚渫厚300mm（規格値±100mm），含泥率75％以上，作業中の浚渫船付近での濁度は50mmg/ℓ以下と規定されている。また，水深が1.5～2.0m程度と比較的浅いことにより，浚渫船の船体の動きに伴う浮泥の巻き上げを防止するため，浚渫時のスイング速度は2m/min，空スイング時は5m/minと制限している。これにより時間当たりの浚渫能力は30m^3/h程度となる。当工事でのカレン5号の標準的な浚渫パターンは図5に示すとおりで，スイング幅は20m，1回当たりの前進幅は1.8mとした。また，40mメッシュで透明なパイプを使った浚渫前および浚渫後のサンプリングを行い，底泥の除去状況の確認を行った。

2.4.4　施工実績

当工事での出来形の実績は以下のとおり。実施工では，浚渫厚300mmを確実に確保するため，30mm程度余分に掘り込むよう施工を行った。その結果，浚渫出来形は設計値に対して0mm～+90mmの範囲となり±100mmの規格値をクリアすると共に，確実な浚渫厚を確保した。代表的な出来形を図6，表2に示す。また，表3に示す浚渫前と浚渫後のサンプリング結果の対比により，浮泥・軟泥がほぼ確実に除去されたことが確認できる。次に品質面においては，含泥率を1日3回，各3試料を測定しその平均値によって管理を行った。全工期の平均含泥率の実績は81.6％となり，この高い含泥率により余水処理量を当初設計量から約32％減らすことができた。また，施工中の濁度は浚渫船付近で最大で39mmg/ℓであった。濁度測定位置および実績データを図7・表4に示す。

環境水浄化技術

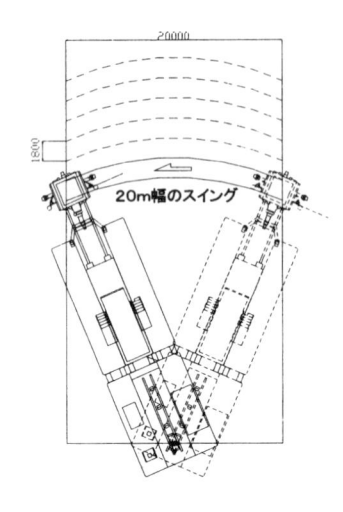

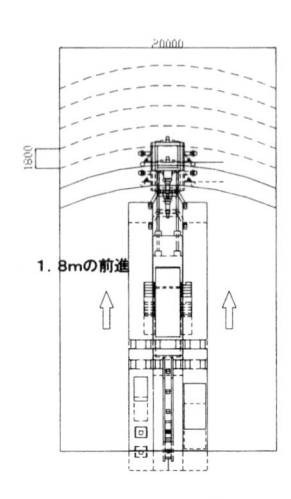

図5　標準的な浚渫パターン

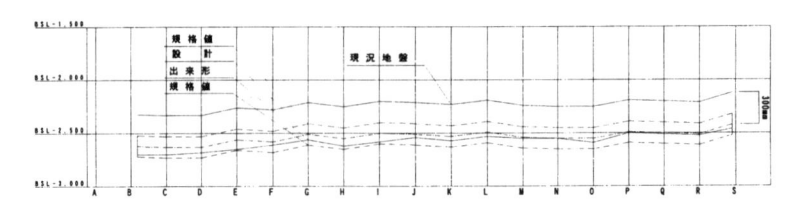

図6　浚渫出来形断面図（No.5）

表2　浚渫出来形データ（No.5）

		B'	C	D	E	F	G	H	I	J	K	L	M	N	O	P	Q	R	R'
5	事前	-2.32	-2.33	-2.33	-2.26	-2.28	-2.21	-2.25	-2.20	-2.21	-2.23	-21.9	-2.24	-2.25	-2.25	-2.19	-2.20	-2.21	-2.12
	出来形	-2.70	-2.70	-2.68	-2.65	-2.61	-2.56	-2.62	-2.58	-2.54	-2.57	-2.53	-2.55	-2.25	-2.59	-2.50	-2.51	-2.52	-2.46
	設計	-2.62	-2.63	-2.63	-2.56	-2.58	-2.51	-2.55	-2.50	-2.51	-2.53	-2.49	-2.54	-2.25	-2.55	-2.49	-2.50	-2.51	-2.42
	浚渫厚	0.38	0.37	0.35	0.39	0.33	0.35	0.37	0.38	0.33	0.34	0.34	0.31	0.30	0.34	0.31	0.31	0.31	0.34
合計	測線長		16.331	20.000	20.000	20.000	20.000	20.000	20.000	20.000	20.000	20.000	20.000	20.000	20.000	20.000	20.000	20.000	18.084
断面積	平滑厚			0.36	0.37	0.36	0.34	0.36	0.38	0.36	0.34	0.34	0.33	0.31	0.32	0.33	0.31	0.31	0.33
108.40	断面積			7.20	7.40	7.20	6.80	7.20	7.60	7.20	6.80	6.80	6.60	6.20	6.40	6.60	6.20	6.20	6.00

第5章 底質改善による水質浄化

表3 サンプリング結果の対比

採泥結果対比表

□ : 浮泥　■ : 砂
▨ : 軟泥　▧ : シルト

測点		土質分布　（単位mm）	備考
N−5	浚渫前	軟泥(210) / シルト(230) 230 560	
	浚渫後	浮泥(20) / 浚渫(300) / 軟泥(10) / シルト(350) 360	
P−7	浚渫前	軟泥(240) / シルト(210) 240 450	
	浚渫後	浚渫(340) / シルト(160) 160	
d−21	浚渫前	軟泥(160) / シルト(190) 160 350	
	浚渫後	浚渫(330) / シルト(360)	
d−23	浚渫前	軟泥(170) / シルト(290) 170 460	
	浚渫後	浚渫(330) / シルト(250)	

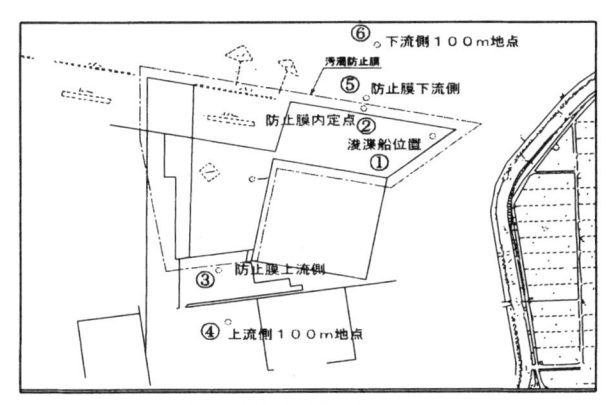

図7 濁度測定位置図

表4 濁度実績データ

位置	① 浚渫船付近	② 汚濁防止膜内定点	③ 汚濁防止膜外上流側	④ 汚濁防止膜外上流側(100m)	⑤ 汚濁防止膜外下流側	⑥ 汚濁防止膜外下流側(100m)	摘要
規格	50ppm以下	30ppm以下	④の150%以下	−	⑥の150%以下	−	
深さ	50cm						
施工前	22	18	15	14	22	16	初期値
最大値	39	35	27	26	26	25	
最小値	14	13	5	8	6	6	

環境水浄化技術

2.4.5 施工状況写真

写真3 浚渫状況

写真4 貯泥ピットへの送泥状況

3 底質改善剤（硝酸カルシウム錠剤）

橘田隆史[*1]，平澤浩宣[*2]

3.1 はじめに

底質の悪化に伴い，内部負荷の増大，硫化物など有害物質の供給，生物・化学的な酸素消費の促進などを引き起こし，さらには底層に蓄積した硫化水素が青潮を発生させて深刻な被害をもたらすこともある。水質汚濁の場合は水塊の移流により短期間で改善される場合があるが，底質環境は一旦悪化すると汚濁を維持するメカニズムが働き，長期にわたって水質に悪影響を及ぼし続ける。このため，外部からの流入負荷の抑制と並んで，底質改善による内部負荷の抑制が不可欠となる。しかし，その対策は困難を伴うことが多い。

従来から底質改善手法として浚渫や覆砂などの土木的手法が広く実施されてきているが，コストに見合う効果がみられないケースも多く，適材適所の考え方が問われている。

本項では，こうした課題を解決する一手法として，硝酸カルシウムによる底質改善技術について，概要と研究事例及び技術的課題について述べる。

3.2 硝酸カルシウムによる底質改善の概要

3.2.1 技術の概要

本手法は，著しく汚濁の進行した底泥に硝酸カルシウムの錠剤を添加するだけで，原位置において酸化改善を促すものである。主な効果は，硝酸塩の供給により酸化還元電位（ORP）を上昇させ，黒色ヘドロの原因となっている硫化鉄を解離させて酸化鉄イオンとし，リン酸と結合させて不溶化させることにある[1]。同時に，有毒な硫化水素の酸化も行うため，青潮発生抑制効果や化学的な酸素消費速度の緩和，および硫化水素臭の脱臭作用も発揮する。一方，カルシウムイオンもまた，イオウやリン酸と結合して不溶性の塩を形成することでそれらの水域への溶出を抑制する働きを持つ。さらに，生物的な作用も重要な役割を担っており，添加した硝酸塩は現場に生息する脱窒菌の活性を劇的に向上させ，有機物分解を促進させると共に，添加した硝酸塩を窒素ガスまで還元し系外排出させる。

このように，本手法は原位置における生物化学的な酸化過程を操作する意味で，バイオレメディエーションの一種に含められる。

バイオレメディエーションとは，「微生物による環境修復技術」[2]の総称であり，環境が本来有していた自浄機能を復活・強化させることにより汚染物質を除去する手法である。環境の改変を最小

[*1] Takashi Kitsuda　日本ミクニヤ㈱　大阪支店　環境防災部　企画課　課長
[*2] Hironobu Hirasawa　米山化学工業㈱　大阪営業所　名古屋営業所　営業所所長

図1 硝酸カルシウム錠剤の外観

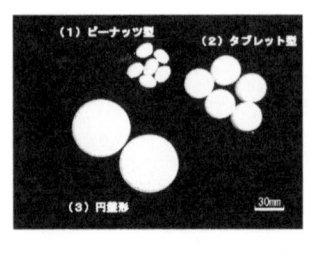

	重量	（窒素含有量mg）	直径
(1) ピーナッツ型	5 g	（250N）	20 mm
(2) タブレット型	20 g	（1000N）	30 mm
(3) 円盤型	50 g	（2500N）	60 mm

限に留めることと，原位置において処理可能であることなどから，近年注目されている分野である。

3.2.2 開発の経緯

本手法は，1976年にRiplらがリン酸を不活化させる手法として提唱したことを機に，1990年頃からカナダの国立水圏研究所（NWRI）のトム・マーフィー等によりバイオレメディエーション手法の1つとして実用化研究が進められてきた[1]。当初は，カナダの重工業地帯の底質に蓄積しているベンゼン，トルエンなど有害物質の無害化技術として研究が進められ，ハミルトン湾やトロント内湾で大規模に施行されている。またその中で，強い酸化能力とリンの不活化，有機物分解能なども認められ，ベニスやオンタリオ湖などの富栄養化対策に成果を上げている。

我が国では，琵琶湖研究所をはじめとする硝酸カルシウム浄化手法の高度化研究会を発足し，琵琶湖の赤野井湾や島根県の中海で実証実験を進めてきた[3, 4]。その結果，著しい改善効果が認められたものの，施工方法や効果の持続性に課題が挙げられ，本格的な実施には至っていない。しかしその後，国内の研究チームよって硝酸カルシウムの錠剤開発が進められ，効果の持続性と施工性を大幅に改善することに成功し，再び実用化の目処が進み始めたところである。錠剤添加による方法は，底質がヘドロ状（粥状）の軟泥で錠剤が自重で埋没することが適応条件となるが，浚渫や覆砂などの施工が困難な粥状泥には極めて有効であると期待される。図1に硝酸カルシウム錠剤の外観を示す。

3.2.3 硝酸カルシウムの化学的特性

(1) 化学性状

硝酸カルシウムには粉末状の無水物と結晶状の四水和物が存在するが，本手法ではコストを考慮して四水和物を用いている。化学性状は，白色の結晶で水溶液のpHは4〜6，潮解性を有し，強力な酸化作用を持つ。

分子量は236で，そのうちN（窒素）含有量は約12%である。硝酸カルシウムの添加量を求め

5 底質改善による水質浄化

表1 生物毒性試験結果

生物毒性試験結果		
ラット	LD50	3,900mg/kg
ヒメダカ	LC50	10,000mg/L
魚毒性	TLM96	1,000mg/L（スズキ）
魚毒性	TLM96	10,000mg/L（マンボウ）

る際には，この窒素含有量を基準に算出され，泥体積1リットル（1,000cm^3）につき窒素が1,000mgとなる硝酸カルシウム量（8.3g）を1,000Nと表記する。

(2) 毒性

硝酸カルシウム自体は，作物の肥料として一般的に使用されていることからも分かるとおり，植物にとっては栄養源となる。また，表1に示すとおり，魚毒性は弱く，実際の添加濃度ではほとんど無害と考えて良い。底生生物に対しては，これまでの現地実証実験から無害であることが実証されており，逆に生物量は増加傾向が認められている。

但し，体内に高濃度に取り込まれると亜硝酸に変化し，チアノーゼや痙攣，めまいなどを引き起こすため，取扱には注意が必要である。

このように，本手法の環境に対する毒性は，適正な使用方法を守ればほとんど無視できるものと考えられる。

(3) 製法

硝酸カルシウムには，チリ硝石を工業利用した製品と，生石灰を硝酸塩溶液に溶かして130℃で結晶化させた製品がある。前者は安価だがアンモニアを多く含むため，底質改善用途には利用できない。また，後者は安価な中国産が入手できるが，品質面では国内産が優れている。環境へのリスクを考えると，品質に優れる国内産を用いることが望ましい。

(4) 硝酸カルシウム錠剤の添加物

硝酸カルシウム（四水和物）の錠剤には固着剤として以下の成分を含んでいる。いずれも環境に無害であり，炭酸カルシウムなどは吸着作用等の底質改善能も有している。またこれ以外に，ゼオライトやリン吸着剤などの添加により，底質改善能を向上させる研究も進めており，将来的には有用微生物の添加も期待できる。

　硝酸カルシウム（四水和物）　50%

　炭酸カルシウム　48%

　ホワイトカーボン　2%

3.2.4 底質改善効果のメカニズムと事例紹介

硝酸カルシウムによる底質改善効果としては，酸化剤としての効果と，硝酸塩添加による微生物活性の強化によるものに大別される。底泥に添加した硝酸カルシウムは硝酸イオンとカルシウ

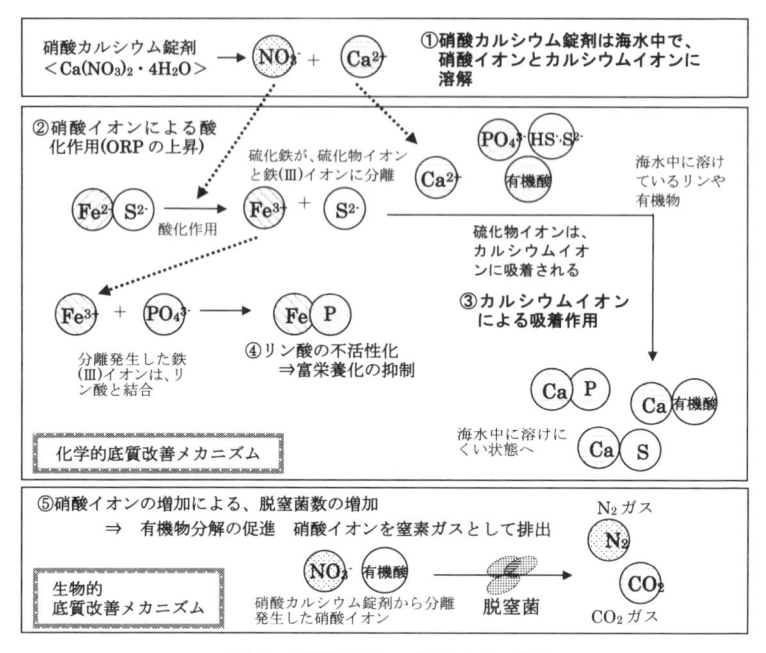

図2　底質改善メカニズムのイメージ図

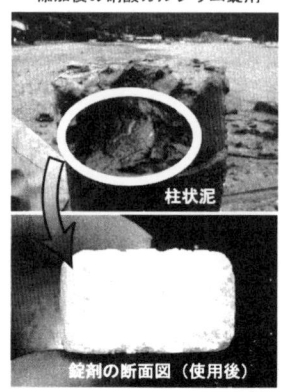

図3　硝酸カルシウム添加状況と錠剤の断面図

5 底質改善による水質浄化

ムイオンに分離し，すばやく化学反応を起こす。化学反応としては，硝酸イオンによる酸化作用とカルシウムイオンによる吸着作用が認められるが，両者が複合的に作用して複雑な化学的変遷をたどる。図2に底質改善メカニズムのイメージ図を，図3に硝酸カルシウムの添加実験状況と錠剤の断面図を示す。

(1) 酸化作用によるORPの上昇と，リン及び硫化物の固定

硝酸塩の強い酸化作用により，酸化還元電位（ORP）が上昇する（図4参照）。これに伴い，還元性の二価鉄が酸化され，FeSの形で結合していた鉄がイオウと分離する。酸化された鉄（三価鉄）はイオウに変わってPO_4-Pと結合し，FePとしてリンを不活化させる（図5参照）。

また，卵の腐った臭いの由来である硫化水素（H_2S）は，間隙水中でHS^-として遊離しており，これが硝酸塩によって酸化固定される。これにより，硫化水素臭は大幅に消失する結果が得られている。現地実証実験では潜水士が底層付近で硫化水素臭を感じることがあるが，実験区画では全く臭いを感じることが無いという。

このように，可溶性のリン酸イオンと硫化水素が固定されたことで，水中への供給が抑制される。リンの溶出量は80%が削減され，間隙水中の硫化物はほとんど検出されないレベルに改善されている。

(2) 分離発生したCa^{2+}イオンの吸着による効果（化学反応）

カルシウムには優れた吸着作用があり，有機酸，リン酸，硫化物などの汚染物質を吸着・固定して不活化させる。

水酸化カルシウムはリン酸塩と結合し，リン酸カルシウムを生成し，不活化する。硝酸カルシウムの添加によってリン酸カルシウム以外にリン酸鉄が生成されるが，反応速度は前者の方が速く，底質中の存在比率はおおむね

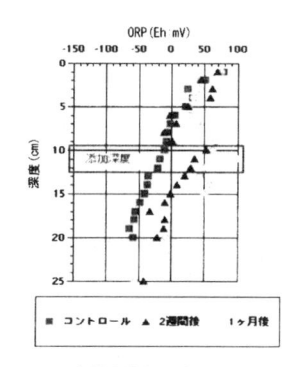

図4 底質改善実験結果（ORP）

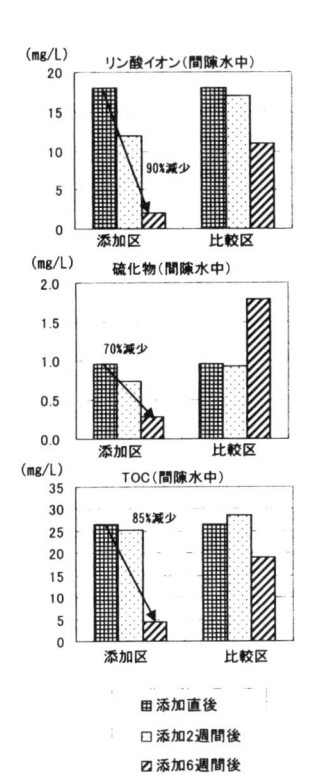

図5 底質改善実験結果（間隙水）

環境水浄化技術

カナダで行った液体注入の状況	国内で行った錠剤の試験添加の状況
船上から薬液を圧送し、湖底を耕すように注入。	均一に添加するため、小型のコドラートを作成して埋め込んだ

図6　硝酸カルシウム添加状況

1：1と見積もられる。但し、再び強い還元状態に戻れば固定されたリンが再溶出する可能性があり、酸化状態の維持が必要である。

　不純物の多い海水に硝酸カルシウムを添加すると、直ちに白濁・沈殿物を生成する。これはカルシウムの吸着能力の高さを表している。

(3) 脱窒による有機物分解の促進（生物化学反応）

　脱窒菌とは、硝酸や亜硝酸を最終電子受容体として呼吸を行い、有機物を分解する従属栄養細菌群で、硝酸態窒素は最終的に窒素ガスにまで還元されて系外排出される微生物反応である。脱窒菌は偏性嫌気性細菌であるが、近年の研究では微好気環境でも活性が維持されることが明らかになっており[5]、酸化と還元の境界付近を好むと考えられる。一方、汚濁の著しい底質環境は還元性が強く、硫酸還元活性が優占するため、脱窒活性は阻害されてしまう。このような強い還元環境に硝酸カルシウムを添加することで、酸化還元電位の上昇と硫化物の酸化、および硫酸還元活性の低減を図ることができるため、脱窒活性の好適環境が創出されることになる。

　また、脱窒に伴う有機物分解の際には、酸素を消費しないこともメリットの1つである。脱窒により、添加した硝酸態窒素の約3倍量の有機物が硝酸呼吸により分解される[2]。これは、底泥中の有機全体量から見積ると小さいが、可溶性有機物を優先的に利用するため、間隙水中の有機物濃度（TOC）は大きく減少する（図5参照）。またこの際、添加した硝酸塩は97％が窒素ガスとして系外へ排出され、残りは菌体などのバイオマスとしてストックされる。このため、環境中に窒素源を投入するインパクトは軽微であり、底質改善のメリットに比べてリスクは十分に小さいと考えられる。

3.2.5　施工方法

　硝酸カルシウムの施工方法としては、液体注入法と錠剤添加法が考案されている。液体注入法は、比較的締まった底質を対象としており、錠剤添加法は、錠剤が自重で埋没するほどの軟泥に有効である。硝酸カルシウムは底質の汚濁が著しいほど改善効果が高いため、必然的に軟泥を対

象とするケースが多くなると想定され，液体注入より錠剤添加法が実用的である。

　液体注入の場合は，船上からクワ型の注入器を用いて底質を耕作しながら注入する方法が取られているが，少なからず硝酸カルシウムの漏洩を伴うため，我が国では受け入れ難いものがある（図6参照）。国内では漏洩防止型の注入装置が試作されているが，大規模施工には不向きである。一方，錠剤添加の場合は，水面若しくは水中から自然落下させる方法が可能であり，均一に添加するための装置を開発すれば大規模施工も実現可能である（図6参照）。ただし，適応範囲は底泥の含水比が高い軟泥に限定される。また，錠剤の場合はサイズや比重を変えて製造することが可能であるため，現地の底質の状況に応じて錠剤を使い分けるか，いくつかの種類を混在させることも有効と考えられる。

3.3 技術的課題と今後の展開

　本手法は，硫化物を多量に含む汚濁の進行した軟泥（粥状泥）を対象としており，汚濁が著しいほど改善効果は顕著である。一方，酸化的な環境では改善効果はほとんど期待できず，逆効果もあり得るため，施工にあたっては事前検討と最適添加量などの処方箋を確立することが肝要である。

　今後の技術的課題としては，大規模施工に際しての錠剤添加装置等の開発が挙げられる。また，錠剤には炭酸カルシウムなどの結着剤を添加しているが，たとえばゼオライトやリン吸着剤を添加することで効果の向上が期待でき，今後の研究課題である。

　本手法は，従来の浚渫や覆砂など土木的手法に取って替わるものではなく，従来手法では効果が期待できない場合や施工困難なケースにおいて，選択肢の1つとして検討されるべきものである。特に，黒色軟泥が多く堆積している航路内や浚渫跡窪地，港湾内など底質中に障害物が多いケースなどに有効である。また，どの浄化手法にも言えることだが，単独の手法で恒久的な効果を発揮するのは困難であり，まずは発生源対策と外部からの流入負荷の削減が第一義的課題である。また，底質改善を処方する際にも，複数技術の組み合わせで効果と持続性の向上を図ることが有効であり，各研究技術のコラボレートが進むことを今後に期待する。

文　　献

1) T.Murphy *et al., Lake Nakanoumi Bench Scale Sediment Treatment,* (1996)
2) 児玉徹監修，バイオレメディエーションの基礎と実際，シーエムシー出版p101, (1996)

3) A.Lawson *et al., Pilot Scale Treatment of an Akanoi Bay Enclosure, Lake Biwa, Japan* (1997)
4) 建設省出雲工事事務所　西村明ほか，硝酸カルシウムを用いた中海窪地内堆積泥の底質改善について（1998）
5) 清家泰ほか，汽水湖・中海における窒素代謝Ⅱ　―夏期における底泥表層部での脱窒特性― jpn. J. Limnol., **47**, 2,133-141.（1986）

材料・システム編

第6章　水質浄化材料

1　廃棄物利用の吸着材

藤川陽子[*]

1.1　本節の概要

　本論では廃棄物もしくは廃棄物を加工した素材を，水中の有害物質・汚濁物質を除去する吸着材として利用した例を中心に紹介するとともに，吸着材の特性試験方法について概括する。なお，天然の土壌・鉱物・海草・藻類等，必ずしも廃棄物ではないが安価で入手しやすい材料を吸着材として用いた例についてもあわせて紹介する。

1.2　水処理における吸着の役割と廃棄物利用の吸着材の意義

　吸着現象は，自然の表流水系においては，底泥や懸濁物質・バイオマスとの相互作用による金属元素や有機物のスカベンジングのもとである。吸着現象はまた，汚水・産業廃水処理にも適用されてきた。たとえば有害金属廃水の処理法には難溶性塩生成凝集沈殿法ならびにイオン交換樹脂・キレート樹脂・活性炭を使用する吸着法があるが，吸着法は小規模で比較的低濃度の廃水を排出する事業所への適用や凝集沈殿処理の後処理への適用が多い。有機塩素化合物・ベンゼン・農薬・有機リン化合物・染料・フェノール等の有機物については，生物学的分解法・酸化分解法・揮散法・活性汚泥法・膜ろ過法と並んで，活性炭吸着法がしばしば用いられてきた。また，自然浄化機構を生かした水処理システムである伏流型人工湿地（subsurface flow constructed wetland），土壌浸透法，透過性浄化壁工法（permeable reactive barrier）においては，生物学的な分解・同化や酸化還元反応とならんで，浸透素材のもつ汚濁物質吸着能が水浄化の重要な因子として作用している。

　有害物質や汚濁物質の様々な処理法の中で，吸着法の特徴は，吸着材の寿命範囲内であれば極めて良好な処理水質がえられることである。一方で，吸着法においては，吸着材の価格・吸着材再生及び処分費用等のため，施設の運転と維持にかかわる費用が他法と比べて高くなりがちである。廃棄物を利用した低価格の吸着材を導入することで，吸着法を「高処理水質・高価格」から「高処理水質・低価格」に変革できる可能性がある。そのため次節以降に示すように，各種産業由来の廃棄物材料を原料として，粉砕，ペレット加工，賦活処理による活性炭化，担持処理によ

---

[*]　Yoko Fujikawa　京都大学　原子炉実験所　助教授

る材質改変,有効成分抽出と架橋処理によるビーズ形成等による吸着材開発が行われてきた。

　廃棄物等から作られた吸着材の実用性は,性能とコストのバランスにより決まるといってよい。吸着材の性能は,吸着能と再生利用の可否により定まる。コストを支配する要因は,①原料廃棄物等の入手の容易さと原価,②加工費用,③流通・輸送の費用,④吸着材再生の費用,⑤老廃着材の処分費用,⑥市場の大きさ,等である。また,同じような吸着材であっても,電気および燃料費・用地買収代・人件費が高いわが国で製造すれば,諸外国と比べてコスト高となる場合があるなど,国情による差もある。

1.3　廃棄物利用の吸着材の実例

　主に,過去5年程度の間に学術雑誌で報告された,廃棄物等を利用した吸着材を表1から表8に示す。廃棄物利用の吸着材の用途として多いのは,①産業廃水中の重金属除去,②産業廃水中の染料・農薬・有機塩素化合物・フェノール類の除去,③生活排水や農業排水,湖沼水・河川水・地下水中のリン酸およびCOD系の有機物一般の除去,である。

　本論では,廃棄物利用の吸着材料による除去対象物質の種類を,①陽イオン形の金属元素,②陰イオン形の金属元素,③揮発性有機炭素(VOC)および油類,④農薬,⑤染料,⑥フェノール,⑦リン酸その他の陰イオン類,⑧COD等,に大別した。

　吸着材材質は有機系材料,無機系材料に大別した。有機系材料には,様々な廃棄物から作られた活性炭,樹皮およびリグニン,海草等の植物体,石炭,腐植物質,コンポスト,繊維系の廃棄物,キチンおよびキトサン等がある。無機系材料としては,アルミニウム・鉄鉱石精錬過程の副産物として発生する尾鉱,溶鉱炉のスラグ,ゼオライト,各種の粘土,鉄・マンガン・アルミニウム・カルシウムを多く含む鉱物や土砂,りん鉱物(低品位のりん鉱,骨炭)等がある。

1.3.1　金属イオンの吸着除去材

(1)　陽イオンの吸着材

　金属イオンの中でも,特に陽イオンの吸着除去材の開発例は表1に示すように数多い。これは自然界に吸着材を見出すことが比較的容易なためである。土壌,粘土や鉄・アルミニウム・マンガン酸化物等の鉱物,微生物体・植物・海草等は,その多くが中性付近の通常の環境水のpH条件下で負に帯電しており,正電荷をもつ有害金属等の陽イオンを効率よく吸着する。ただし,多くはpHと共に変化する変異荷電であるため(図1の土壌の例を参照),pHの変化に伴う吸着効率の変化がある。カニ殻やある種の菌類の細胞壁の構成物質であるキチンおよびその化学的加工でえられるキトサンは,表面に解離したアミノ基を有し,鉛,水銀,クロム(Ⅲ価),カドミウムについて著しく高い吸着能をもつことが知られている(キトサン単位gあたりの吸着量として,鉛796mg,水銀1,123mg,クロム92mg,カドミウム558mgが報告されている。総説[127]を参照)。

第6章 水質浄化材料

表1 陽イオン形の重金属の除去材

吸着材料種別	吸着材詳細	除去対象物質詳細	加工	出典
無機	緑砂(鋳鉄製造工程の副産物、粘土・有機炭素・鉄分含み高pH)	亜鉛		1)
無機	飛灰、赤泥、粘土	亜鉛、カドミウム、ニッケル、マンガン		2)
無機	溶鉱がｽﾗｸﾞの活性化物	亜鉛、カドミウム		3)
無機	赤泥	カドミウム、亜鉛		4)
無機	方解石、ヒドロキシアパタイト	カドミウム、亜鉛、コバルト		5)
無機	粘土鉱物(Sepiolite)	カドミウム、銅、ニッケル、亜鉛		6)
無機	担持処理した飛灰、飛灰	水銀	担持処理	7)
無機	石灰石および赤泥	鉄、アルミニウム、銅、マンガン、亜鉛、コバルト、ニッケル、カドミウム		8)
無機	バイデライト(beidellite、スメクタイト系粘土鉱物)、バイデライトのアミノ酸錯体	銅		9)
無機	ベントナイト	銅、カドミウム		10)
無機	スラグを活性化処理したもの	銅、ニッケル		11)
無機	骨炭	鉛	賦活処理	12)
無機	赤泥(アルミニウム精錬の廃棄物)	鉛		13)
無機	天然ゼオライト	鉛		14)
無機	溶鉱がｽﾗｸﾞの活性化物	鉛、クロム		15)
無機	炭酸燐灰石(低品位の燐鉱)	鉛、銅、亜鉛		16)
無機	めっき産業の汚泥	鉛、銅、亜鉛、ニッケル	加熱処理	17)
無機	赤土(鉄およびアルミニウムが富化)	鉛およびその化合物($PbNO_3$、$PbCl^-$、CH_3COOPb^-)		18)
無機	バーミキュライト	ニッケル	使用後のバーミキュライトは酸で再生可	19)
無機	マンガン砂	マンガン、重金属各種		20)
有機	バガス飛灰	亜鉛		21)
有機	樹皮	亜鉛、カドミウム、ニッケル、マンガン		2)
有機	キトサン(かに殻をアルカリ処理し抽出)	カドミウム	キトサン抽出	22)
有機	褐藻	カドミウム、銅、亜鉛、鉛、クロム(Ⅲ)、水銀		23)
有機	バガスで作った活性炭	カドミウム、亜鉛	賦活処理(硫酸処理後800-900℃)	24)
有機	麦殻	カドミウム、鉛		25)
有機	ホンダワラ属(海草)粉砕したものとしないもの	クロム(Ⅲ)	粉砕	26)
有機	コンポスト	銅、カドミウム		10)
有機	ヘーゼルナッツの殻の活性炭	コバルト	賦活処理	27)
有機	低品位炭および歴青炭	三価クロム、水銀、カドミウム、亜鉛		28)
有機	菌類、キチン、キトサン	重金属各種(レビュー論文)		29)
有機	微生物体利用の吸着材(AlgaSorb、AMT-Bioclaim、Bio-fix)	重金属各種(レビュー論文)		30)
有機	エチレンジアミン担持した籾殻	銅	担持処理	31)

表1　陽イオン形の重金属の除去材（続き）

有機	オリーブ加工時の残渣	銅	CaCl₂およびHClによる再生可	32)
有機	どんぐりの殻，賦活処理したどんぐりの殻	銅	賦活処理	33)
有機	嫌気性消化汚泥	銅		34)
有機	キトサンでコーティングした砂	銅		35)
有機	ピーナッツ殻	銅	ペレット加工	36)
有機	コイア（ココナツ殻の繊維）	銅，鉛		37)
有機	不溶性ザンセートのキレート剤（澱粉をキサントゲン酸塩に転換）	銅，亜鉛	ザンセート形成	38)
有機	バガスの飛灰	銅，亜鉛		39)
有機	落花生の殻（ペレットおよび生）	銅，亜鉛，カドミウム，鉛	ペレット加工	40)
有機	葛	銅，カドミウム，亜鉛		41)
有機	泥炭	銅，ニッケル		42)
有機	褐そう類，アルギン抽出後の海草廃棄物	銅，ニッケル，カドミウム，鉛，亜鉛	あり	43)
有機	鉋屑の活性炭	鉛	賦活処理	44)
有機	カカオ豆の殻	鉛		45)
有機	バガスの飛灰	鉛		46)
有機	リグニン（紙製造業の廃棄物）	鉛，亜鉛		47)
有機	テンサイのパルプ（ビートパルプ）	鉛，銅，ニッケル（溶存有機物の干渉あり）		48)
有機	ピートモス	鉛，ニッケル，銅，カドミウム		49)
有機	歴青炭から作った粒状活性炭	ニッケル	活性炭を酸化剤で処理	50)
有機	賦活処理したバガス（活性炭）	ニッケル	賦活処理	51)
有機	テンサイのパルプ（ビートパルプ）	ニッケル，カドミウム，亜鉛，銅，鉛		52)
有機	ビート，植物茎の髄	銅		53)
有機	かに殻（脱水処理）	銅，カドミウム，亜鉛，鉛	脱水	54)
有機	テンサイのパルプ（ビートパルプ）	銅，ニッケル，鉛		55)

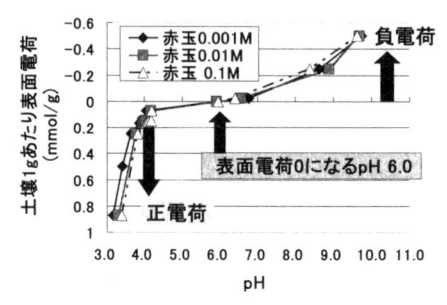

図1　赤玉土の荷電量のpH依存性

（0.001M，0.01M，0.1Mの塩化ナトリウム溶液中で，滴定法で測定。今田他，2004年度土木学会全国大会にて発表）

第6章 水質浄化材料

活性炭は廃水処理一般によく用いられるが,比較的価格が高く,また,活性炭表面は本来無極性で,極性物質である金属イオンよりも無極性の有機物質の吸着に適するため,重金属を含む廃水については必ずしも適用例は多くなかった。しかし,近年は,安価な廃棄物材料で活性炭を製造し活性炭の担持処理等により有害重金属に選択性をもたせる[25],等の研究開発が行われている。

(2) 陰イオンの吸着材

金属のオキソアニオン(CrO_4^{2-}, AsO_4^{2-}, SeO_3^{2-}, SeO_4^{2-}, MoO_4^{2-}, VO_3^{2-})の吸着材は,環境のpH条件下で正電荷を帯びる素材が負電荷を帯びる素材に比べて少ないため,陽イオン吸着材に比べ開発例が少ない(表2)。開発された吸着材には,静電気的相互作用による陰イオン吸着をはかるために,ゼロ電荷点pHが比較的高く幅広いpH条件下で正電荷を帯びる天然鉱物(例えば褐鉄鉱,ヒドロキシアパタイト)を適用したもの,またゼオライトに陽イオン性界面活性剤を担持させて正電荷を持たせたものがある。

また,下記のように固体(S)表面の配位子(L)と陰イオン(A)が交換する配位子交換反応(ligand exchange)を利用する吸着材もある。

$$S-L + A \rightarrow S-A + L$$

例えば,砒酸イオンAsO_4^{3-}は鉄の酸化物に対し二座配位子として交換吸着し,内圏錯体(注)として特異結合することがわかっている[128]。天然の酸化物鉱物には,S-OHやS-OH$_2$(Sは吸着材本体の構成元素)の固体表面の配位子であるOH基あるいはOH$_2$基と,液相中の陰イオンの交換反応が起こるものがあり,陰イオンの吸着材としても利用できる。また,籾殻にエチレンジアミンを担持させ陰イオンとの錯体形成を行わせるように加工した例もある。なお,重クロム酸イオン$Cr_2O_7^{2-}$のように酸化還元反応の起こりやすいイオンの吸着については,それ自体が内圏錯体・外圏錯体(注)として結合する以外に,VI価のクロムが溶液中あるいは固相中の有機物等により還元されてIII価のクロムとして吸着する場合がある。

全般に陰イオンの吸着現象については,陽イオンに比べて未解明な点が多く残されている。今後の吸着材開発のためにも吸着機構を解明する研究が望まれる。

注)内圏錯体および外圏錯体:外圏錯体は,水和金属イオンが陰イオン性の配位子と静電気的に結合してできた錯体。配位子が固体表面にある場合についても,同様な概念を適用している。内圏錯体は,金属イオンが脱水和したうえで陰イオン性の配位子と静電気的に結合してできた錯体。配位子が固体表面にある場合についても,同様な概念を適用している。外圏錯体に比べるとより共有結合的な側面が強い結合で,溶液のイオン強度等に依存しない反応である。

(3) 様々な金属イオンの吸着しやすさ

様々な金属イオンと特定の吸着材の親和性の順位は,ある程度,推定可能である。まず,d金属(主に遷移金属)の2価イオンと配位子の結合のしやすさについては下記のIrving-Williams系列が古くから知られている。この順序は配位子の種類にあまり依存しない[129]。

表2 陰イオン形の金属の除去材

吸着材料種別	吸着材詳細	除去対象物質詳細	加工	出典
無機	キンバーレー岩の尾鉱（ダイヤ採掘の廃棄物，マグネシウム等）	砒素		56)
無機	ゼロ価の鉄	砒素（III価）および砒素（V価）		57)
無機	土壌，方解石，褐鉄鉱の被覆のある砂	砒素，モリブデン，バナジウム		58)
無機	赤泥（アルミニウム精錬の廃棄物）	六価クロム		13)
無機	界面活性剤担持ゼオライト	六価クロム	界面活性剤担持処理	59)
無機	使用済みの活性白土（やし油漂白に使用後）	六価クロム	硫酸で再生処理	60)
無機	担持処理した飛灰，飛灰	六価クロム	担持処理	7)
無機	界面活性剤担持ゼオライト	六価クロム		61)
有機	かに殻（酸処理）	六価クロム，セレン酸，バナジン酸，金-シアン錯体	酸処理	62)
有機	賦活処理したバガス（活性炭）	六価クロム	賦活処理	51)
有機	かに殻（脱水処理）	六価クロム	脱水	54)
有機	麦殻	六価クロム		63)
有機	紅藻綱の Pachymeniopsis（タンバノリ，フダラク）	六価クロム	乾燥・粉砕	64)
有機	エチレンジアミン担持した籾殻	六価クロム	担持処理	31)
有機	アルギン酸カルシウム内に担持したぶどうの茎	六価クロム	アルギン酸カルシウムによるビーズ加工	65)
有機	アルファルファの乾燥粉末	六価クロム（Cr(III)に生物学的に還元後吸着）	乾燥・粉砕	66)
有機	酸化した瀝青炭	六価クロム		28)

表3 硬いルイス酸・塩基および軟らかいルイス酸・塩基[129]

	硬	中間	軟
酸	H^+, Li^+, Na^+, K^+	Fe^{2+}, Co^{2+}, Ni^{2+}	Cu^+, Ag^+, Au^+, Tl^+, Hg^+
	Be^{2+}, Mg^{2+}, Ca^{2+}	Cu^{2+}, Zn^{2+}, Pb^{2+}	Pd^{2+}, Pt^{2+}, Hg^{2+}
	Cr^{2+}, Cr^{3+}, Sc^{3+}, Al^{3+}	Cd^{2+}	BH_3
	SO_3, BF_3	SO_2, BBr_3	
塩基	F^-, OH^-, H_2O, NH_3	$\underline{N}O_2^-$, SO_3^{2-}, Br^-	H^-, R^-, $\underline{C}N^-$, $\underline{C}O$, I^-
	CO_3^{2-}, NO_3^-, O^{2-}	N_3^-, N_2,	$\underline{S}CN^-$, R_3P, C_6H_6
	SO_4^{2-}, PO_4^{3-}, ClO_4^-	C_6H_5N, $SC\underline{N}^-$	R_2S

† 下線をつけた元素は，この分類で問題にしている付加の起こる場所である。

第6章 水質浄化材料

表4 有機物の吸着反応機構[130]

反応機構	吸着に関与する有機物の官能基名
陽イオン交換	アミン，環状アミン，複素環アミン
プロトネーション[1]	アミン，複素環アミン，カルボキシル基，カルボニル基
陰イオン交換	カルボキシル基
Water bridging[2]	アミノ，カルボキシル基，カルボニル基，アルコール性水酸基
Cation bridging[3]	カルボニル基，アミン，アルコール性水酸基
配位子交換	カルボキシル基
水素結合	アミン，カルボニル基，カルボキシル基，フェノール性水酸基
フォンデルワールス力	非極性・非イオン性官能基全般

注1) プロトネーション：固体表面の結合水もしくは水酸基が，アミンなどの塩基に水素を供給して自らは負電荷を帯び，被吸着物質を陽イオンとし，固相に吸着させるものである。粘土への有機化合物への吸着はしばしばこの機構で生じる。

注2) Water bridging：模式図を下図に示す。①吸着材表面の負電荷に対し多価金属イオンの水和錯体が結合，②水和水分子と有機物が水素結合。

注3) cation bridging：模式図を下図に示す。①吸着材表面の負電荷に対し多価金属イオンが結合，②多価金属イオンの余剰の正電荷に引かれて陰イオン状の有機物が結合。

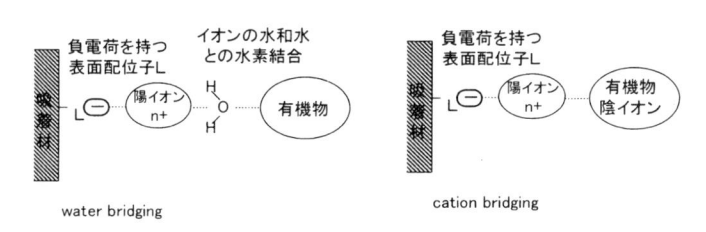

$Zn(II) < Cu(II) > Ni(II) > Co(II) > Fe(II) > Mn(II) > Mg(II) > Ca(II) > Sr(II) > Ba(II)$

また，特定のルイス酸とルイス塩基の間の酸塩基反応の起こりやすさについて，「硬い酸は硬い塩基と結合しようとする。軟らかい酸は軟らかい塩基と結合しようとする。」ことが知られている。硬い酸・硬い塩基・軟らかい酸・軟らかい塩基（略称HSAB，hard and soft acid and base）の一覧を表3に示す[129]。

1.3.2 有機物の吸着除去材

有機物の固体への吸着一般は，土壌化学の分野で著名なSposito[130]等によれば表4のようにまとめられる。有機物の構造により，優先的に作用する結合機構は異なる。

(1) VOC，油類および農薬の吸着

VOC，油類，農薬の廃棄物利用吸着材は，表5および表6に示したとおりである。これらの

表5　VOCおよび油類の除去材

吸着材料種別	吸着材詳細	除去対象物質詳細	加工	出典
無機	泥板岩, トリメチルフェニルアンモニウム担持粘土	1,2,4-トリクロロベンゼン, トリクロロエチレン, メチルイソブチルケトン	アルキルアンモニウム担持処理	67)
無機	ゼロ価の鉄	クロロアルケン類		68)
無機	界面活性剤担持ゼオライト	テトラクロロエチレン	界面活性剤担持処理	59)
無機	緑砂(鋳鉄製造工程の副産物, 粘土・有機炭素・鉄分含み高pH)	トリクロロエチレン		69)
無機	砂	トリクロロエチレン		70)
無機	①苦灰石($CaMg(CO_3)_2$)を1800℃で加熱したもの, ②これをさらに塩酸で処理したもの	廃油	高温加熱および塩酸処理	71)
無機	ガラスビーズ+生物膜	炭化水素（石油系）		72)
有機	砂とピート, BionSol（畜産廃棄物から作った園芸土）の混合物	揮発性有機物（ジクロロエテン, トリクロロエタン）		73)
有機	古タイヤのチップ	石油, パラフィン, クレゾール, フェノール		74)
有機	古タイヤの粉砕物	メタキシレン, エチルベンゼン, トリクロロエチレン	粉砕	75)

表6　農薬の除去材

吸着材料種別	吸着材詳細	除去対象物質詳細	加工	出典
無機	使用済みの活性白土	MCPA (4-chloro-2-methyl phenoxy acetic acid) 除草剤		76)
無機	土壌	アトラジン, プロメトリン		77)
無機	土壌	クロルピリホス（畜産系溶存有機物の競合効果）		78)
無機	活性白土製造時の廃棄物	除草剤	賦活処理（塩化亜鉛使用）	79)
有機	炭鉱廃棄物（Elutrilithe)	MCPA (4-chloro-2-methyl phenoxy acetic acid) 除草剤	賦活処理（塩化亜鉛使用）	80)
有機	低価格の木炭	有機塩素系殺虫剤 (endosulfan)		81)

化合物は極性が低いことから，ファンデルワールス力により，無極性の固相と疎水結合をすることが多い。固相の極性は，帯電した酸化物鉱物よりも有機物のほうが小さい場合も多いため，有機物を担持させた粘土，有機物をふくむ粘土・岩石，活性炭などによる吸着がしばしば有効である。

また，炭化水素については，単なるガラスビーズを吸着材として用いた場合でも，疎水結合による吸着が起こっており，長期の通水後はビーズ表面に発達した生物膜による除去もおこることが報告されている[72]。油脂の精製過程で大量に発生する使用済み活性白土は，農薬や特に塩基性の染料等の除去に有効と報告されているが，その吸着機構は十分に明らかになってはいない。

(2)　染料およびフェノールの化合物の除去

染料及びフェノール化合物を除去するための廃棄物利用の吸着材を表7，表8に示す。いずれも，食品・繊維・林業・石炭採掘関係の廃棄物から作った活性炭を適用した例が多い。また，染

第6章 水質浄化材料

表7 染料の除去材

吸着材料種別	吸着材詳細	除去対象物質詳細	加工	出典
無機	溶鉱炉スラグの活性化物	塩基性染色剤	賦活処理	82)
無機	活性白土	酸性染色剤 (acid orange 51, acid blue 9, and acid orange 10)		83)
無機	フミン酸担持粘土	染色剤 (methylene blue (MB), crystal violet (CV) and rhodamine B)	フミン酸担持処理	84)
無機	使用済み活性白土をヘキサン抽出処理	染料	ヘキサン処理	85)
無機	飛灰(火力発電所)	染料(カチオン系)		86)
有機	肥料製造過程の廃棄物から作った活性炭	塩基性染色剤	賦活処理	82)
有機	松材の活性炭	3種の染料	賦活処理	87)
有機	褐炭の飛灰	塩基性および酸性の染色剤(界面活性剤共存)		88)
有機	鉄-腐植化合物	塩基性染色剤 (Methylene Blue, Methyl Violet, Crystal Violet, Malachite Green, and Rhodamine B),界面活性剤共存		89)
有機	ココナツ殻繊維の活性炭	塩基性染色剤 (methylene blue) および酸性染色剤 (methyl orange)	硫酸賦活処理	90)
有機	Akash Kinari炭	塩基性染色剤 (methylene blue, malachite green, rhodamine B)		91)
有機	epichlorohydrinで架橋した澱粉粉	染料	架橋剤使用	92)
有機	ビート,植物茎の髄	染料		53)
有機	バナナの皮	染料 (methyl orange > methylene blue > Rhodamine B > Congo red > methyl violet > amido black 10B)		93)
有機	ココナツ殻を化学的に修飾 (N-(3-chloro-2-hydroxypropyl)-trimethylammonium chlorideで処理)	染料 (Reactive Blue 2, Reactive Yellow 2, Reactive Orange 16 and Reactive Blue 4)	担持処理	94)
有機	籾殻,綿,樹皮,毛,石炭	染料 (Safranine, Methylene Blue)		95)
有機	炭素スラリー(肥料製造工程の廃棄物)	染料 (Methylene Blue)		96)

表8 フェノールの除去材

吸着材料種別	吸着材詳細	除去対象物質詳細	加工	出典
無機	飛灰	o-ニトロフェノール, m-ニトロフェノール, p-ニトロフェノール		97)
無機	赤泥(アルミニウム精錬業の廃棄物)	phenol, 2-chlorophenol, 4-chlorophenol, and 2,4-dichlorophenol		98)
有機	バガスの飛灰	2,4-ジニトロフェノール		99)
有機	バガスの飛灰	2,4,6トリニトロフェノール		100)
有機	ココナツ繊維産業の廃棄物を炭化処理	2,4-ジクロロフェノール	炭化処理	101)
有機	肥料製造過程の廃棄物から作った炭素質吸着材	ジクロロフェノール	過酸化水素-加熱処理	102)
有機	ココナツ殻の活性炭(1段階水分賦活)	フェノール	賦活処理	103)
有機	活性炭	フェノール	1段階水賦活処理	104)
有機	炭素質吸着剤(肥料製造過程の廃棄物より製造)	メチルフェノール		105)
有機	松材の活性炭	フェノール (phenol, 3-chlorophenol, and o-cresol)		87)
有機	ガラスを陽イオン系ポリマーと界面活性剤で修飾	Orange OT(親水性有機物の代表として)	化学的に修飾	
有機	炭鉱廃棄物(Elutrilithe)から作った活性炭	有機物全般	塩化亜鉛で賦活	

料・フェノールいずれも極性があるので，溶鉱炉スラグ・赤泥等の極性のある吸着材適用例もある。染料については界面活性剤共存時の吸着についても検討されている。

フェノール・フェノール化合物は，石油精製・石油化学，樹脂・繊維・塗料・医薬品・農薬の製造業，写真製版業等の様々な業種の廃水に含まれる他，廃棄物埋立場の浸出水中にもしばしば含まれるので，今後，環境水全般の浄化にかかわって重要である。安価な吸着材による除去方策についても更に検討されて良いと考えられる。

1.3.3 リン酸及びCOD一般の吸着除去

(1) リン酸の吸着材

表9にリン酸の吸着材の例を示す。全体に土壌・無機鉱物等の天然の吸着材をそのまま検討した報告例が多い。これは，リン除去吸着材が，工場排水処理ではなく，生活排水等を対象とした人工湿地法・土壌浸透法の素材として適用されているためである。あわせてフッ素，硫酸根の吸着材についても少数ではあるが例示する。

リン酸は肥料として用いられてきたため，土壌や鉱物によるその吸着については比較的よく調べられてきており，特にわが国の火山灰土は，全般にリン酸吸着能が大きいことが判っている。その原因は，土壌に含まれるアロフェン・アロフェン様成分・イモゴライト等の非晶質ならびに準晶質粘土鉱物，アルミニウム－腐植複合体，非晶質ならびに準晶質酸化鉄鉱物，鉄－腐植複合体等であることが知られており，表9において吸着剤として選択された素材の大部分が上述の成分のいずれかを含有している。鉄やアルミニウムを含む土壌鉱物の中でも，特に，ギブサイト，酸化鉄鉱物，アロフェン，イモゴライト，アロフェン様成分は，破壊原子価$Al\_(OH_2^{0.5})_2$および$Fe(OH_2^{0.5})_2$を持つために，正荷電を帯びやすく，陰イオンであるリン酸と静電気的親和性がある[131]。また，土壌のpHが酸性であるほど，土壌全体として正電荷が増え，リン酸の吸着量は増加するが，わが国の天然土壌の多くは酸性化しており，リン酸の吸着に有利である。

リン酸の吸着の初期段階では，リン酸と土壌鉱物との静電気的結合と共に，これら鉱物の構造末端部位の非共有Al_OH基およびFe_OH基のOHとリン酸$H_2PO_4^-$およびHPO_4^{2-}の一座もしくは二座配位子交換がおこる[131,132]。その後，数ヶ月以上の時間スケールの間に，リンは不可逆的に土壌成分などに固定されると言われる。従って，リン吸着素材の寿命を予測する上で，リン固定についても考慮が必要である。リン固定の起こる機構として，①吸着材細孔内へのリン酸の拡散もしくはリンと金属複合体の被覆内でのリンの表面拡散が起こり，吸着材内部空隙にリン酸が吸着，②吸着材表面にリン酸と金属の沈殿が形成される，等が提案されてきた。しかしながら，②の沈殿形成については，近年，X線吸収微細構造の測定結果から疑問視されており，リンの土壌への固定機構については今後の研究に待つところが多い。

わが国は，肥料等の用途に多量のリンを輸入している。一方でリンは水圏においては富栄養化

第6章 水質浄化材料

表9 リン酸等の除去材

吸着材料種別	吸着材詳細	除去対象物質詳細	加工	出典
無機	鉄の尾鉱	リン酸		106)
無機	火山灰土	リン酸		107)
無機	軽量団粒(粘土)	リン酸		108)
無機	デンマークの砂	リン酸		109)
無機	方解石、大理石	リン酸		110)
無機	砂（人工湿地での使用により鉄およびアルミニウムが富化）	リン酸		111)
無機	溶鉱がスラグ(浸透型人工湿地に使用)	リン酸		112)
無機	アルカリ沈殿プラントの飛灰	リン酸		113)
無機	浄水汚泥，火山灰土全般，石炭灰と石膏の混合物	リン酸		114)
無機	鉄酸化物あるいはスチールウールを加えた砂	リン酸その他生活排水中の栄養塩類		115)
有機	杜松の繊維（リグニンセルロース）	リン酸	酸性鉱山廃水中の鉄で修飾	116)
有機	マール（海草の1種、仏等で土壌改良に使用）	リン酸		117)
有機	鉄酸化物あるいはスチールウールを加えたピート	リン酸その他生活排水中の栄養塩類		115)
無機	土壌（褐鉄鉱など含む）	フッ素	400-500℃で2時間焼結（透水性確保のため）	118)
有機	ホテイアオイおよびホテイアオイから作った活性炭（600℃, 300℃）	フッ素	賦活処理	119)
有機	不溶性ザンセートのキレート剤（澱粉をキサントゲン酸塩に転換）	シアン	ザンセート形成	38)
無機	石灰石および赤泥	硫酸根		8)

原因物質であり，その一因は農地や畜産業等から排出されるリンである。環境水浄化のみならず，資源リサイクルの観点から，リンを吸着法により回収するのみならず再利用する観点も今後重要と考えられる。

(2) COD一般の吸着材

表10にCOD一般についての廃棄物等を利用した吸着材の例を示す。リンの場合と同様，土壌・無機鉱物等の天然の吸着材をそのまま検討した報告例が多い。これらの吸着材は人工湿地法・土壌浸透法等の素材として適用されている。

CODに概括される有機物には実際には多種多様な物質が含まれる。表10でとりあげた例では，いわゆる生分解性の有機物のみならず，腐植物質（フミン酸，フルボ酸）や生活排水等を生物処理した後に残る生分解性の低い有機物，が含まれている。特に腐植物質は多種多様な官能基を有した複雑な構造であるので，その吸着に働く作用は，表4に掲げた有機物の吸着機構のうちのどれであっても不思議ではない。ただし，たとえば共存有機物の濃度が高いほど，素材の腐植物

環境水浄化技術

表10 COD等の除去材

吸着材料種別	吸着材詳細	除去対象物質詳細	加工	出典
無機	地下水系浄水汚泥，火山灰土（赤玉土），骨炭	COD（腐植質有機物）		114)
無機	泥炭レンガ	豚舎の廃水のCOD		120)
無機	マンガン鉱（pyrulusite），鉄鉱物（赤鉄鉱），そのままおよび化学処理後	バクテリアおよび濁度		121)
無機	鉄被覆のある砂と界面活性剤担持ゼオライト	ピールスおよびバクテリア		122)
無機	ゾノトライト（ケイ酸カルシウム）	フミン酸，フルボ酸		123)
有機	籾殻	着色成分		124)
有機	Rhizomucor pusillus（接合菌の1種）	着色物質（漂白プラント流出物）		125)
無機	粘土または有機物含有量の多い土壌	シアノバクテリアの毒		126)

質の除去能力は全般に不良になることなどから，腐植物質と吸着材との間に特異的な吸着作用が起こる例は比較的少ないと推定される[121]。

COD成分除去には，ある種の火山灰土，褐鉄鉱，リン酸アパタイト，骨炭，活性炭による吸着除去が有効である。ただし，既存の報告でえられているCOD成分の吸着除去率は金属陽イオンのそれには及ばないことが多い。

わが国の水圏では，下水道の普及によりBOD値は減少したがCOD値が減らないと言われている。このCODの下げ止まりの原因の1つとして，通常の下水処理によって処理できない難生物分解性の有機物の放出が相対的に増加したこと，対策の困難な面汚染源並びに小規模事業場や農・畜産業由来のCOD成分の比重が相対的に増加したこと，が考えられる。面汚染源や小規模事業場対策としては，ラグーン法・人工湿地・土壌浸透法等の自然浄化機構を用いた手法が有効である。生物処理の1種と分類されることの多かったこれらの方法においても，汚濁物質の吸着過程は大きな役割を果たしており，吸着機能の強化により更に浄化性能の向上が見込まれる。

1.4 廃棄物利用の吸着材の試験方法

1.4.1 吸着等温式取得の試験方法

廃棄物を吸着素材として用いる際の吸着性能検討手順は，一般の吸着素材の性能検討法と大きく異なるところはない。ただし，素材からの溶出物に重金属等の有害物質が含まれていないかについて，素材の起源や使用方法に応じて個別に検討しておく必要がある。

吸着等温式のための実験データは通常，回分式吸着試験により取得する。回分式吸着試験は，一定温度下で，一定の固相と液相の比率（例 20gの吸着材に50mLの溶液）を保ちつつ，被吸着物質の濃度のみが異なる吸着試験系を複数構成し，吸着平衡時の液相中の被吸着物質の濃度と，

第6章 水質浄化材料

吸着材単位量あたりの被吸着物質の吸着量を求める。吸着量は次式で求めることができる。
質量保存の式

$$qm+(c-c_b)v=c_0v \tag{1}$$

より，

$$q=(c_0-(c-c_b))\frac{v}{m} \tag{2}$$

ここで，v は液相の容積，m は吸着材の乾燥重量，c_b は吸着素材に液相水のみを添加したブランク試験で液相中に溶出した被吸着物質濃度，c は吸着平衡時の液相中の被吸着物質濃度，c_0は添加した被吸着物質の初期濃度である。上式(1)(2)で特に c_b を式に含めているが，これは吸着材から被吸着物質と同じ物質が溶出する場合に，平衡時に液相中に存在する被吸着物質のうち，初期に実験系に添加した物質のうち吸着されずに残った量のみを評価するためである。吸着材からの溶出が無い場合や，被吸着物質としてラジオトレーサーを添加し放射能測定を行っている場合は，c_b による補正は不要になる。

なお，吸着材からの溶出が無い場合でも，容器への吸着の補正は必要である。その場合，試験容器による吸着量は

$$q=(c_0-\Delta c_s-c)\frac{v}{m} \tag{3}$$

として評価される。ここでΔc_sは，容器に被吸着物質を濃度c_0になるように加えた液相水のみを入れたときの濃度の減少分の絶対値である。被吸着物質の容器への吸着と，吸着材の溶出の両方が生じている場合は，ブランク溶出試験を吸着試験と同様な条件下で実施しておれば，(2)式で吸着材からの溶出と容器壁への吸着の影響の両方について考慮できていることになる。なぜなら，素材からの溶出濃度をc_eとすれば

$$c_b=c_e-\Delta c_s \tag{4}$$

であり，c_bは，溶出と容器への吸着双方の影響を反映した量と考えられるためである。

吸着実験においては，試験温度の設定，液相水の組成，吸着時の振とうの有無などにより，結果は大きく異なってくる。温度については，化学熱力学で言う標準環境温度と圧力（25℃，1気圧）でまず試験する例が比較的多いが，どのような温度で試験するにしても吸着期間中を通じて一定の温度を保つことが重要である。液相水の組成は，被吸着物質の化学的存在形態や溶解度，吸着材表面の帯電状態に影響するため，試験目的とあわせて設定する必要がある。また，異なる濃度の被吸着物質を添加した回分式実験系相互間で，イオン強度やpH等の重要条件がほぼ同一

であるように調整することも実験手法として重要である。

実験手順の過誤として起こりやすいのは，被吸着物質の容器壁への吸着損失が著しく大きくなることである。この場合，液相水の組成や吸着試験の容器材質の適切な選択で吸着損失を減らすことが必要になる。また，実験素材からの溶出物等が被吸着物質濃度の測定・分析に干渉することもあるが，試料に適切な分析前処理を施すことで，多くの場合対処可能である。

1.4.2 吸着等温式

吸着平衡時の液相中の被吸着物質の濃度を横軸に，吸着材単位量あたりの被吸着物質の平衡吸着量を縦軸にプロットして，得られる近似曲線を吸着等温式という。

吸着等温線を実験的にえて，様々なモデルとの合致度を確認し，数式化することで，様々な被吸着物質濃度下での吸着材の除去能力を予測できる。既存の報告においても，通例，吸着等温式で吸着素材の性能を表していることが多い。例として，ある土壌へのリン酸の吸着について5種

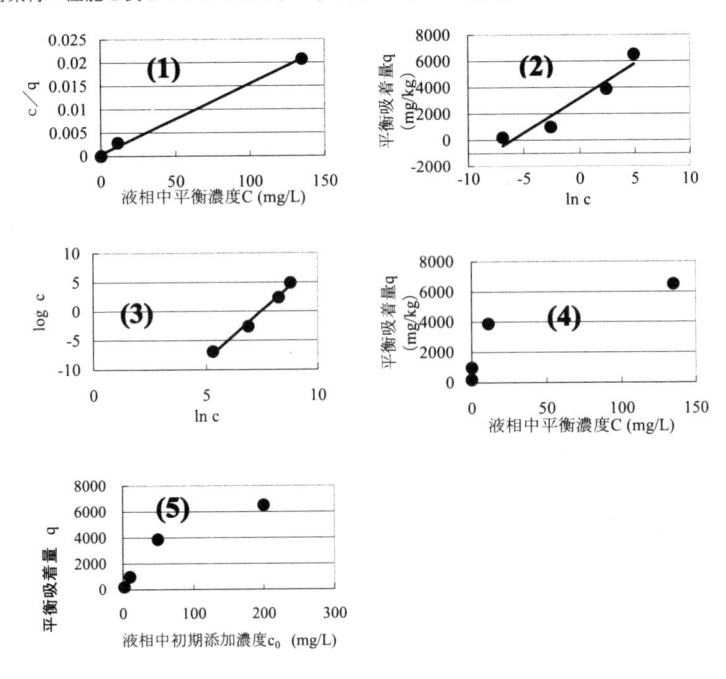

図2 赤玉土へのリン酸の吸着実験結果（pH7.5で実験実施）を(1)ラングミュアの式、(2)Temkinの式、(3)フロインドリッヒの式、(4)線形吸着式、(5)initial mass sorption isothermとの適合性を調べるため、それぞれの式に対応する形でプロットした結果。データが直線に合致すれば適合していると認められる。

第6章 水質浄化材料

類のモデルと実データの合致度を調べた結果を図2に示す。図2では直線と実験データの合致度から,例えばこの吸着はフロインドリッヒ型であるが,Temkin型ではない等を判断できる。図2に示した固液間吸着分配モデル5種について以下に記述する。これら以外にも,吸着した分子の相互作用を考慮したFrumkinの式や,吸着材表面の電気ポテンシャルの吸着への影響を考慮したコンスタント・キャパシタンスモデルなどの固液間吸着分配モデルが用いられる[135]。

(1) ラングミュアの吸着等温式

ラングミュア式は,当初は固体への気体の吸着を解析するために考案され,以下の3つの仮定の下で導出された。

1. 吸着エネルギーは一定で,被吸着物質による表面の占有の程度によって変化しない。
2. 吸着された分子間の相互作用はない。
3. 吸着は単分子層しか形成せず,最大(飽和)吸着量が存在する。

単位質量当りの吸着媒体(固相)に吸着された被吸着物質(溶質または気体成分)の吸着量(q)は,平衡溶液または平衡気体中の被吸着物質の濃度(c)の関数として表すことができる。

$$q = \frac{q_m bc}{1+bc} \tag{5}$$

ここで,q_m:吸着媒体の単位質量あたりの最大吸着量(単分子層を作る溶質のモル数),b:吸着エネルギーに関する係数で,吸着した溶質と吸着材の結合の強さの指標($c=1/b$,$q=q_m/2$のとき)である。この式は下記のようにあらわすこともできる。

$$\frac{1}{q} = \frac{1}{q_m} + \frac{1}{bq_m}\frac{1}{c} \tag{6}$$

実験データの整理に際して,(6)式に従い吸着媒体の単位質量当りの吸着量の逆数を縦軸に,吸着質の平衡濃度の逆数を横軸にしてプロットする。得られた切片が$1/q_m$になり,勾配が$1/bq_m$になり,係数bと最大吸着量q_mを推定できる。

なお,(5)式は次式のように書くこともできる。

$$\frac{c}{q} = \frac{1}{bq_m} + \frac{1}{q_m}c \tag{7}$$

$\frac{c}{q}$を縦軸に,cを横軸にとった時の直線の傾きが$1/q_m$,切片が$1/(bq_m)$となる。

ラングミュア式を不均質な吸着材(土壌等)への吸着分配に適用するには注意を要する。土壌全体の表面の不均一さのため,厳密には,第1の仮定は不適切となり,リン酸イオンのように多分子層の形成を伴う吸着をする溶質については,第3の仮定もまた不適当となる。

(2) Temkinの式

ラングミュアの式(5)は,先に述べた3つの仮定の下で成立するが,このうち仮定1が成立せず,

その代わりに「吸着のエネルギーが被吸着物質による表面の占有の程度によって変化し，その変化の程度は線形な式で表される」という仮定をおくとする。この場合，次に示すTemkin の式が成立する（Travisらの解説[133]を参照）。

$$\ln c = k_1 + k_2 q \tag{8}$$

または，

$$q = \frac{1}{k_2} \ln c - \frac{k_1}{k_2} \tag{9}$$

実験データから k_1 や k_2 の値をえるには，縦軸に q ，横軸に c の自然対数をとってプロットすればよい。データが直線に適合すれば，その直線の傾きが $1/k_2$ ，直線の切片が $-k_1/k_2$ である。この式は，特にリンの土壌への吸着についてはラングミュアの式よりもよくあてはまることが，経験的に知られている。

(3) フロインドリッヒの吸着等温式

この式は実験的に導き出されたもので，以下のようになる。

$$q = K c^{\frac{1}{n}} \tag{10}$$

ここで，q：吸着材の単位質量当りの吸着量，c：被吸着物質の平衡濃度，K：吸着の強さを示す平衡定数（$c=1$ のとき，$K=q$），$1/n$ は，非線形の程度をあらわす。この式の両辺を常用対数または自然対数でとると，以下の式がえられる。

$$\log c = n \log q - n \log K \tag{11}$$
$$\ln c = n \ln q - n \ln K \tag{12}$$

なお，$\ln q$（または $\log q$）を横軸に，$\ln c$（または $\log c$）の関数としてプロットすると，$-n \ln K$（または $-n \log K$）がY切片になり，勾配は n に相当する。フロインドリッヒ式は，ラングミュア式に比べると経験的なもので理論的な根拠に乏しいと言われてきた。ただし，Sposito[130] は，フロインドリッヒ式はラングミュアの式のパラメータ b（吸着の強さ）が対数正規分布しているような不均質な表面についてのものとみなせる，という興味深い指摘をしている。

(4) 線形吸着等温式

フロインドリッヒの吸着等温式(10)で $n=1$ になる特殊な場合を線形吸着等温式と呼ぶ。

$$q = K_d c \tag{13}$$

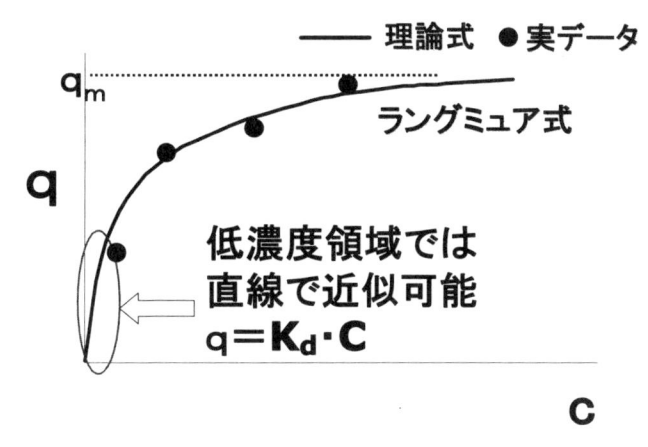

図3 観察する濃度領域による吸着等温式の違い

横軸は，c（吸着平衡時の液相中被吸着物質濃度），縦軸はq（吸着平衡時の吸着材単位量あたりの被吸着物質の吸着量）。全体としてはラングミュア式であっても低濃度領域では線形吸着式で近似可能。

ここでqは吸着平衡時の吸着材単位質量あたりの吸着量，cは吸着平衡時の溶液中被吸着物質濃度，K_dは固液間吸着分配係数である。横軸にc，縦軸にqをとって，実験データのプロットが直線に適合する時に，K_dはその傾きである。

なお，線形吸着等温式は，多くの場合，被吸着物質の濃度が低いときに成立する。同じ吸着素材で，より高い被吸着物質の濃度まで試験を行うと，線形吸着等温式はしばしば他の吸着等温度式の様相を呈する（図3）。

微量の有害物質の吸着についてはいちいち吸着等温線を取得せず，線形吸着の成立を想定して1種類の初期濃度c_0についての回分式吸着試験を実施して簡易的にK_dを求めている例も少なくない。例えば多種類の吸着材料を対象に吸着性能をスクリーニングする際には，この方法で差し支えないが，吸着材の性能を精査するにあたっては，やはり吸着等温線を実験的にえて検討する必要がある。

(5) initial mass sorption isotherm

initial mass sorption isothermは，被吸着物質が試験開始前から吸着材中に液相に溶出可能な形で含まれており，かつ，被吸着物質と吸着材が線形吸着関係にある時に成立する[13]。たとえば交換可能なリン酸を有している土壌についてリン酸の吸着試験を行った場合などである。

以下の①，②の2つの条件が存在する時にはinitial mass sorption isothermの式(14)が成立す

ることが理論的に証明できる。

$$q = ac_0 \tag{14}$$

ここでは q は吸着平衡時の単位吸着材量あたりの溶質の吸着量（ただし，吸着実験で添加した溶質の吸着量であって，実験開始前に吸着されていた溶質量は含まれない），c は溶質に添加した被吸着物質（溶質）濃度，a は傾きである。
① 吸着実験開始前の吸着材に，既に問題としている被吸着物質が吸着されて存在している（その量は未知であって差し支えない）。
② 被吸着物質の吸着量と濃度の間には，(13)の線形関係がある。

(14)式の傾き a を用いて，次の(15)式からいわゆる固液間吸着分配係数 K_d を算出できる。なお，V は液相の容積，m は吸着材の乾燥重量である。

$$K_d = aV/(V - am) \tag{15}$$

仮に(13)式成立を想定して横軸に吸着平衡濃度 c，縦軸に吸着量 q をプロットして実験データが直線に合致しない場合でも，横軸に添加した被吸着物質の濃度 c_0，縦軸に吸着量 q をプロットしてデータが直線に合致すれば，吸着等温線は線形吸着である，ということができる。

1.4.3 汚濁物質の吸着に影響する諸条件

汚濁物質の吸着は，汚濁物質と吸着材の特性以外に，吸着の起きる条件にも大きく左右されるため，主要な支配条件を把握しておくことが重要である。

(1) pHの影響

pHの変化は，吸着材の表面状態と溶液中の被吸着物質の双方に，影響する。
たとえば多くの酸化鉱物や微生物の表面は，図1に示したように溶液のpH（水素イオン濃度）により表面水酸基等の解離状態がpHにより変化し，pHと共に変化する変異荷電を有する。アルミニウム酸化物の例を次式に示す。

$$H^+ + Al_2OH \rightarrow Al_2OH_2^- \tag{16}$$
$$Al_2OH + OH \rightarrow Al_2O^- + H_2O \tag{17}$$

低pHではこれらの鉱物表面は正電荷を帯び，高pHほど負電荷が多くなる。なお，粘土の場合は，pHによって変異する電荷に加えて，結晶格子内における同形置換によりpHに依存しない永久電荷を負電荷として有することも多い。

このようにpHによって吸着材表面の荷電状態が変化するため，イオンの吸着にpH依存性があることは広く知られている[135]。ただし，BTEX（ベンゼン，トルエン，エチルベンゼン，キシレン）など，無極性の物質の吸着には，pHによる影響は通例ほとんど認められない[136]。

第6章　水質浄化材料

pHに依存して，溶液中の物質の存在形態変化が生じることがしばしばある。高分子イオンの分子形状の変化，金属イオンの水酸化物形成と沈殿，あるいは溶液中で金属イオンが陰イオンや有機物等と錯体形成する等である。また著しく高いpH下では，有機物が分解されることがある。これらはいずれも吸着材の性能を見かけ上，変化させる。

(2) イオン強度

イオン強度，すなわち液相水中の電解質濃度は，イオンその他の極性物質・非極性物質の吸着双方に影響がある。

イオンの吸着については，イオン強度が高いほど様々な共存物質の吸着サイトへの吸着に競合が発生し，被吸着物質の吸着量は減少する。ただし，イオンが吸着材表面の配位子との間に内圏錯体を形成する場合は，イオン強度にかかわらず一定の吸着量を示す場合もある。

非極性物質の吸着においては，イオン強度が高くなるほど非極性物質の水への溶解度が低下し，ファンデルワールス力による固相への吸着（疎水結合）が促進される。更に，腐植物質などの天然の有機物が含まれる土壌・底泥などへの吸着においては，イオン強度により腐植物質分子の形状が変化し，非極性物質の吸着に影響すると考えられている[137]。

また，イオン強度の増加は固体や高分子物質表面の電気二重層の厚みを減少させ，凝集を促進する効果がある。従って，高分子物質については，イオン強度の増加により吸着が見かけ上増加する場合がある。

(3) 温度

一般に，温度の上昇により，化学反応速度は増加する（アレニウスの法則）。従って，吸着にかかわる化学反応も温度と共に速くなる。

また，吸着反応が吸熱反応であれば，吸着量は温度と共に増加する。吸着反応が発熱反応であれば，吸着量は温度と共に減少する。実際の試験においては，いくつかの異なる温度で吸着等温線を取得し，発熱反応であるか吸熱反応であるかを判定し，吸着反応のエンタルピー算出等が行なわれている。

被吸着物質が液相で複数の化学形をとりえる場合，温度によって，主要な化学種が異なる場合もある[132]。この場合も，吸着量は変化するので，注意が必要である。

(4) 吸着速度

吸着速度は，被吸着物質の境膜内の拡散，吸着材内部空隙内での拡散，吸着の化学反応速度によって律速される。化学反応速度のうち，酸化還元反応を伴う吸着反応，外圏錯体の内圏錯体への転換等は，極めて緩慢（数ヶ月以上の時間単位）なことがある。吸着反応が主に緩慢な過程によって進む場合，吸着材を実際の水処理に適用する際，通常の固定層方式では対応できない可能性もあるので注意する必要がある。

1.5 まとめ

本節では，廃棄物を利用した吸着材について近年の研究動向を概括し，また吸着素材の性能試験方法などについてまとめた。今後の研究開発方向として，吸着材の開発のみならず，使用済みの吸着材の再生方法，または新たな環境負荷にならない使用済み吸着材処分方法の検討が必要であろう。

文　　献

1) Lee et al., Chemosphere, **25**, 571-581 (2004)
2) Zoumis et al., Acta Hydrochimica et Hydrobiologica, **28**, 212-218 (2000)
3) Gupta et al., Separation Science and Technology.**32**, 2883-2912 (1997)
4) Gupta and Sharma, Environmental Science & Technology, **36**, 3612-3617 (2002)
5) del Rio et al., Journal of Environmental Management, **71**, 169-177 (2004)
6) Sanchez et al., Clay Minerals, **34**, 469-477 (1999)
7) Banerjee et al.,Separation Science and Technology, **39**, 1611-1629 (2004)
8) Komnitsas et al., Minerals Engineering, **17**, 183-194 (2004)
9) Brigatti et al., Environmental Engineering Science, **20**, 601-606 (2003)
10) Ulmanu et al., Water Air and Soil Pollution, **142**, 357-373 (2003)
11) Gupta, Industrial & Engineering Chemistry Research, **37**, 192-202 (1998)
12) Deydier et al., Journal of Hazardous Materials, **101**, 55-64 (2003)
13) Gupta et al., Water Research, **35**, 1125-1134 (2001)
14) Jacobs and Forstner, Water Research, **33**, 2083-2087 (1999)
15) Srivastava et al.,Journal of Environmental Engineering ASCE, **123**, 461-468 (1997)
16) Prasad and Saxena, Industrial & Engineering Chemistry Research, **43**, 1512-1522 (2004)
17) Stefanova, Journal of Environmental Science And Health Part **A-35**, 593-607 (2000)
18) Papini et al., Industrial & Engineering Chemistry Research, **41**, 1946-1954 (2002)
19) Au Das and Bandyopadhyay, Indian Journal of Technology, **31**: 118-120 (1993)
20) Hu et al., Journal of Colloid and Interface Science, **272**, 308-313 (2004)
21) Gupta and Sharma, Industrial & Engineering Chemistry Research, **42**, 6619-6624, (2003)
22) Evans et al.,Water Research, **36**, 3219-3226 (2002)
23) Davis et al., Water Research, **37**, 4311-4330 (2003)
24) Mohan and Singh, Water Research, **36**, 2304-2318 (2002)
25) Low et al., Process Biochemistry, **36**, 59-64 (2000)
26) Cossich et al., Electronic Journal of Biotechnology, **5l**, 133-140 (2002)

第 6 章　水質浄化材料

27) Demirbas, *Adsorption Science & Technology*, **21**, 951-963 (2003)
28) Lakatos *et al.*, *Fuel*, **81**, 691-698 (2002)
29) Sag, *Separation and Purification Methods*, **30**, 1-48 (2001)
30) Gupta *et al.*, *Current Science*, **78**, 967-973 (2000)
31) Tang *et al.*, *Environmental Technology*, **24**, 1243-1251 (2003)
32) Veglio *et al.*, *Water Research*, **37**, 4895-4903 (2003)
33) Asheh *et al.*, *Adsorption Science & Technology*, **21**, 177-188 (2003)
34) Artola *et al.*, *Journal of Chemical Technology and Biotechnology*, **76**, 1141-1146 (2001)
35) Wan *et al.*, *Carbohydrate Polymers*, **55**, 249-254 (2004)
36) Johnson *et al.*, *Waste Management*, **22**, 471-480 (2002)
37) Quek *et al.*, *Process Safety and Environmental Protection*, **76**, 50-54 (1998)
38) Bose *et al.*, *Advances in Environmental Research*, **7**, 179-195 (2002)
39) Gupta and Ali, *Separation and Purification Technology*, **18l**, 131-140 (2000)
40) Brown *et al.*, *Advances in Environmental Research*, **4**, 19-29 (2000)
41) Brown *et al.*, *Bioresource Technology*, **81**, 1429-1438 (2001)
42) Ho and McKay, *Journal of the International Adsorption Society*, **5**, 409-417 (1999)
43) Williams and Edyvean, *Process Safety and Environmental Protection*, **75**, 19-26 (1997)
44) Krishnan *et al*, *Journal of Chemical Technology and Biotechnology*, **78**, 642-653 (2003)
45) Meunier *et al.*, *Hydrometallurgy*, **67**, 19-30 (2002)
46) Gupta *et al.*, *Separation Science and Technology*, **33**, 1331-1343 (1998)
47) Srivastava *et al.*, *Environmental Technology*, **15**, 353-361 (1994)
48) Gerente *et al.*, *Environmental Technology*, **25**, 219-225 (2004)
49) Aldrich *et al.*, *Minerals Engineering*, **13**, 1129-1138 (2000)
50) Satapathy *et al.*, *Adsorption Science & Technology*, **22**, 285-294 (2004)
51) Rao *et al.*, *Waste Management*, **22**: 821-000 830 (2002)
52) Reddad *et al.*, **36**, 2067-2073 (2002)
53) Ho and Mckay, *Process Biochemistry*, **38**, 1047-1061 (2003)
54) Muter *et al.*, *Process Biochemistry*, **38**, 123-131 (2002)
55) Gerente *et al.*,*Reactive & Functional Polymers*, **46**, 135-144 (2000)
56) Dikshit *et al.*, *Journal of environmental science and health Part A*, **35**, 65-85 (2000)
57) Su and Puls, *Environmental Science & Technology*, **35**, 4562-4568 (2001)
58) Fox and Doner, *Journal of Environmental Quality*, **31**, 331-338 (2002)
59) Li and Bowman, *Water Research*, **35**, 322-326 (2001)
60) Low *et al.*, *Environmental Technology*, **24**, 197-204 (2003)
61) Li, ZH, *Journal of Environmental Quality*, **27**, 240-242 (1998)
62) Niu and Volesky, *Hydrometallurgy*, **71**, 209-215 (2003)
63) Low *et al.*, *Journal of Applied Polymer Science*, **82**, 2128-2134 (2001)

64) Lee et al., *Applied Microbiology and Biotechnology*, **54**, 597-600 (2000)
65) Fiol et al., *Chemical Speciation and Bioavailability*, **16**, 25-33 (2004)
66) Dokket et al., *Proceedings of the 1999 Conference of Hazardous Waste Research*, 101-113 (1999)
67) Gullick and Weber, *Environmental Science & Technology*, **35**, 1523-1530 (2001)
68) Kenneke and McCutcheon, *Environmental Science & Technology*, **37**, 2829-2835 (2003)
69) Lee et al., *Journal of Hazardous Materials*, **109**, 25-36 (2004)
70) Benker et al, *Journal of Contaminant Hydrology*, **30**, 157-178 (1998)
71) Solisio et al., *Water Research*, **36**, 899-904 (2002)
72) Bouwer et al., *Water Science and Technology*, **26**, 637-646 (1992)
73) Kassenga et al., *Ecological Engineering*, **19**, 305-323 (2003)
74) Smith et al., *Engineering Geology*, **60**, 253-261 (2001)
75) Kim et al., *Journal of Environmental Engineering-ASCE*, **123**, 830-834 (1997)
76) Mahramanlioglu et al., *Journal of Environmental Science And Health Part B*, **38**, 813-827 (2003)
77) Seol and Lee, *Journal of Environmental Quality*, **30**, 1644-1652 (2001), *Soil Science Society of America Journal*, **64**, 1976-1983 (2000)
78) Huang and Lee, *Journal of Environmental Quality*, **30**, 1258-1265 (2001)
79) Tsai et al., *Resources Conservation And Recycling*, **39**, 65-77 (2003)
80) Mahramanlioglu and Guclu, *Energy Sources*, **25**, 1-13 (2003)
81) Sudhakar and Dikshit, *Journal of Environmental Science And Health Part B*-**34**, 587-615 (1999)
82) Gupta et al., *Journal of Colloid and Interface Science*, **265**, 257-264 (2003)
83) Tsai et al., *Journal of Colloid and Interface Science*, **275**, 72-78 (2004)
84) Vinod and Anirudhan, *Water Air and Soil Pollution*, **150**, 193-217 (2003)
85) Lee et al., *Journal of Chemical Technology and Biotechnology*, **69**, 93-99 (1997)
86) Mohan et al.,*Industrial & Engineering Chemistry Research*, **41**, 3688-3695 (2002)
87) Tseng et al., *Carbon*, **41**, 487-495 (2003)
88) Janos et al., *Water Research*, **37**, 4938-4944 (2003)
89) Jason, *Environmental Science & Technology*, **203**, 165-171 (2003)
90) Singh et al., *Industrial & Engineering Chemistry Research*, **42**, 1965-1976 (2003)
91) Khan et al., *Journal of Scientific & Industrial Research*, **63**, 355-364 (2004)
92) Delval et al., *Macromolecular Symposia*, **203**, 165-171 (2003)
93) Annadurai et al., *Journal of Hazardous Materials*, **92**, 263-274 (2002)
94) Low et al., *Journal of Environmental Science and Health Part A*-, **33**, 1331-1343 (1998)
95) McKay et al., *Water Air and Soil Pollution*, **114**, 423-438 (1999)
96) Jain et al., *Journal of The Indian Chemical Society*, **80**, 267-270 (2003)
97) Singh and Nayak, *Adsorption Science & Technology*, **22**, 295-309 (2004)

第6章 水質浄化材料

98) Gupta et al., *Environmental Science & Technolog*, **28**, 4012-4018 (2004)
99) Srivastava et al.,*Fresenius Environmental Bulletin*, **4**, 550-557 (1995)
100) Srivastava et al., *Indian Journal of Chemical Technology*, **2**, 333-336 (1995)
101) Namasivayam and Kavitha, *Separation Science and Technology*, **39**, 1407-1425 (2004)
102) Srivastava et al., *Journal of Environmental Engineering-ASCE*, **123**, 842-851 (1997)
103) Vinod and Anirudhan, *Journal of Scientific & Industrial Research*, **61**, 128-138 (2002)
104) Sankaran and Anirudhan, *Indian Journal of Engineering and Materials Sciences*, **6**, 229-236 (1999)
105) Jain et al.,*Journal of Colloid and Interface Science*, **251**, 39-45 (2002)
106) Zeng et al., *Water Research*, **38**, 1318-1326 (2004)
107) Zeng et al., *Canadian Journal of Soil Science*, **83**, 547-556 (2004)
108) Zhu et al., *Water Science and Technology*, **48**, 93-100 (2003)
109) Del Bubba et al., *Water Research*, **37**, 3390-3400 (2003)
110) Brix et al., *Water Science and Technology*, **44**, 47-54 (2001)
111) Pant et al., *Ecological Engineering*, **17**, 345-355 (2001)
112) Sakadevan and Bavor, *Water Research*, **32**, 393-399 (1998)
113) Cheung and Venkitachalam. *Chemosphere*, **41**, 243-249 (2000)
114) Fujikawa et al., *Water Science and Technology*, **50** (2004) Sugahara et al., 印刷中.
115) James et al., *Water Environment Research*, **64**, 699-705 (1992)
116) Shin et al., *Environmental Technology*, **25**, 185-191 (2004)
117) Gray et al., *Water Research*, **34**, 2183-2190 (2000)
118) Wang and Reardon, *Applied Geochemistry*, **16**, 531-539 (2001)
119) Sinha et al., *Industrial & Engineering Chemistry Research*, **42**, 6911-6918 (2003)
120) Szogi et al., *Journal of Environmental Science And Health Part B*, **32**, 831-843 (1997)
121) Prasad and Chaudhuri, *Journal of Water Supply Research And Technology-Aqua*, **44**, 80-82 (1995)
122) Schulze-Mokuch et al.,*Ground Water Monitoring and Remediation*, **23**, 68-74 (2003)
123) Katsumata et al., *Chemosphere*, **52**, 909-15 (2003)
124) Fujikawa et al., *Water Science and Technology*, **50** (2004)
125) Christov et al,, *Process Biochemistry*, **35**, 91-95 (1999)
126) Miller et al., *Water Research*, **35**, 1461-1468 (2001)
127) Bailey et al. *Water Research*, **33**, 2469-2479 (1999)
128) Fendorf et al., *Environmental Science and Technology*, **31**, 315-320 (1997)
129) シュライバー 無機化学(上) 東京化学同人
130) Sposito, *The Surface Chemistry of Soils*, Oxford University Press (1984)
131) 日本土壌学会編, 土壌の吸着現象—基礎と応用—, 博友社 (1985)
132) Mustafa et al., *Environmental Technology*, **25**, 1-6 (2004)

133) Travisa nd Etiniter, *Chemistry of Soil Solutions.* 280-289, Van Nonstrand Reinhold Co., (1986)
134) Nodvin *et al., Soil Science* **142**, 27-35 (1986)
135) Stumm, W., *Chemistry of the solid-water interface.* John Wiley & Sons (1992)
136) Lo *et al., Waste Management & Research*, **16**, 129-138 (1998)
137) Rao and Asolekar, *Water Research*, **14**, 3391-3401 (2001)

2 ガラス発泡材

前田義範*

2.1 はじめに

2.1.1 ガラスびんリサイクルの現状

ガラス発泡材は，廃ガラスをリサイクルする手段として，近年開発された材料である。これまで廃ガラスのリサイクル方法としては，カレット状に破砕して再度ガラスびんなどの原料に使用する方法が一般的であったが，品質管理上の問題からリサイクルできるガラスの色は，無色，もしくは茶色に限定され，その他，緑や黒などの雑多な色については，最終処分場にて埋め立て処分が行われている。

これに対してガラス発泡材へのリサイクルは，無色，茶色および，その他の雑多な色のガラスが混在した原料を再生できるという点で優れており，また，異物の混入に対しても，前者に比べ耐性が高いというメリットを持つ。

ガラス発泡材は，図1に示すような工程により製造される。すなわち，原料となる廃ガラスを粉体状に加工した後，発泡剤を添加し，所定の温度にて焼成を行う。これらの工程を経て，廃ガラスはガラス発泡材へとリサイクルされる。

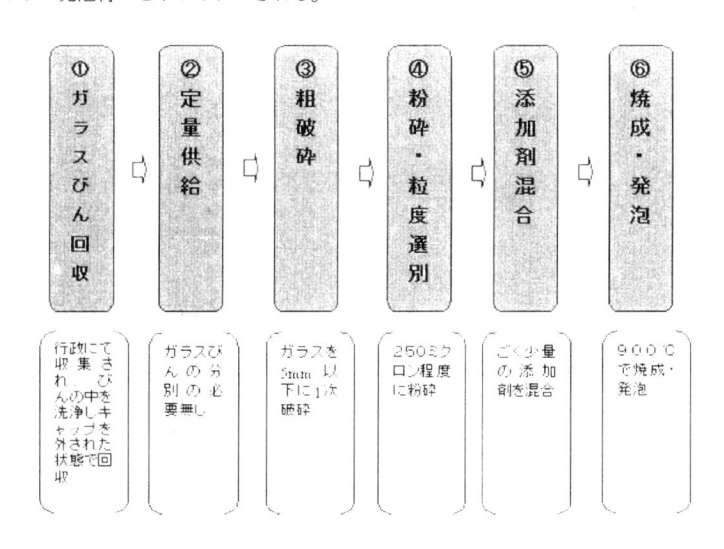

①ガラスびん回収	②定量供給	③粗破砕	④粉砕・粒度選別	⑤添加剤混合	⑥焼成・発泡
行政にて収集されたびんの中を洗浄しキャップを外された状態で回収	ガラスびんの分別の必要無し	ガラスを5mm以下に1次破砕	250ミクロン程度に粉砕	ごく少量の添加剤を混合	900℃で焼成・発泡

図1　ガラス発泡材製造工程

---

*　Yosinori Maeda　西日本エンジニアリング㈱　常務取締役

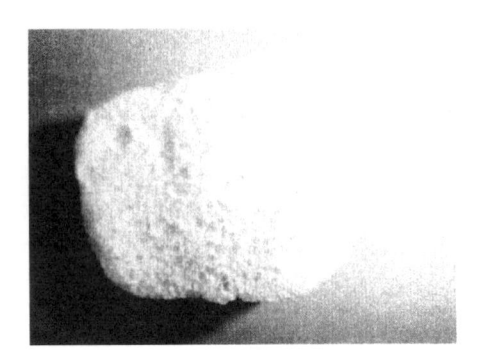

写真1　ガラス発泡材外観

2.1.2　ガラス発泡材の特性と水質浄化用途への応用

　現在，このガラス発泡材の主要な用途として，土木分野においては，軽量地盤材料として使用される方法がある。また当材料は，写真1に示すように微細な気孔を有する多孔質材料であることより，比較的高い表面積を有し，微生物の担体として有効であることが確認されている。この特性を生かし，水質浄化ろ材としての開発を進めてきた。

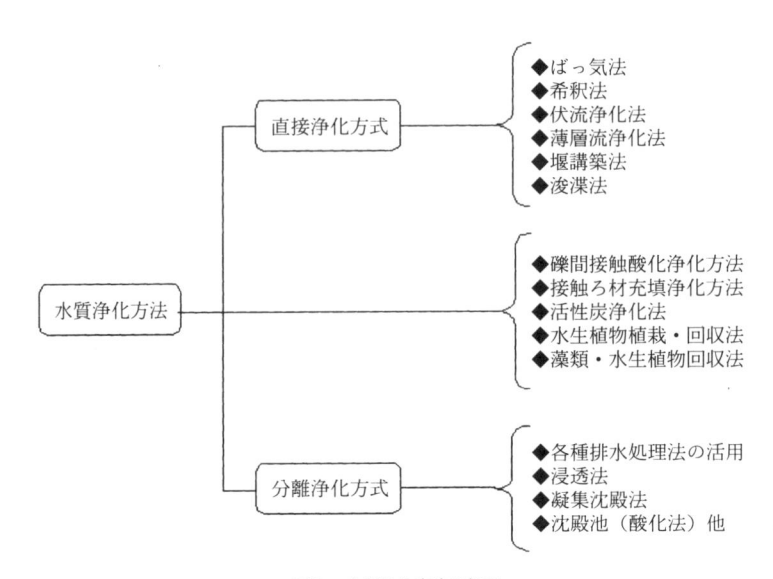

```
水質浄化方法 ─┬─ 直接浄化方式 ─── ◆ばっ気法
              │                    ◆希釈法
              │                    ◆伏流浄化法
              │                    ◆薄層流浄化法
              │                    ◆堰講築法
              │                    ◆浚渫法
              │
              ├─ ─────────────── ◆礫間接触酸化浄化方法
              │                    ◆接触ろ材充填浄化方法
              │                    ◆活性炭浄化法
              │                    ◆水生植物植栽・回収法
              │                    ◆藻類・水生植物回収法
              │
              └─ 分離浄化方式 ─── ◆各種排水処理法の活用
                                   ◆浸透法
                                   ◆凝集沈殿法
                                   ◆沈殿池（酸化法）他
```

図2　水質浄化方法分類図

第6章　水質浄化材料

現在，一般的に実施されている図2[1]に示す水質浄化方法分類のうち，ガラス発泡材が有効であると思われる水質浄化方法としては，礫間接触酸化法があげられる。またガラス発泡材は製造工程において比重をコントロールすることができ，水に浮く素材，沈む素材などの製造が可能である。このため，水質浄化機能を持った人工浮島の下部浮力体としても使用できる。それゆえ，間接的には水生植物植栽・回収法としての利用も可能である。

次項に，ガラス発泡材の基本特性及び水質浄化機能に関して説明を行う。

2.2　ガラス発泡材の基本的特性及び水質浄化機能
2.2.1　ガラス発泡材の基本的特性

表1にガラス発泡材の組成を示す。

表1に示す組成は原料となっているガラスびん，すなわちソーダガラスの組成である。製造工程において，多孔質化のため，添加剤を配合するが，この量は多くても10%程度であり，目的とする特性により，この組成も変化する。表2に水質浄化資材として使用する代表的な材料の物理的特性および，化学的特性を示す。

比重および吸水率については，製造工程の中でコントロールが可能である。また，比重，および吸水率の変化に伴い，圧縮強度も変化する。pHについては，原料となるソーダガラスの中のナトリウム分が溶出し，アルカリ性を示す。

表1　ガラス発泡材組成表

資料名：ガラス発泡材	
酸化物	濃度(%)
SiO_2	72.011
CaO	11.990
Na_2O	11.448
Al_2O_3	2.328
K_2O	1.290
MgO	0.412
Fe_2O_3	0.201
SO_3	0.135
TiO_2	0.045
Cr_2O_3	0.043
P_2O_5	0.022
MnO	0.024
PbO	0.016
SrO	0.014
NiO	0.011
CuO	0.009
Rb_2O	0.004
計	100

表2　物理的特性及び化学的特性一覧表

項目	数値	単位
圧縮強度	1～7	N/mm^2
比重	0.3～0.9	
吸水率	5～150	%
pH	9～11	

2.2.2 ガラス発泡材の水質浄化機能

ガラス発泡材について，水質浄化機能検証試験を行った実験は図3に示すような機材及び工程にて21日間継続実施した。結果を表3に示す。

表3に示すように，礫間接触酸化法に従来使用されていた栗石と比較した場合，ガラス発泡材は優れた浄化素材と確認された。

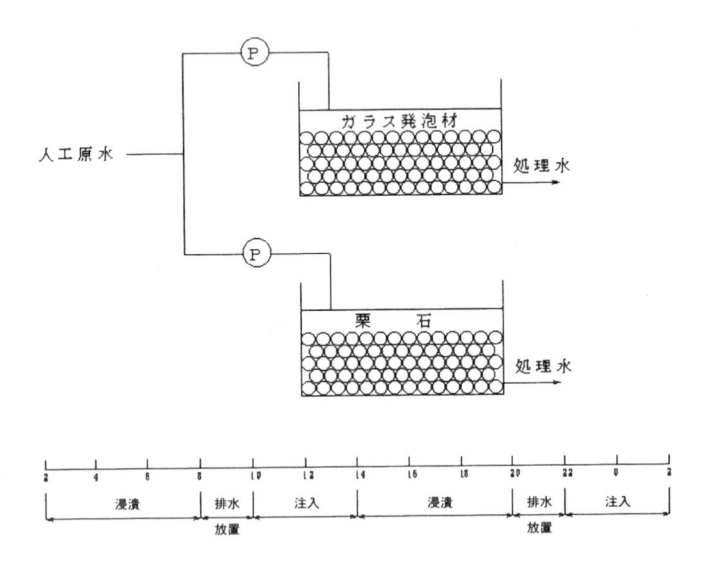

図3 ガラス発泡材水質浄化能力検証試験使用機材及び工程

表3 水質浄化能力検証試験結果一覧表

試料名	BOD		COD		硝酸性窒素		全窒素	
	水質 (mg/l)	除去率 (%)	水質 (mg/l)	除去率 (%)	水質 (mg/l)	除去率 (%)	水質 (mg/l)	除去率 (%)
人工原水	21.6	—	12.9	—	6.52	—	6.52	—
ガラス発泡材	4.6	78.7	3.7	71.5	0.19	97.1	1.14	82.5
栗石	12.5	42.1	8.4	34.9	1.02	84.4	4.97	23.8

第 6 章　水質浄化材料

写真 2　ガラス発泡材のコンクリート表面設置事例

2.3　適用例
2.3.1　コンクリート表面への設置例
　ガラス発泡材を，水路などのコンクリート表面に貼りつけたものである。実施例を写真 2 に示す。
　この事例では，ガラス発泡材の表面に微生物を担持させ，水中の汚濁物質を分解させる接触酸化法による水質浄化効果が期待できる。
2.3.2　水質浄化ユニット
　河川にガラス発泡材を籠状の容器に充填し，設置する。実施例を写真 3 に示す。当水質浄化資材の長所としては，比較的狭い小規模な河川などに容易に設置が可能であるという点である。また，容器の形状を変化させることにより，例えば U 字溝や公共汚水枡などにも設置が可能である。ただし，問題点として，よどんだ川の水底など，停滞水域や溶存酸素量が低い場所においては嫌気的状態になり，水質浄化ユニットの浄化能力は低減する。このような場合，ガラス発泡材の浮力を利用して，浮上型にすることで好気的状態を作り出したり，溶存酸素量を高めるような前処理が必要である。

写真 3　水質浄化ユニット設置例

2.3.3 ガラス発泡材を利用した人工浮島工『水萌』

(1) ガラス発泡材を利用した人工浮島工『水萌』の水質浄化機能と特徴

　ガラス発泡材を利用した水質浄化工法として人工浮島がある。従来の人工浮島はヤシ繊維などを浮体とし、その上に植生を繁茂させ、水中の富栄養化物質を養分として吸収させることにより水質浄化を行っている。また、その他の機能として、浮島は小動物や水鳥の住処となり生態系回復の一助となる。ガラス発泡材を利用した、人工浮島工『水萌』に関してもこれらの点は同様である。『水萌』が他の浮島工と異なる点は、浮体となるガラス発泡材に、接触酸化法による水質浄化効果を持つという点である。このため、『水萌』は製品下部では接触酸化法による水質浄化を行い、上部では植物浄化法による水質浄化を行うという2種類の水質浄化機能を併せ持った工法であるということが出来る。

　また、『水萌』の特徴の1つとして、リンを効率的に除去出来るという点が挙げられる。富栄養化原因物質であるリンは、接触酸化法では骨材に吸着は生じるものの、分解は出来ない。この点に関して『水萌』は、下部のガラス発泡材に吸着させたリンを、骨材間に繁茂した植生の根に吸収させ、系外に排出が容易な植生に、富栄養化物質の蓄積をさせることが出来る。

　また、同じく富栄養化の原因物質である窒素に関して、『水萌』は効率的に除去を可能とする。生物由来のアンモニア体窒素はそのままでは除去されず、亜硝酸性窒素→硝酸性窒素へ変化する硝化過程を経て、その後、空気中への窒素ガスの放出という脱窒過程により、水中よりの除去が完結する。

　しかしながら、硝化過程と脱窒過程は、全く相反する条件下で効率良く進行するという問題があり、この問題が水中の窒素の除去を困難なものにしている。すなわち、硝化過程は好気的条件を好む硝化菌の存在下において進行するのに対し、脱窒過程は、有機物が存在する嫌気的条件において有機物が酸化する際に硝酸性窒素より酸素原子を奪い取ることにより進行する。

　例えば処理場においては、処理槽毎に、これらの条件を再現することにより、効率的な窒素の除去を可能にしている。しかしながら、自然界においては、これらの条件が効率良く再現されるとは限らない。

　この点『水萌』においては、好気的条件、嫌気的条件という相反する条件を必要とせず、好気的条件のもと、窒素の除去を効率的に行うことが出来る。下部浮力体である、多孔質軽量骨材の表面部分は水面に近い好気的条件であり、硝化菌の働きにより硝化過程は効率的に進行する。脱窒過程に関しては、上部植栽に養分として、硝酸性窒素を吸収させることにより、完了させることが出来る。リン及び窒素を吸収させた植生は、堆肥として再利用が可能である。

　図4に水萌の構造図、写真4に水萌の設置状況を示す

第6章 水質浄化材料

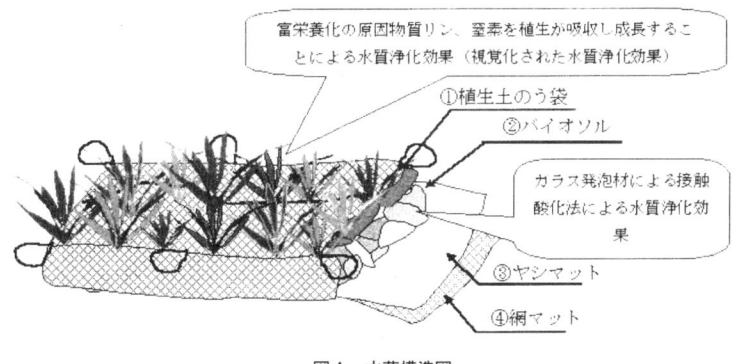

図4 水萌構造図

図中の注記:
- 富栄養化の原因物質リン、窒素を植生が吸収し成長することによる水質浄化効果（視覚化された水質浄化効果）
- ①植生土のう袋
- ②バイオソル
- ガラス発泡材による接触酸化法による水質浄化効果
- ③ヤシマット
- ④網マット

写真4 水萌の設置状況

(2) 水萌における水質浄化効果の定量化

　水萌の特徴の1つとして，リンの除去効果を刈り取った植生の重量を計測することにより，定量化が可能という点があげられる。写真4に示したように水萌上部の植生は非常に勢いのある生育状況を示しており，これは逆説的に，肥料分が水中に豊富であることを示している。すなわち，水中のリン，窒素，などを多量に吸収したということであり，通常，知覚されることのない，水質浄化作用を視覚化できるという利点がある。環境保全活動は，住民参加がなければ，成立しないと言われる昨今では，周辺住民に水質の実態をアピールする上でも，十分に有益な工法であると考えられる。

　ここで，水萌の水質浄化効果試算の実施例を次に示す。

ある一定期間内に，繁茂した植生の重量をw_1とする。

これより，平均的な，植生の含水率k_1により，植生の乾燥重量w_2を下式により，算出する。

$w_2 = w_1 \times (1 - k_1)$

これに平均的な植生に含まれるリン及び，窒素の含有率k_2を乗ずることにより下式のように植生による，リン，窒素の除去量q_1を算出することが可能となる。

$q_1 = w_2 \times k_2$

この場合のq_1は，水萌数基あたりの一定期間における量であれば，それぞれ，水萌基数n，及び年数yで除することにより，水萌1基あたり，1年当りのリン及び，窒素の除去効果q_{ny}を下式のように算出することが可能である。

$q_{ny} = q / (n \times y)$

2.4 おわりに

ガラスリサイクル材を利用した水質浄化方法について，事例を紹介しながら解説を行った。近年，河川及び海洋の富栄養化による植物プランクトンの異常繁殖が社会問題になっている。これを受け国土交通省では環境関連の計画として，環境に配慮しながら，微生物や植物を利用した水質浄化手法について確立を行うことが具体的に策定されており[2]，同手法はこれから実際に適用が盛んになる工法であると考えられる。一方，最終処分場の残余年数は，2001年度末現在の状況では，一般廃棄物が全国平均で12.5年と非常に厳しい状況である[3]。いかに，最終処分場への負荷を低減できるかが課題となっている。ガラス発泡材を利用した，これら水質浄化工法が普及することにより，これらの環境問題が多少なりとも改善されることは，明らかである。今後，さらなる技術開発により，当工法が新しい水質浄化工法として根付き，地球環境保全に貢献することを切望している。

文　　献

1) 西部環境調査株式会社報告，調査報告「早岐川水質改善試験報告書」より抜粋
2) 国土交通省環境行動計画（平成16年6月策定）
3) 環境省調査結果　平成16年3月1日一般廃棄物の排出及び処理状況等（平成13年度実績）より抜粋

3　リン吸着コンクリート

阿部公平[*1]，桑原智之[*2]，佐藤周之[*3]

3.1　環境水中におけるリンの現状

　我が国の水環境に関する本格的な法的整備は，1958年に制定された「工場排水等の規制に関する法律」と「公共用水域の水質の保全に関する法律」（旧水質二法）に始まる。その後，水質汚濁防止法や湖沼水質保全特別措置法などの各種法制度の整備と伴に，公共用水域の水質は改善されたとされる。しかし，その一方で，指定水域の環境基準達成率は約40％（有機物において）と横這い状態が続いているのが現状である。特に，閉鎖性水域である湖沼・内湾においては，リンや窒素などの栄養塩類の過剰流入により，植物プランクトンの異常増殖など，水質汚濁が深刻な社会問題となりつつある。

　これらの原因としては，汚水処理場における高度処理の普及率の低迷を要因の１つとする特定汚染源（点源）からの負荷量の増大が挙げられる。さらに，図１に示すように，最近では山林や農地，宅地など不特定の場所（面源）からの負荷量の増大も報告されている[1, 2)]。

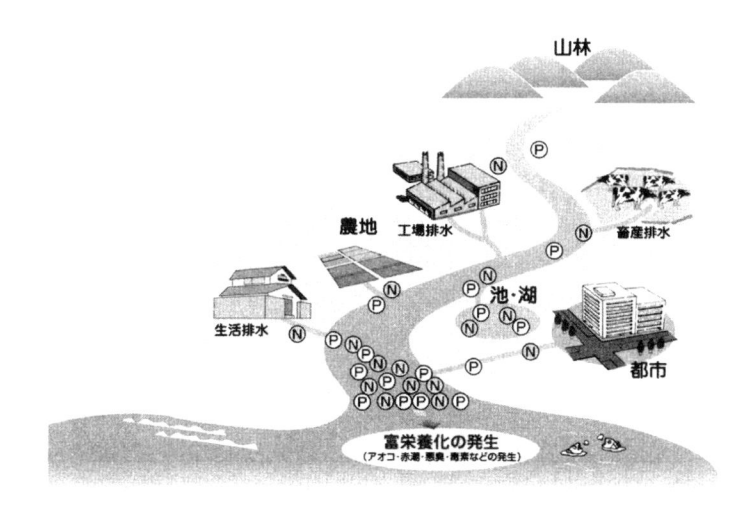

図１　面源負荷の現状

---

* 1　Kouhei Abe　㈱イズコン　技術開発部
* 2　Tomoyuki Kuwabara　島根大学　生物資源科学部　研究員
* 3　Shushi Sato　島根大学　生物資源科学部　研究員

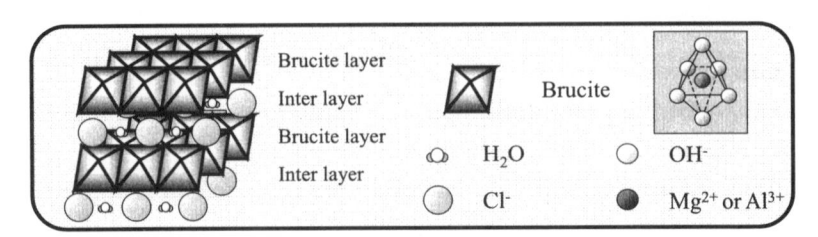

図2 HTの基本構造

前者（点源負荷）のうち，たとえば下水道処理施設については，構造基準の性能規定化に伴い，BOD，リン含有量，窒素含有量を含めた計画放流水質を事業主体が規定する，という試みがすでに始まっている[3]。一方，後者（面源負荷）については，これまでに植生浄化法や礫間接触酸化法などの直接浄化技術に関する研究が進められてきている[4]。しかし，面源から流出する栄養塩類は非常に希薄かつ多量の水に溶存しているという特徴を持つ。このような特長を持つ面源負荷に対して，上記の直接浄化対策技術は，①除去能力が季節的要因の影響を受けること，②基本的な除去能力自体が高くないこと，③多量の水を浄化しなければならないこと，④環境負荷物質の系外排出が困難であること，などの技術的課題を内包する。

汚濁の進んだ水域の環境を抜本的に改善するためには，流域水管理の概念が不可欠である。すなわち，栄養塩類が集約する点源対策のみでなく，面源から発生する低濃度の栄養塩類をも効率的に吸着・系外排出（除去）することを可能にする水質浄化技術の確立が重要となる[1]。本論で対象とする水質汚濁の原因物質は栄養塩類の1つであるリンである。リンは，水環境中において富栄養化現象の発生要因となる植物プランクトンの増殖の抑制因子となる。したがって，水環境中のリンを吸着・除去することが可能な資材を開発することができれば，富栄養化の抑制といった水質汚濁の防止とともに，人間生活を取り巻く豊かな水環境を取り戻すことも可能となる。

3.2 リン吸着コンクリートの特徴

リン吸着コンクリートは，水環境を修復するための新しい資材として研究・開発が進められたものであり，その直接的な目標は環境水中のリン酸イオンを吸着することである。しかし，期待される効果は吸着のみに留まらず，セメント系材料と複合化することで水環境問題の抜本的な解決に不可欠なリンの系外排出を容易にし，かつ除去されたリンも含めたリン吸着コンクリートの資源循環型の利用システム構築を目指すものである。

ここで，リン吸着コンクリートとは，セメントを結合材としてリン酸イオン高選択性無機イオ

第6章 水質浄化材料

ン交換体であるハイドロタルサイト化合物(以下,HTとする)を複合化した硬化体の総称と定義する。HTは無機材料であるためコンクリートとの相性が良く,またイオン交換容量が約4 meq・g^{-1}と大きい。さらに,pHが中性～アルカリ性域においてリン酸イオンに対し非常に高い選択性を示す。図2に示すように,HTはその層間に存在する塩化物イオンとのイオン交換反応により水中のリン酸イオンを吸着する[5]。

このようにコンクリートとHTを複合化する理由は,コンクリートが水環境において多用される建設材料であるためである。さらに,現在ではホタル護岸や親水空間などの近自然型・多自然型工法のための建設資材といった,従来の強度や耐久性が要求性能とされたコンクリートとは一線を画した利用が進められている[6]。この動きは,土木・建築を問わず性能規定型の設計方法への移行という時代の趨勢とも一致する[7]。すなわち,建設材料においても将来的には性能規定化が進むことが予測され,様々な要求性能に対応する新しい機能を持つ建設材料が必要になると考えられる。

リン酸イオンを吸着する機能に特化した材料を目指すリン吸着コンクリートに関して,現在までに様々な検討を進めている[8~10]。その中で,特にHTの添加量を操作することによるリン酸イオン吸着性能の評価と,一般的には水密性が要求性能となるコンクリートの,リン酸イオンを吸着しやすい構造への改質といった部分は特筆すべき知見であると考えるため,簡略にではあるが以下に説明する。

3.3 リン吸着コンクリートのリン吸着特性

リン吸着コンクリートの基礎的性能は,まず回分式の実験で確認した。なお,リン吸着コンクリートの種類としては,流し込み型,ポーラス型,超固練り型の3種類を開発しているが[8,9]本論ではポーラス型のリン吸着コンクリートについて述べる。HT配合量の異なる3種類のリン吸着ポーラスコンクリート供試体を,それぞれリン酸水溶液に浸漬して攪拌したときのリン酸イオン濃度と塩化物イオン濃度の経時変化を図3に示す。なお,供試体は同じ大きさで,HT配合量はHT1>HT2>HT3の順で多い。まず,全ての供試体においてリン酸イオン濃度は低下し,これに同調する形で塩化物イオン濃度が上昇している。これは,リン吸着コンクリートに複合化されたHTがイオン交換によりリン酸イオンを吸着し,塩化物イオンを放出するというHTの吸着機構が働いていることを示しており,リン吸着コンクリートが機能することを意味する。さらに,リン酸イオン濃度はHT配合量が多いほど低下していることから,HTのイオン交換量にリン吸着能力が依存していることが示されている。

基本的に,リン吸着コンクリートのリン吸着機能を十分に発揮させるためには,環境水に含まれるリン酸イオンとHTが接触しやすい構造であることが求められる。一方では,その使用方法

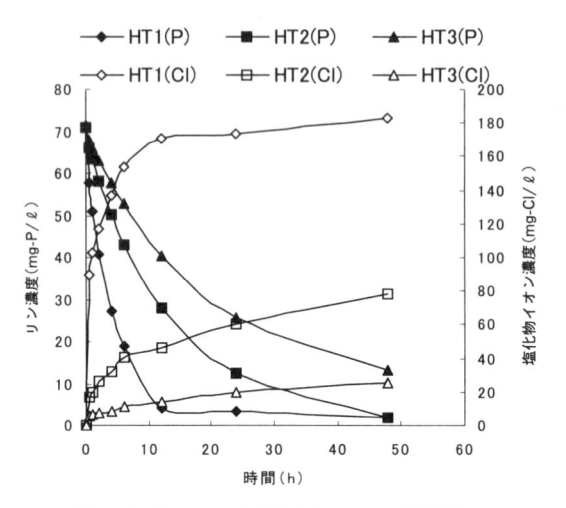

図3　リン酸イオンおよび塩化物イオンの経時変化

写真1　実河川に浸漬した供試体

写真2　リン吸着コンクリートの野外実験の様子

第6章 水質浄化材料

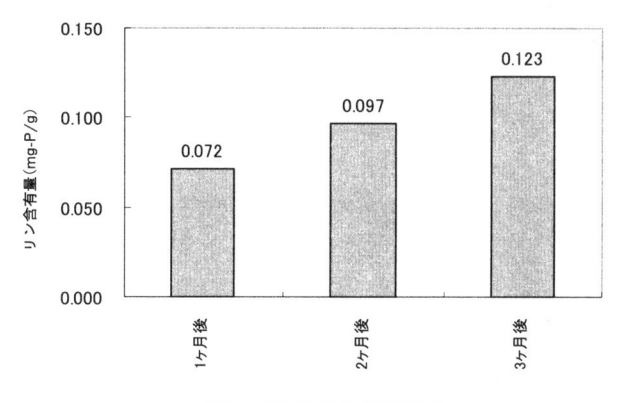

図4 実河川における実験結果

（グラフ：リン含有量(mg-P/g）　1ヶ月後 0.072、2ヶ月後 0.097、3ヶ月後 0.123）

に応じて強度面の性能の確保が要求される場合もある。前出のポーラス型は，強度面では最も低いものであるが，透水性では最も高い性能を持つ。これに対して，強度面を特に重視したものが流し込み型であり，非常に高い強度と遅いリン酸イオン吸着性能を示す。両者の中間として位置づけられるものが超固練り型であり，コンクリートの製法的な改良の結果，空隙率の操作により強度と透水性能の両者を併せ持つリン吸着コンクリートの開発に成功している[9]。

繰り返しになるが，HTはコンクリートの強度に対して，基本的に悪影響を及ぼす物質ではなく，セメントの配合量さえ適切に調節すれば，要求性能に応じた強度を発現させることができる。さらに，リン吸着能力に影響すると考えられるコンクリートの透水係数は，空隙率と製造方法により制御でき，同時に強度の発現とも関係があることを確かめつつある。特に超固練りは充填率を高めに設定し，透水性を維持しつつ強度の発現を目指したリン吸着コンクリートである。そこで次に，このリン吸着超固練りコンクリートの実河川でのリン吸着性能について説明する。

実験に使用したリン吸着コンクリートの大きさは150×100×27cmである。写真1に供試体の写真を，写真2に実験の様子を示す。写真2に示すように，河川にリン吸着コンクリートを浸漬し，定期的にリン含有量を測定してリン吸着量の増加を確かめた。なお，実験期間中の河川水中の溶存態無機リン濃度は平均0.055mg P・l^{-1}であった。また，リン含有量はリン吸着コンクリートの一部を破砕・粉末状にした後，酸で溶解して測定した[11]。リン吸着コンクリートの実河川でのリン吸着性能は，図4に示すようにリン吸着コンクリートのリン含有量が経月的に増加していることで確認でき，低リン濃度かつ夾雑物質の多い実河川においてもリンを吸着することが示された[9]。

3.4 リン吸着コンクリートの今後の展開

　前項で示した河川におけるリン吸着コンクリートの利用はあくまでも事例の1つに過ぎない。今後，水環境中におけるリン吸着材料として本資材の開発を進める際に必要なコンセプトは，目的・使用環境・用途に応じて定まる要求性能に対して，任意の吸着性能を持つ資材の供給を可能にすること，すなわち，リン吸着コンクリートの性能設計システムの構築である。

　この時，リン吸着コンクリートの目的・用途は，点源負荷対策用の水処理用材料と面源負荷対策用の水環境修復材料の2つに大別する必要がある。まず，前者については，排出量の低減化を基本的な目標とし，リン吸着性能を有するろ材，礫材という形で，汚水処理施設や畜産排水処理施設における高度処理装置への導入が考えられる。一方，後者については，河川・湖沼や水路などが適用環境として挙げられる。このうち，比較的高濃度のリンが問題となる環境では，要求性能として確実な物理化学的なリン吸着および系外排出が求められるため，短期間におけるリンの吸着・除去性能を持つ浄化材料が対象となる。特に停滞水域であれば，写真3に示すような浮島型リン吸着コンクリートなどの形態も有効と考えられ，現在開発を進めている。また，比較的低濃度のリンが問題となる環境では，長期間におけるリンの物理化学的な除去を目指すと同時に，長期にわたる供用期間も考慮した強度を併せ持つリン吸着型の河川・水路構造物も考えられる。さらに，近自然型・多自然型工法が導入される場合には，その機能性の1つとして物理化学的なリン吸着能力を付与する資材としての利用と共に，生物の付着しやすい構造に改質することにより生物学的なリン除去性能を付与するといった，複合機能性のリン吸着コンクリートの開発を目指すこともできる。

写真3　浮島型リン吸着コンクリート

第6章 水質浄化材料

　このようなリン吸着コンクリートの性能設計システムが確立されれば，リンを要因とした水環境の悪化に対する具体的かつ実現可能な水環境修復資材とすることができる。流域単位の水管理の重要性が明確になる中，これを実行に移すためのリン吸着コンクリートというハード面でのツールが揃った後，残す課題は直接的な（河川・湖沼）管理者（事業主体）がどのようにして利用するのか，というソフト面の解決である。「21世紀は水の世紀」といわれるように，水は人間の存在に欠かせないものであり，悪化した水環境の修復および健全な水環境の維持という問題は，当然社会全体で考え続けなければならない。しかし，組織的かつ計画的な流域水管理への取り組みは誰にでも行えるものではない。事業主体の取り組み方次第で，水環境保全の未来，ひいては人類の未来が左右されることを認識した上で，関係各位の積極的な取り組みが望まれる。

　一方，リン吸着コンクリートの今後の展開を考える上で忘れてはならないのが，「資源循環」という視点である。リン吸着コンクリートの場合，資源とはリンであり，コンクリートである。リンを資源として挙げる理由は，リンが特に営農活動における植物肥料の原料として極めて重要な物質であるためである。コンクリートも同様の視点に立てば，人間社会の基盤整備に多用される重要な資源である。この両者を資源として捉えた場合に注目すべき類似点は，両者とも枯渇が危惧される天然資源であるという認識が一部には存在するにも関わらず，未だ明確な循環再利用の概念の確立に至っていない現状にある。

　現実に，我が国においてリンは100％輸入に依存している天然資源である[12]。しかし，せっかく資源として輸入したものを最終的には水環境中に放出して環境悪化を招くという悪循環に陥っている。コンクリートを構成する骨材資源は，良質なものは枯渇傾向にあり，すでに一部の輸入が始まっている。ところが，供用期間が終了して取り壊された解体コンクリートは骨材資源として有望であり，建設リサイクル法をはじめとするリサイクル関連法の施行により，再資源化への法整備も完了しているにも関わらず，その再利用方法の現状は路盤材や基礎工事用に限定されており，本質的な有効利用が十分になされているとは言い難い[13]。

　上述のリン資源，コンクリート資源の悪循環を断ち切り，持続可能な発展を可能にする資源循環型社会の構築を目指したリン吸着コンクリートの「循環再利用」の概念を図5に示す。リン吸着コンクリート中のHTがイオン交換により吸着したリンは，それ自体を環境水中から回収することで系外排出を容易にする。系外排出されたリン吸着コンクリートは，リンをその躯体内部に濃縮・保持している。したがって，そのまま栄養塩保持型の植生基盤材としての転用が可能と考えられ，すでに検討を始めている。また，近年問題となっている浅海域の「磯焼け」現象は貧栄養化と直接的な関連が深いことが指摘されている。よって，そのまま海域に移設することにより，栄養塩供給型藻礁としても効果を発揮すると考えられ，一部はすでに実験的に効果を確認している。一方，植物の栄養源であるリンはHTと複合化したモルタルマトリックス部に保持されてい

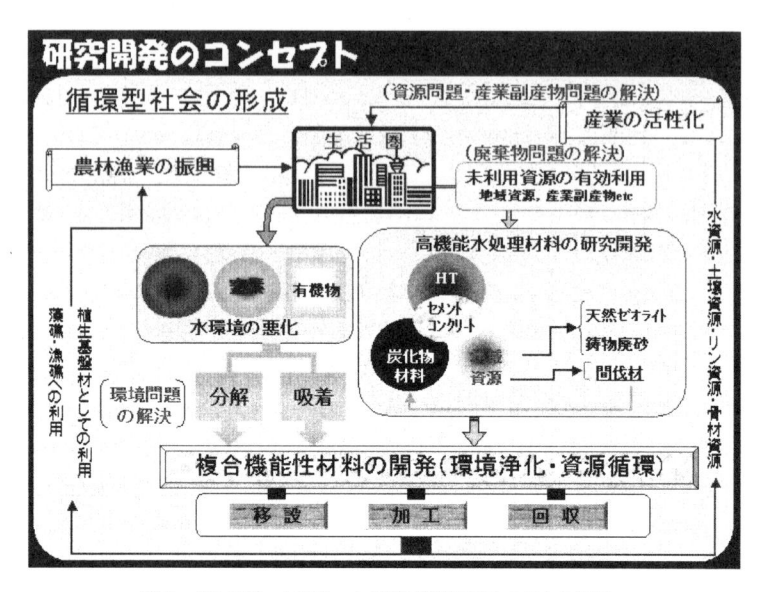

図5 リン吸着コンクリートの資源循環利用システムの概要

る。そこで，リン吸着コンクリートを水質改善のための資材として利用した後にこれを破砕し，骨材は再生骨材として再びコンクリート資材へ，モルタル部分は微粉砕し，施肥効果を持つ土壌改良材などの緑農資材へといった循環再利用が可能である。

このように，水処理材料・水環境修復材料としてのリン吸着コンクリートは，要求性能に応じたリン吸着性能および強度特性の操作といった性能設計的な展開が可能である。同時に，資源循環型の利用システム構築という方向性を備えることで，将来必ず必要となる持続可能な社会の構築というコンセプトに対して大きく貢献ができる機能性水質浄化資材である。

謝辞

本研究は，島根県ならびに文部科学省都市エリア産学官連携促進事業（宍道湖・中海エリア）の助成を受けた，島根大学生物資源科学部の野中資博教授，佐藤利夫教授，財団法人しまね産業振興財団との共同研究の成果であり，関係各位に深甚なる謝意を表します。

第6章　水質浄化材料

文　　献

1) 大垣眞一郎, 吉川秀夫, 流域マネジメント－新しい戦略のために－, 技報道出版（2002）
2) 藤澤善之ほか, 面源（ノンポイントーソース）負荷対策の現状と今後の動向, 資源環境対策, **38**, (8), pp.40-46, 2002.7
3) 加藤聖, 水処理施設の構造基準と放流水質基準, 下水道協会誌, **41**(496), pp.25-28, (2004)
4) 武田育郎, 水と水質環境の基礎知識, オーム社, 2001.11
5) 川本有洋ほか, リン酸イオン高選択性無機層状イオン交換体を用いた排水からのリン除去, 水環境学会誌, **22**(11), pp.15-21, (1999)
6) 財団法人リバーフロント整備センター, 多自然型川づくり施工と現場の工夫（2000）
7) コンクリート標準示方書【構造性能照査編】, 土木学会（2002）
8) 桑原智之ほか, ハイドロタルサイト化合物を配合したコンクリートブロックによるリン除去, 水環境学会誌, **26**(7), pp.423-429, (2003)
9) 桑原智之ほか, ハイドロタルサイト化合物を配合したコンクリートブロックによる都市河川からのリン除去, 水環境学会誌, **27**(2), pp.109-115（2004）
10) 佐藤周之ほか, リン吸着コンクリートのリン酸イオン除去性能に関する基礎的研究, コンクリート工学年次論文集, **26**(1), pp.1419-1424（2004）
11) ㈳セメント協会, セメント規格がわかる本－JIS R 5202-1999「ポルトランドセメントの化学分析法」－, ㈳セメント協会（1999）
12) 梅垣高士ほか, 廃棄物中のリン分の利用, 無機マテリアル学会誌, **8**, pp.262-267（2001）
13) 循環型社会におけるセメント・コンクリートの可能性を考える, 社団法人セメント協会, pp.1-63（2002）

第7章 水質浄化システム

1 河川浄化システム

馬場 圭[*]

1.1 はじめに

　河川や湖沼は，水利や治水といった本来の目的以外にも，人々の生活に潤いを与える修景，親水という役割も持つ。河川・湖沼浄化施設にも，単なる水質改善だけでなく，景観に配慮し，かつ親水効果にも寄与することが求められてきている。JFEエンジニアリング㈱は，有機物（BOD），懸濁物（SS），アンモニア性窒素（NH_4-N）を同時に除去できる浮遊ろ材式生物膜ろ過システム「リバーフロート」を，河川・湖沼浄化施設等に向けて提案してきている。本システムは，処理性能に加えて，コンパクトであり，かつ維持管理が容易なため，景観や周辺環境への影響が少ないという特徴を有する。近年は河川浄化や親水公園の池の浄化で採用されており，また，下水処理水のせせらぎ放流のための高度処理施設にも適用された。

　なお，本システムは1999年3月に㈶土木研究センターの土木系材料技術・技術審査証明を取得している。（技審証　第1016号）

1.2 浮遊ろ材式生物膜ろ過の原理

　浄化原理を図1に示す。浮遊性のろ材を充填したろ過塔に原水を流してろ過処理を行う。ろ過層でSS分を捕捉，除去すると同時に，ろ材の表面や孔に自然発生的に形成される微生物膜が溶解性BODを分解することで，生物処理とろ過処理を同時に行う。

　一般的な処理フローを，図2に示す。河川や湖沼からの原水はポンプによりろ過に導かれる。ろ過層には，浮遊性のろ材が充填されており，原水は下部から上向流でろ過層を流れる。ろ材は浮上性であるため，ろ材の浮上を防止し，水中に保持するためのスクリーンを上部に設置する。BODが高い水を処理する場合には曝気を併用する。一方で，SSのみを除去する場合には，ろ過速度を上げて大量の水を浄化する高速ろ過設備として使用することもできる。

　ろ材の空隙には捕捉され蓄積したSS分と，浄化にともなって肥大しすぎた微生物膜SS分は，定期的に洗浄される。洗浄の頻度は原水水質によっても異なるが，BODが20〜40mg/Lの河川水を浄化する場合で1週間に1〜2度程度である。

　＊　Kei Baba　JFEエンジニアリング㈱　水エンジニアリング事業部　計画部　副課長

第7章　水質浄化システム

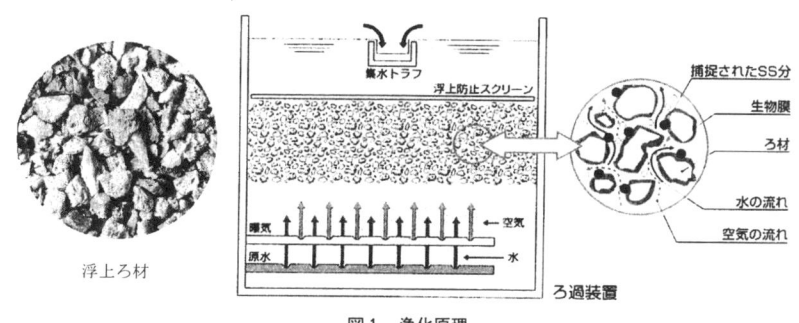

図1　浄化原理

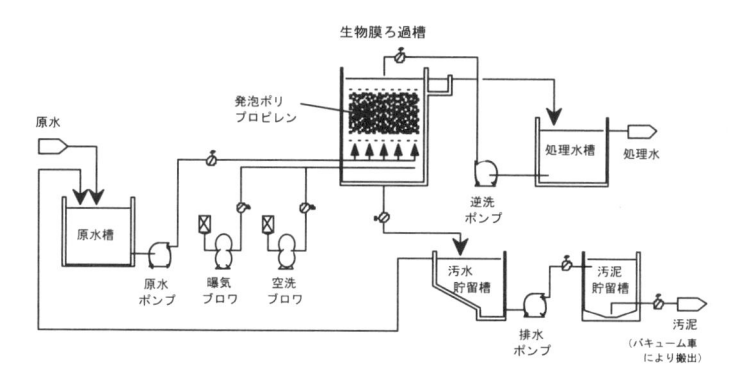

図2　処理フロー

　洗浄は，主に空気洗浄による。通常の通水時の曝気よりも多く空気を吹き込んでろ材を流動化させる。この強撹拌がろ材の表面についた生物膜を剥離させるとともに，ろ材空隙に蓄積された砂や浮遊物などの固形分を洗い落とす。その後で底部から汚泥として引き抜く。機械撹拌などによる洗浄と比較して，設備規模が大きくても効率的な洗浄が可能となる。

　洗浄後に排出された洗浄排水は，濃縮され，汚泥として場外に搬出される。

1.3　特　徴

　本システムは以下のような特徴を有する。
① 　汚濁した都市河川水等に対する浄化能力が高い。
② 　BODとSSを同時に除去するので，接触酸化と異なり沈殿池を必要としない。

161

③ ろ材の比表面積が大きく多くの微生物を保持できるため，高いBOD容積負荷での運転が可能になり，コンパクトな施設となる。
④ ろ材生物膜と水及び空気との接触効率が良く，省スペース性に寄与している。
⑤ 不定形のろ材のため，特定のみずみちができず，SS分のリークが少なくなる。また，ろ層全体を使って効率の良いろ過ができる。
⑥ ろ材は硬くて圧密せず，流動性が高いため目詰まりしにくく，空隙率も大きいため洗浄頻度が少ない。
⑦ システム全体の構成がシンプルである。
⑧ ろ材が軽いため，ろ過槽の構造が簡単で，かつ，ろ材のハンドリングが容易である。
⑨ ろ材が軽いため空気で容易に流動化し，洗浄が簡単で確実に行える。
⑩ 凝集材（PACなど）を併用すると，アオコやリンの除去も可能である。
⑪ BODが低い時には，ろ過流速を上げて大量の水の処理を行い，高い時にはろ過速度を下げて曝気を行う生物処理にする切替運転が可能である。
⑫ 夏のアオコ発生時にはPAC併用の高速凝集ろ過として大量の水を循環ろ過で浄化し，冬には高BODの流入原水を対象に，曝気を行い生物膜ろ過として運転することが可能である。

1.4 処理性能

汚濁の進んだ都市河川における浄化実験の結果を紹介する。

(1) BOD除去

実証期間中の原水BOD濃度は4.8〜66.0mg/L（平均24.8mg/L）と変動幅が大きかったが，処理水濃度は1.3〜19.0mg/L（平均7.5mg/L），除去率41.7〜89.5％（平均69.7％）となった。

表1に水温別のBODデータを示す。水温15℃未満の冬季（低水温期）は河川流量が減少することもあって原水濃度が高くなる傾向があり，一方で微生物濃度が低いため処理水濃度が高くなったが，水温15℃以上では平均処理水濃度5.6mg/Lと安定した処理が行われた。

(2) 溶解性BOD除去

実証期間中の原水の溶解性BOD濃度は1.7〜33.0mg/L（平均16.0mg/L）と変動幅が大きかったが，処理水濃度は0.5〜16.0mg/L（平均4.2mg/L），除去率26.7〜91.7％（平均70.3％）であった。溶解性BODの除去率が平均で70％以上であったことから，本システムはろ材による単なるろ過だけでなく，ろ材に形成された微生物膜による溶解性有機物の処理機能を有することがわかる。

表2に水温別の溶解性BODデータを示す。水温15℃未満の冬季は原水濃度が高く，また微生物活動が低かったため処理水濃度が高くなったが，水温15℃以上では平均処理水濃度2.9mg/Lと安定した処理が行われた。

第7章　水質浄化システム

表1　水温別のBODデータ

	水温15℃以上			水温15℃未満		
	原　水 (mg/L)	処理水 (mg/L)	除去率 (%)	原　水 (mg/L)	処理水 (mg/L)	除去率 (%)
平均値	17.7	5.6	68.5	39.1	11.4	70.7
最　大	42.0	15.0	89.5	66.0	19.0	81.5
最　小	4.8	1.3	41.7	19.0	6.3	46.2

表2　水温別の溶解性BODデータ

	原水濃度 (mg/L)	処理水濃度 (mg/L)	除去率 (%)
15℃未満	24.5	6.8	70.8
15℃以上	11.8	2.9	70.0

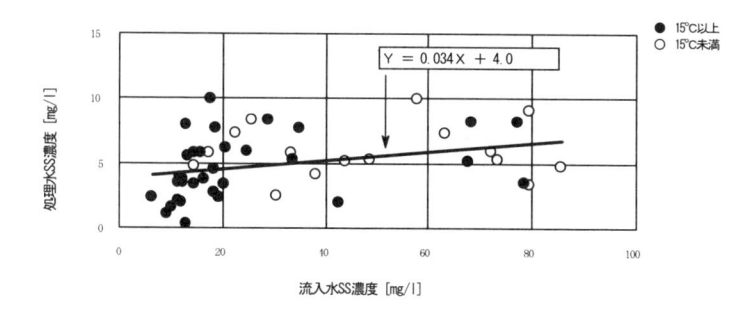

図3　流入および処理水SS濃度

(3)　SS除去

　実証期間中の原水SS濃度は6.2〜85.5mg/L（平均32.6mg/L）と変動幅が大きかったが、処理水濃度は0.4〜10.0mg/L（平均5.1mg/L）、除去率37.5〜96.8%（平均84.3%）であった。全ての時期において、処理水濃度は10mg/L以下を達成できた。

　図3にはSSの流入濃度と処理水濃度の関係を示すが、流入水質の変動に係わらず、また水温に係わらず処理水のSS濃度はほぼ一定である。

(4)　NH_4-N

　実証期間中、水温15℃以上の時、原水NH_4-N濃度は1.5〜11.0mg/Lの大きな変動幅であったが、処理水NH_4-N濃度は平均で1.5mg/L、処理水の硝化率が70%以上となった割合は75.0%であり、平均硝化率は75.0%（原水：6.2mg/L、処理水：1.5mg/L）となった。

環境水浄化技術

1.5 実施例
1.5.1 河川浄化

弊社は2001年に浦安市猫実川の浄化施設を納入した。流域の都市化が進む一方で，この川には定常的な水源がなく，降雨や生活雑排水が水源となっていることから水質が悪化していた。この浄化施設として浮遊ろ材式生物膜ろ過システムが採用された理由は，コンパクトかつ地下設置が可能な点，およびメンテナンスが容易で環境・景観を損なわないこと，等である。

計画設計条件を以下に示す。

　　　計画処理水量：3,024m³/日
　　　BOD：原水　26mg/L　→　処理水　14mg/L
　　　SS　：原水　33mg/L　→　処理水　10mg/L

図4に河川浄化処理水を利用したせせらぎ水路を，図5に構造断面図を示す。このように，上部をせせらぎ，植栽として利用しながら浄化を行うことができるのも本システムの特徴である。

表3に水質データの例を示す。特にBODの除去率が高く，夏に98%以上，冬に69.0～93.5%になった。

図4　猫実川せせらぎ水路

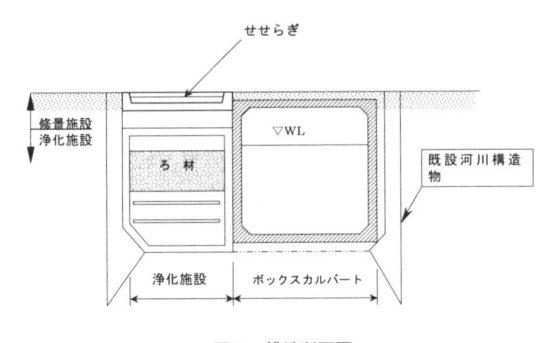

図5　構造断面図

第7章 水質浄化システム

表3 水質分析データ

採水日	分析項目	採水場所		
		原水	処理水	除去率
1月9日	pH	7.2	7.4	
	BOD	42.0	13.0	69.0%
	SS	18.0	9.4	47.8%
1月17日	pH	7.2	7.7	
	BOD	52.0	10.0	80.8%
	SS	29.0	4.8	83.4%
1月28日	pH	7.8	7.5	
	BOD	40.0	2.6	93.5%
	SS	23.0	6.8	70.4%
7月24日	pH	7.4	7.5	
	BOD	29.0	0.5	98.4%
	SS	10.0	1.4	86.0%

表4 池浄化の水質データ

	BOD(mg/L)	COD(mg/L)	SS(mg/L)	NH_4-N(mg/L)	全リン(mg/L)	pH −
原水	8〜10	8〜12	65〜120	0.2〜0.3	0.2〜0.3	8.1〜8.4
処理水	5〜6	5〜6	<20	<0.1	<0.1	7.5
備考			注1			

注1:アオコ発生時

1.5.2 池の浄化

ここでは,生物膜ろ過よりも大きなろ過速度で通水しながらSS分を除去する高速ろ過の事例を紹介する。

明石市金ヶ崎公園池浄化システムとして,浮遊ろ材を利用した高速ろ過を納入した。SS除去のみを目的とするため曝気は行わない。ろ過速度は通常の生物膜ろ過で3〜5 m/hrであるのに対し,ここでは20m/hrである。夏季にはアオコが発生するため,その除去を目的としてPACを注入する。

表4に水質データを示すが,アオコ発生時の高い濃度のSSが良く除去されていることがわかる。また,リンについても50%以上除去されている。

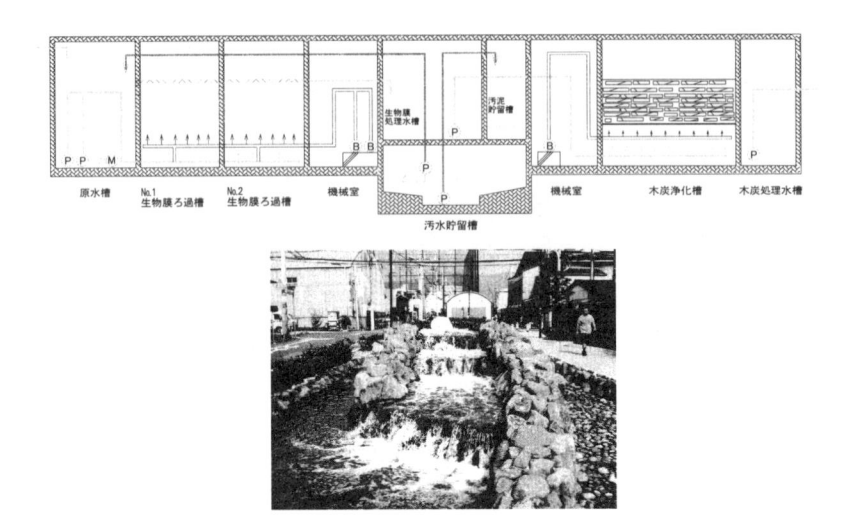

図6 概略フローと水路景観

1.5.3 下水の修景用水利用

東大阪市において，下水処理水を高度処理し，修景用水として供給する施設に，浮遊ろ材式生物膜ろ過システムが適用されている。

図6に修景用水設備の概要を示す。同施設は地下設置を原則とし，景観を損なうことのないよう配置されている。

1.6 おわりに

浮遊ろ材式生物膜ろ過システムは，有機物と浮遊物を同時に高効率で除去するだけでなく，景観や親水性にも配慮した，新しい河川・池浄化技術である。

水辺の果たすべき機能がますます多様化してきている現代においては，水質だけでなく，景観や親水性に配慮した，維持管理の簡単な浄化システムが望まれている。

浮遊ろ材による浄化システムは，原水の汚れの種類，濃度によって使い分けができ，また，コンパクトで地下設置が可能，維持管理が容易という点で環境に与えるインパクトが少ない浄化技術である。

最後になりますが，JFEグループは本システムを含めた，数多くのユニークな技術によって，河川・池の浄化，さらには水環境の保全，創造に貢献するシステムを提案していきます。

2 電気分解法による環境汚染汚濁物質除去技術

五十嵐武士*

地球に存在する貴重で限られた水資源の浄化及びリユース,リサイクルを可能とし,地球環境の将来を考慮し開発された電気分解法は,従来技術と異なり薬品を一切使用しない特徴を持つ新技術の水処理装置マイクロウォーターシステム®の原理・応用実施例・従来技術との比較等を紹介する。

2.1 はじめに

生活系排水,化学肥料,工場排水が原因と考えられる河川,湖沼の富栄養化が進行した現在,二次汚染を誘発しない環境に優しいクリーンエネルギー型技術の急務な導入が近年,社会風潮と共に,行政サイドより期待される。富栄養化の直接的要因削減による河川,湖沼等の水環境修復を図ることを目的とする。

2.2 社会的環境規制の背景

2003年3月に京都周辺で開催された「世界水環境フォーラム」は,海外からの政府環境関連実務関係者,来場見込約8,000名に対し,約27,000名の来場があり,世界的規模で水環境に強い関心を示すものである。日本は食品,工業製品,飼料等の殆どが海外輸入に依存する現実がある。これは,海外の水を使った製品として水その物を輸入している事となる。

限られた日本国内の水源確保及び循環型社会の形成は,急務な新規事業創設及び雇用促進に繋がると考えられる。2003年2月に施行された,地下水・土壌浄化に関する規制及び,2004年には第5次総量規制,家畜糞尿排泄物法と簡便容易に環境浄化循環をクリアーできる新技術開発が求められている。マイクロウォーターシステム®を導入することにより,水環境に関した循環型社会の形成が一歩前進すると確信する。

2.3 マイクロウォーターシステム®の研究開発経緯

① 「平成11年度茨城県新製品開発支援事業費補助金」電気分解装置による環境汚濁物質等の分離,分解に関する研究開発によりダイオキシンの分解を確認し,その他,各種排水の処理効果を検証(表1,2)。
② 「地域結集型共同研究事業」(文部科学省)霞ケ浦水質浄化プロジェクト:電気分解による

---

* Takeshi Igarashi ㈱イガデン 代表取締役

表1　高効率電気分解装置の性能を示す各種データ

種別	検体	項目	処理前	処理後	除去率%
焼却灰	ダイオキシン	2378-T4CDD	21Pg/g	N.D	100.0
パン工場	排水処理	ＳＳ	10,000	120	98.8
		ＣＯＤ	4,100	250	93.9
		ＢＯＤ	9,700	630	93.5
		n-ヘキサン	16,000	53	99.7
		全窒素	39	4.6	88.2
		全リン	25	2.3	90.8
弁当工場	排水処理	ＳＳ	1,940	8	99.6
		ＢＯＤ	3,130	89.5	97.1
		n-ヘキサン	509	1	99.8
		全窒素	43.4	3	93.1
		全リン	107	0.1	99.9
湖沼水	池水　1	ＳＳ	730	13	98.2
		ＣＯＤ	61	17	72.1
		全窒素	3.1	0.83	73.2
		全リン	0.48	0.16	66.7
		全鉄	240	6.4	97.3
		大腸菌	70,000	1.8	100.0
研究所	排水処理	ＳＳ	620	2	99.7
		ＣＯＤ	1,100	9.2	99.2
		ＢＯＤ	270	6.7	97.5
製紙工場	排水処理	ＣＯＤ	2,785	4.5	99.8
	排水処理	フッ素	280	3.9	98.6
機械加工	コンプレッサー排水	n-ヘキサン	1,100	2.5	99.8
醤油	絞り排水	ＳＳ	1,480	5	99.7
		n-ヘキサン	39	10	74.4
糞尿	豚	全窒素	1,700	130	92.4
		全リン	87	2.1	97.6
	牛	ＣＯＤ	22,800	154	99.3
大衆風呂	湯船	レジオネラ菌	1,800	0	100.0
細菌テスト	茨城県薬剤師会	レジオネラ菌	460,000	0	100.0
	公衆衛生検査センター	黄色ブドウ球菌	47,000	0	100.0
		サルモネラ菌	460,000	0	100.0
		E.cO157	98,000	0	100.0

第7章 水質浄化システム

表2 無薬品化による新しい水環境浄化技術の提案

従来処理技術との比較表（処理日量100 t／D排水を想定した場合）

処理方法 処理比較項目	バクテリア活性汚泥法 （比較基準）	加圧浮上・ 薬品処理併用法	MICRO WATER SYSTEM[R]
二次的環境汚染発生の可能性	特異的バクテリア発生	薬害	一切なし
スカム発生量	30%	12%	1%
施設設置面積	500㎡	100㎡	30㎡
新設工事	現場工事で長期化	工場完成後設置	工場完成後設置
追加設備の可能性	土地の関係で難しい	全体を考慮で可能	部分追加可能
設備投資金額	7,000万円＋土地代	4,000万円	4,000万円
負荷変動	四季により大幅変動	安定	安定
排水処理 品質数値維持	四季により大幅変動	安定	安定
生産増加による追加設備対応	難しい	容易	容易
ランニングコスト 1t当たり	250円＋人件費	118円	87円
維持管理	頻繁	自動運転	自動運転
専任作業者の必要性	必要	不要	不要
悪臭除去効果	×	×	◎
殺菌・殺藻効果	×	△	◎
淡水	◎	◎	◎
海水（塩水）	×	◎	◎
設備の立上げ期間	バクテリアの活性次第 長期化	◎	◎
トリハロメタン発生の可能性	有り	有り	無し
塩素化合物分解処理	×	×	◎
魚が泳げる水質　？	×	×	◎
排水温度への対応	バクテリア生存温度制限あり	◎	◎
Phへの対応	×	◎	◎
処理後のPhの変化	なし	あり	なし
SSの向上	乳化除去不可能	若干の乳化	◎
BODの低下	◎	◎	◎
CODの低下	×	△	◎
窒素分解	×	×	◎
燐回収	除去不能	薬品と混入	99%回収
スカムの肥料化対応	内容物により可能	薬品混入で不可	可能
N－ヘキサン分離回収率	50%	80%	99%

排水水質条件，排水基準により保証数値が異なる。　◎良好　△条件により可能　×不可能

環境水浄化技術

アオコの連続浮上を行い，アオコ除去率90%超を迅速に達成でき，かつアオコのみならず有機性懸濁物質の除去および窒素，燐，フッ素の除去にも有効であることが証明された。
③ 「平成12年度国立研究所における中小企業発掘改良研究開発（技術シーズ持込評価型）」（通商産業省）電気分解法による殺菌技術の研究：病原性大腸菌O-157，サルモネラ属菌，レジオネラ属菌などに対し電気分解法の殺菌効果を実証。
④ 「平成13年度技術シーズ活用型新製品開発支援事業」（茨城県中小企業振興公社）電気分解を用いた高速排水処理として高濃度食塩排水中のCODを低温下において分解できることを確認。
⑤ 「平成14,15年度茨城県中小企業振興公社　テクノエキスパート派遣事業」において，塩素化合系環境ホルモン・PCBの分解，砒素の分離回収を実証。
⑥ 「平成15,16年度地域新生コンソーシアム委託事業」（経済産業省）"酪農パーラー排水のような高難易度排水の浄化処理システムの開発"事業
⑦ 「平成15,16年度ダム湖の浄化実用化実証事業」（国土交通省）共同研究事業

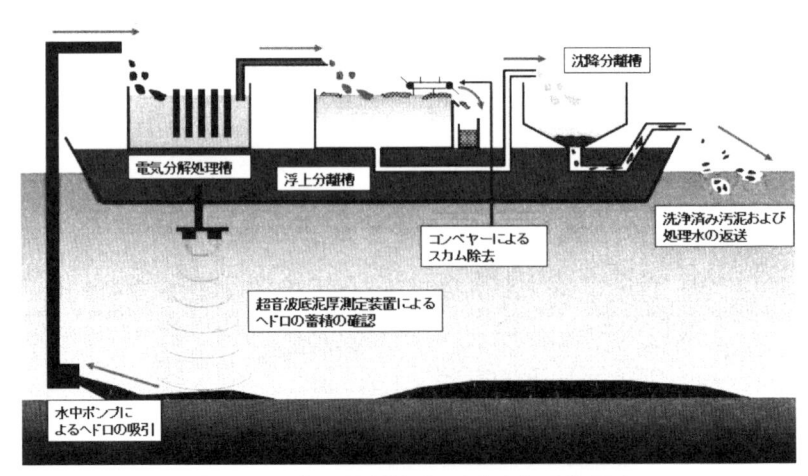

船上底泥電気洗浄装置

図1　湖沼水浄化

第7章 水質浄化システム

2.4 システム構成例及び電気分解処理メカニズム

① 湖沼水浄化の場合，藻は夏場光合成を求め水温上昇と共に水面に浮上するが，水温が低下する季節は湖底に堆積しヘドロ状となっている。この底泥堆積する時期を利用し堆積箇所を超音波計測探索し，堆積部分に船を移動し直接的な吸引による土壌洗浄を行う。浮上分離回収された藻は非常に悪臭を発するがバクテリア処理を行う事により無臭化し，燐，窒素の豊富な肥料として畑にリユースを行う。従来技術の浚渫法では汚泥を回収し陸上搬送され最終処分場で処理されるが，本技術電気分解法は汚泥に含まれる環境ホルモン等の他，環境汚濁物質が効率的に分解し無害化されるので処理後湖沼に戻す事が可能である。これら処理水は薬品を一切使用していないので自然生態環境との共生が可能となる。

② 工場排水の場合は図2フローの様な一般的排水処理槽を活用し効率的に分離除去される。

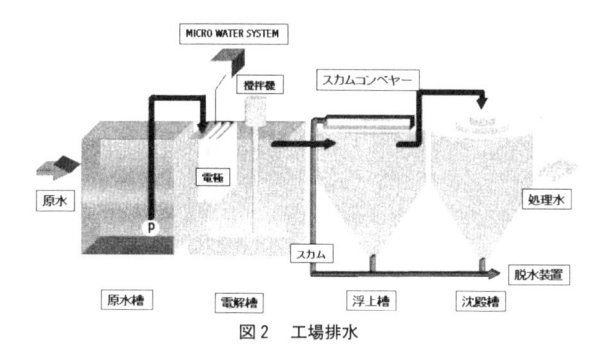

図2 工場排水

河川・湖沼処理

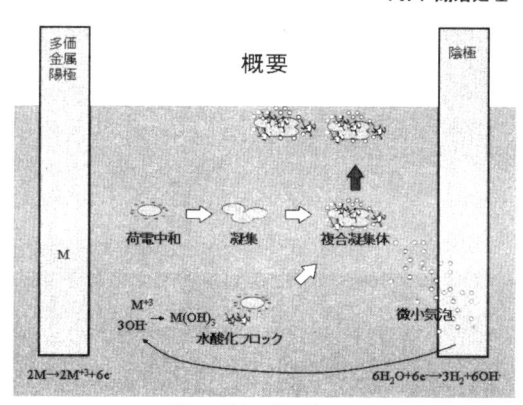

図3 電気分解反応

$2M \rightarrow 2M^{+3}+6e$

M^{+3}
$3OH^- \rightarrow M(OH)_3$
水酸化ブロック

$6H_2O+6e \rightarrow 3H_2+6OH^-$

171

③ 電気分解の反応を図3に示すが，活性化電極の溶出によるフロック化効果と，電気分解反応で水素結合が外れるため，汚濁物質の分離が可能となり，電極表面で酸化反応が起こる事による菌の不活性効果がもたらされ溶存酸素が増大する。一方，不活性電極より発生する水素により複合凝集体は急速浮上し，水素は空中に発散されるがPhは変わらない。

2.5 マイクロウォーターシステム®省エネルギー型水環境浄化技術の応用範囲
① 湖沼・河川・池・水景施設・クーリングタワー・家畜糞尿等の水質汚濁物質を分解，分離除去。
② アオコの発生を防止し殺藻・水を殺菌，魚の泳げる安全な水質を維持し保守管理作業の低減。
③ 工場排水中のBOD・COD・窒素・アンモニア・シアン等，不純物の分解処理。
④ SS・スケール成分・汚泥・錆・重金属・リン・油成分等の分離処理。
⑤ 水の節約・リサイクル（リユース）に大きな効果を発揮しゼロエミッション化を実現。

適応水：淡水・海水・油混入水（上下水・地下水・工業用水・河川水・軟水・硬水）
適応容量：数トン〜（条件に合わせて開発可能）
ビルの赤水防止・クーリングタワー・プール，熱交換器・金型・プラスチック成型機用冷却水，温水ボイラーなどのスケール・シリカ・スライム・大腸菌の発生防止と除去。

2.6 20トン/D処理に必要な設置面積
W 4m ＊ D 2m ＊ H 2m 8㎡程度

2.7 実施例

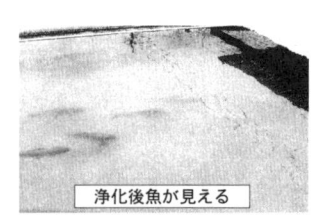

第7章 水質浄化システム

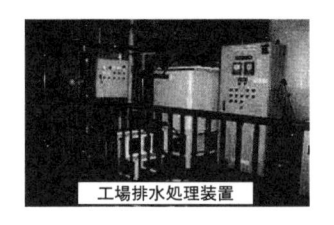

工場排水処理装置

ソーラ発電型水質浄化船

処理前 湖沼水に大量に藻が発生し悪臭がする状態。

処理後 池底が見え、悪臭も消えた。

2.8 既存技術と比べて、どのような点が先進的なのか、何が優れているのか

　マイクロウォーターシステム[R]は、従来の活性汚泥法・薬注法に比べ、浄化の即効性・省エネルギー化、無薬品処理による二次的環境破壊を起こさない等の、循環型社会を目指した浄化水の再生資源化をするというところに新規性、有用性のあるものであり、先進的でありかつ従来法に比べて格段に優れた技術であるといえる。また、本システム技術は生活系排水のみならず事業場系排水にも適用でき、富栄養化対策と資源循環を両立可能とする環境の世紀といわれる21世紀型の環境修復技術であり、社会的貢献度の極めて高いものであると言える。

〈従来の活性汚泥処理法〉

【長所】
① 自然の物で汎用性大
② 多様な現場・廃水に対応可能

【課題】
① T-N・T-P・COD・N-ヘキサン抽出物質・ダイオキシン・重金属・VOC・塩素化合環境ホルモン処理不可
② ランニングコスト大：広大な土地＋人件費＋電気代
③ 大腸菌・O-157等、病原性菌の除去不可
④ 温度の変化で不安定、高塩分濃度で処理不可
⑤ 処理速度が遅い
⑥ 浄化効力を発揮するまで数ヶ月を要する

環境水浄化技術

〈マイクロウォーターシステム®処理〉
【特徴】
① 殺藻・T-N・T-P・COD・N-ヘキサン抽出物質・ダイオキシン・塩素化合環境ホルモン・重金属・シアン・VOC処理可
② 設置面積小，設置費小，ランニングコスト小：1t @87円（湖沼水の場合）自動運転
③ 大腸菌・O-157等，病原性菌の殺菌
④ 広範囲の温度，高塩分濃度に関係なく安定運転
⑤ 処理速度大→小型，廉価
⑥ 施設設置後，即処理可能
⑦ 多様な現場・廃水に対応
⑧ Ph変動を起こさない

2.9 おわりに

現在，地球規模の環境浄化を問われる中，私たち孫の世代まで快適で安全に暮らせるより良い環境作りを提供すべく環境に優しい浄化技術の提供を行うことが当社の使命と考えます。
今後，マイクロウォーターシステム®が湖沼浄化及び廃水処理技術として大いに活用され広く波及する事により，水環境及び有限資源のリユース化が達成され，循環型社会の形成に一役を担った企業の産業発展を期待するものです。

文　　献

1) 松村正利，カタリノ・アルファファラ，電気浮上法を利用したアオコ除去システムの開発，月刊エコインダストリー 6(12), 12-18 (2001)
2) C.G.Alfafara, K.Nakano, N.Nomura, T.Igarashi and M.Matsumura, 富栄養化湖水から藍藻を電解除去する場合の操作及びスケールアップ要因化学技術及び生物技術 77, 871-876 (2002)
3) C.G.Alfafara, K.Nakano, N.Nomura, T.Igarashi and M.Matsumura, 電解凝集及び浮上による富栄養化水から藍藻の除去，第7回 湖の維持管理に関する国際会議事録，大津市 2001.11, 11-16, **3-1**, 437-440
4) C.G.Alfafara, K.Nakano, N.Nomura, T.Igarashi and M.Matsumura, 第34回日本水環境協会会議 京都市，2000.3, 11-16 (2000)

3 密度流拡散装置

山磨敏夫*

3.1 はじめに

湖沼や内湾などの閉鎖性水域では，水が停滞し易い条件にある。特に夏場は，太陽光により表層の水は温められる。一方，有光層以下では水温の上昇は低く冷たい。このように鉛直方向に水温差が生じ密度の違う層が発生し，成層が形成される。成層は，強風や大量の水の流入により破壊されることはあるが，自然に上下の循環が行なうことのできない状態となる。

こうした閉鎖性水域に河川や山から窒素やリン等の栄養塩類が流れ込むと，植物プランクトンが光合成と共にそれらを摂取し，異常増殖し易くなりアオコ，赤潮，水の華が発生する。底部では，異常増殖した植物プランクトンや有機物が堆積し，好気バクテリアによる分解で酸素が消費される。水温・密度成層が形成されている状態では表層から底層への酸素供給が行われず，底層は貧酸素状態となる。貧酸素状態では，硫酸還元菌などが発生し，堆積した有機物の分解過程で硫化水素の発生や栄養塩の溶出が起こる。さらに，嫌気状態が進むとヘドロとなる。

上記が典型的な閉鎖水域の水質悪化のメカニズムである。これを解消するために底層に酸素を供給することが重要になってくる。従来から曝気装置や流動装置が設置・稼動しているが，水質悪化が激しすぎるのか，装置の能力不足か，装置の機能上に問題があるのか，生態系にマッチしていないか，その水質改善効果が見え難いのが現状である。

ここでは，新しいコンセプトを適応した省エネルギーで大きな流動を起こす密度流拡散装置について特徴，実証実験等を含め紹介する。

3.2 密度流拡散装置の特徴

貯水池や湖沼で多くの実績のある曝気装置は，貧酸素が問題となる底層に設置した散気管装置や揚水筒にコンプレッサで空気を送り込む方法を採用している。圧縮空気は気泡となり上昇し，

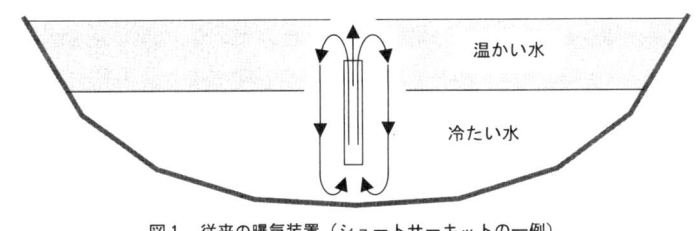

図1　従来の曝気装置（ショートサーキットの一例）

---

* Toshio Yamatogi　ナカシマプロペラ㈱　技術本部開発部開発グループ　係長

環境水浄化技術

写真1 均一密度（成層していない）中へ同密度水を放流した場合

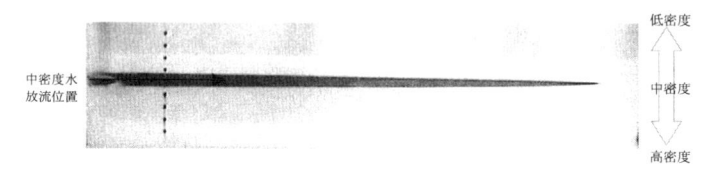

写真2 密度成層中に中層密度水を放流した場合（放流深さの密度＝放流水密度）
（写真提供：（社）マリノフォーラム21深層水活用型漁場造成技術開発委員会）

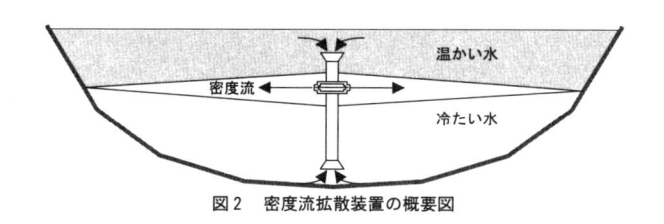

図2 密度流拡散装置の概要図

周辺水を誘引・上昇させ上下循環を起こすことを主目的としている。ところが，下層水が表層に上昇しても下層水は表層水に比べ冷たいことから比重差で沈降してしまう。すなわち，曝気装置近傍でのみの上下循環（ショートサーキット）が起きることになる（図1参照）。

上記の流体の動きは，重力が作用しているが故に生じることである。この重力を有効に利用したのが密度流拡散装置である。ここで密度流とは，成層した液体中にある密度の液体が自身と同じ密度の層に入り込み，水平な流れとなり遠方まで拡散して行く現象である（重力流とも言う）[1]。密度流の可視化実験結果を写真1，2に示す。均一密度の水槽に同じ密度水を放流すると直ぐに周囲に散乱し，狭い範囲しか流れの発生が観られない（写真1参照）。一方，密度成層中で吐出口深さの密度と同じ密度水を放流した場合，放流水は自分と同じ密度層をクサビ状に遠方に移流する。これが密度流である（写真2参照）。この密度流は周辺の水を誘導し連行流となりその量は10倍にも達する[2]。

図2に密度流拡散装置の概要図を示す。密度流拡散装置は，表層の温かい水と底層の冷たい水を混合し，中間的な密度水を生成する。この混合水は，密度流拡散装置から放出されると表層と底層の間の層を重力の力によって広範囲に拡散する。

第7章　水質浄化システム

3.3　密度流拡散装置の実施例

密度流拡散装置を貯水池に設置・稼動した実施例を示す。

新エネルギー・産業技術総合開発機構（NEDO）の平成13～15年度産業技術実用化助成事業として「省エネルギー型人造湖／湖沼等水質浄化装置の開発および実用化」のテーマで研究開発を実施した。平成14年3月，岡山県のS貯水池に設置した。平成14，15年の夏場に装置を稼動した。

3.3.1　密度流拡散装置の概要

密度流拡散装置は，ポンプを駆動するための電動機が装置の上部に搭載され長軸でポンプ内のインペラを回転させる。回転数はインバータで制御し，状況に応じて運転状態を変更できる。上部および下部ベルマウスから水を同時に吸込み，ポンプのリングノズルから混合水が360°全周に吐出される。

水位の変動にも対応できるように下部取水パイプはテレスコピック式パイプとなっている。下部取水パイプの下端が湖底に接触した場合はパイプが縮む。また，任意に下部取水口の深さを調整することができる。

対象となる湖に適応し水位変動に追従する密度流拡散装置を設計，製作した。装置の写真および概要図を図3に示す。密度流拡散装置はポンツーン（台船）に吊られており，外力の作用に対して柔軟に追従する構造になっている。

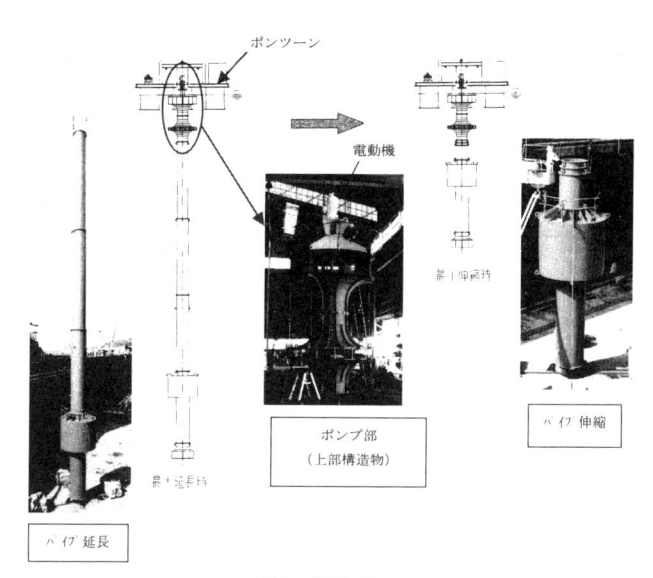

図3　装置の概要図

環境水浄化技術

＜装置の仕様＞

　常用出力馬力：10kW（消費電力約13kW）

　常用総吐出量：12,500m^3/h（30万m^3/日）（吐出深さ：約4m）

　表層取水量　：6,250m^3/h（15万m^3/日）（表層取水深さ：約1m）

　低層取水量　：6,250m^3/h（15万m^3/日）（低層取水深さ：約17〜40m可動式）

　装置の長さ　：約20〜43m

　装置の質量　：約25トン（ポンツーン別）

3.3.2 密度流拡散装置の設置場所

　密度流拡散装置を設置したS貯水池の形状を図4に示す。本貯水池の最大貯水量は127,500千m^3，有効貯水量80,500千m^{3}である。貯水は発電や工業用水に利用されている。本貯水池は例年アオコが発生しており，特に図中の楕円に囲まれた水域は支流からの栄養塩類の流入が高く滞留し易いためアオコの発生源となっている。支流からアオコが流出しないようにするためにオイルフェンス（スカート長さ5mで水深3mまで完全遮水，それより以深がメッシュ）敷設されている。密度流拡散装置はこの支流の★に設置している。

　装置全体の設置状態を写真3に示す。ポンツーンのみ見られ，密度流拡散装置の電動機部を除きほとんどが水中に没している。ポンツーンは湖岸から3点ワイヤ係留されており，水位変動でワイヤ張力が変化するため1本のワイヤは巻取機に繋がれ，長さ調整を可能にしている。

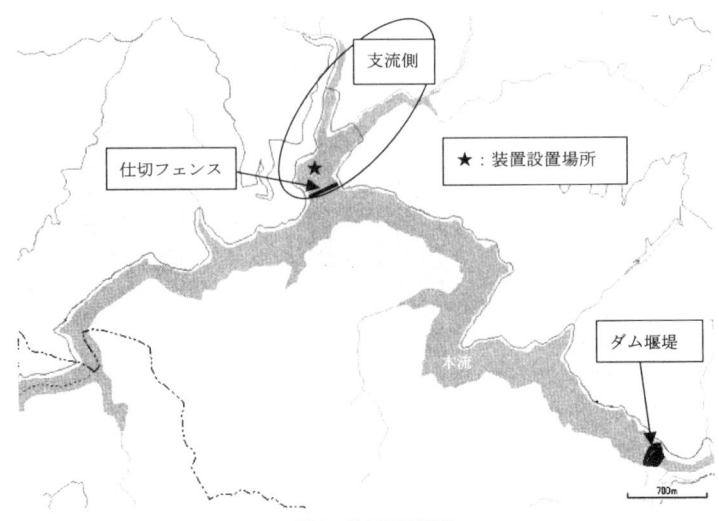

図4　装置設置場所

第7章 水質浄化システム

写真3 装置の設置状況

3.3.3 調査結果

(1) 水温

平成14,15年の8月の水温鉛直構造を図5,6に示す。横軸は密度流拡散装置からの距離(+方向が本流側の下流,-方向が支流側の上流),縦軸は水深を示す。装置から本流側に約100m地点にアオコ流出防止フェンスが設置されている。フェンスを境に本流側と装置の設置している支流側で比較すると,表層水温は支流側の方が2〜4℃程低くなっていることが分かる[3]。また,支流側は水温躍層が緩和されていることが分かる。

航空機にMSS (Multi Spectrum Scanner) 装置を搭載し,S貯水池の調査を実施した。そのときの表面水温分布を図7に示す。この図においてもフェンスで仕切られた装置のある支流側の水温が本流側に比べ低くなっていることが分かる。

(2) クロロフィルa

平成14,15年の8月のクロロフィルa鉛直構造を図8,9に示す。横軸および縦軸は水温鉛直分布と同様である。クロロフィルaはフェンスを境に装置のある支流側の方が少なくなっていることが分かる。クロロフィルaの分布状態から植物プランクトンの発生状況が推定でき,本流側には植物プランクトンのブルームやマットの発生が類推できる。

MSSによるクロロフィルaの結果を図10に示す。クロロフィルaは装置を設置している支流側の方が本流側に比べ低くなっていることが分かる。

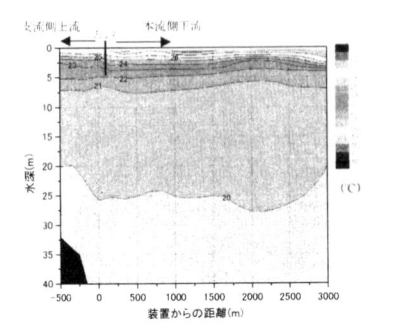

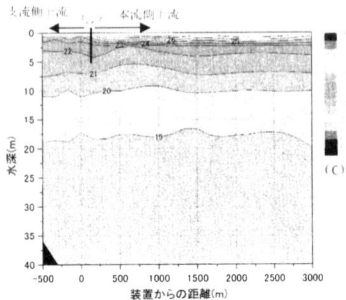

図5　水温鉛直分布（平成14年8月6日）

図6　水温鉛直分布（平成15年8月20日）

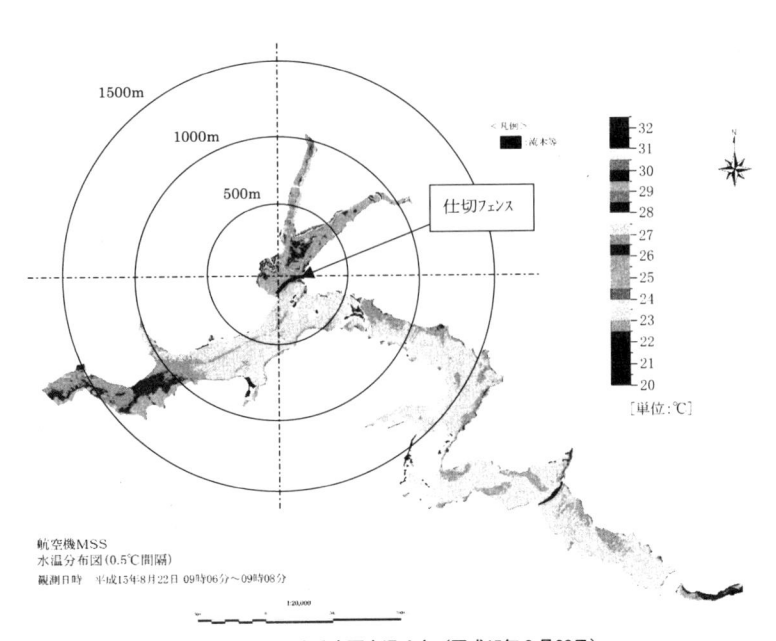

図7　MSSによる表面水温分布（平成15年8月22日）

第7章 水質浄化システム

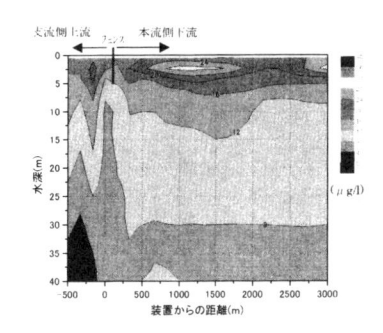

図8 クロロフィルa鉛直分布（平成14年8月6日）

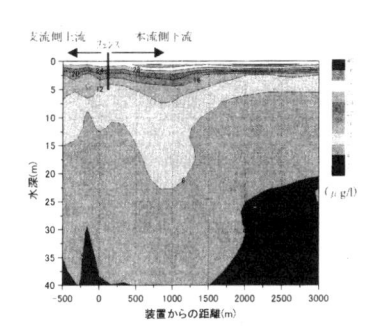

図9 クロロフィルa鉛直分布（平成15年8月20日）

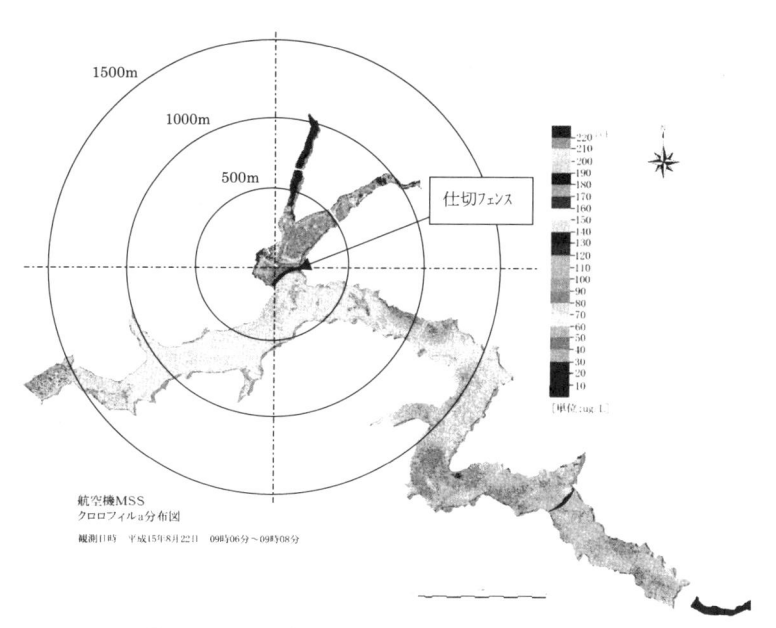

図10 MSSによる表面クロロフィルa分布（平成15年8月22日）

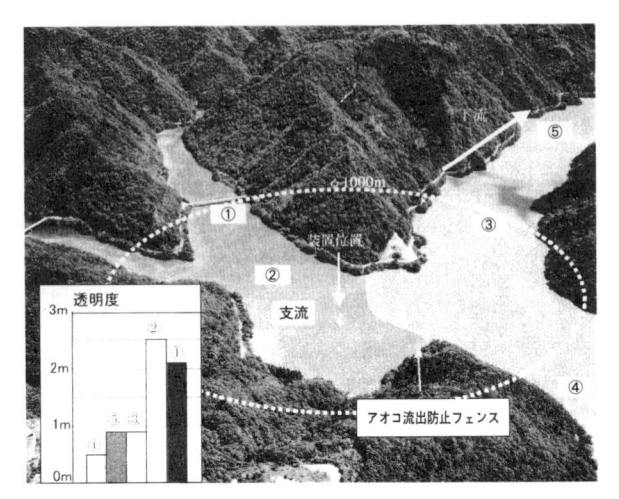

図11　透明度および湖面状態（平成15年8月22日）

(3) 透明度

図11に透明度とS貯水池の湖面状態を示す。透明度は本流側で1m未満であったが，支流側は2m以上の透明度があった。これに関連して湖面状態も支流側の方が良好であることが分かる。

3.3.4　まとめ

S貯水池での実証実験で密度流拡散装置を夏場に稼動することで，広域にわたり物理的には表層水温を低下させ，水温躍層を緩和し鉛直循環を生じさせたことを示唆している。これに伴い植物プランクトンの増殖を抑制したものと考える。植物プランクトンの種別を計測してもアオコを形成する藍藻類の発生量が減少していた。透明度や湖面観察からも透明度が高くなっていた。

植物プランクトンの発生条件として栄養塩類は重要なファクターであるが，水温によって増殖速度は変化する。水温を下げることで増殖速度を抑えることが可能である。また，鉛直循環すると藍藻類を抑制する可能性がある[4]と言われており，その効果も期待できる。

その他，水脈調査等に用いられるウラニンをトレーサーとして吐き出した混合水の拡散試験も実施し，広域に流動することも確認された。

3.4　その他の実施例

① 三重県五ヶ所湾：水質改善[5, 6]
② 茨城県霞ヶ浦：水質改善[7]

第7章 水質浄化システム

③ 相模湾沖:深層水活用による漁場造成[8]

3.5 おわりに

閉鎖水域の悪化は，河川から供給される栄養塩類が滞留することから始まり，植物プランクトン大量発生(アオコの発生)に到り景観を損ねる。さらに飲用水に利用される場合は異臭味となり大きな問題となる。

今回ご紹介した密度流拡散装置は，表層水と底層水を混合し吐き出すことで広域に流れを発生し，表層の水温低下や成層破壊が可能である。実施例でも分かるように密度流拡散装置は閉鎖性水域に良い方向のインパクトを与え，視覚的にも改善されたものと考える。学術的に解明されていないところも有るが，水温低下と流動・鉛直循環はアオコの発生メカニズムに影響を与えるものである。今後もさらなる研究を進めることによってその有効性が確立されることを期待する。

閉鎖性水域の水質改善に寄与できる省エネルギー型水質改善装置として密度流拡散装置を紹介した。

文　献

1) John E Simpson ., Gravity Currents, Cambridge University Press, (1997)
2) 大内一之，山磨敏夫，密度流拡散による連行の研究，日本造船学会，第15回海洋工学シンポジウム(2000)
3) 渡辺雅二，山磨敏夫，実験と計測に基づく密度流拡散装置の効果に関する考察, Journal of The faculty of Environmental Science and Technology Okayama University,.9-1 (2004)
4) 天野邦彦，藤原正好，成層破壊型曝気循環による貯水池水質変化の現地観測とその評価，環境工学研究論文集, **39**, (2002)
5) 大内一之，山磨敏夫他，密度流拡散装置の研究開発，日本造船学会論文集第183号(1998)
6) 大内一之，山磨敏夫，太陽電池駆動の海域浄化機械「密度流拡散装置」の開発，太陽/風力エネルギー講演論文集(1998)
7) 松村正利，山磨敏夫他，密度流拡散方式による大規模汚染湖沼の水環境修復技術の開発，霞ヶ浦水質浄化プロジェクト研究成果概要集(2002)
8) 大内一之，山磨敏夫他，海洋深層水汲み上げ浮体の開発，日本造船学会誌第880号(2004)

4 噴流層式水処理システム

増本輝男*

4.1 はじめに

　土木用高圧ジェットポンプのメーカーである弊社は，ポンプのキャビテーション損傷に悩まされ続け，長年キャビテーションを抑える研究を行ってきたが，逆に"金属部品をも損壊させるキャビテーションを有効利用できないだろうか"という視点から，キャビテーションを積極的に発生させる噴流層式水処理装置の開発に取り組んできた。

　当初は養殖場向けに進めてきた噴流層式水処理装置の開発であったが，最近では，この原理を応用した池，湖沼等の水処理装置や揮発性有機化合物（VOCs）汚染地下水の水処理装置などを開発・商品化している。

　ここでは，噴流層式水処理システムの原理やその実用例について紹介する。

4.2 噴流層式水処理システムの原理

　噴流層式水処理システムとは，噴流層内に水を噴射することで発生するキャビテーション現象と発振渦流（写真1）を利用して水を処理するシステムである。キャビテーション衝撃波の破壊力と循環流渦の強力な剪断力は，殺菌やプランクトンの破壊などに利用でき，また，噴流層式曝気にすることで，循環流渦の強力な剪断力と攪拌力を，対象とする気体の効率良い溶解あるいは脱気にも利用できる。

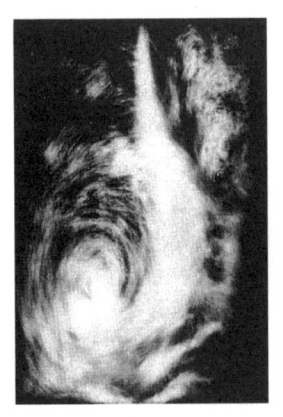

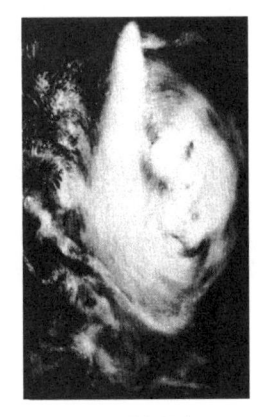

写真1　噴流層内のキャビテーションと発振渦流

*　Teruo Masumoto　㈱ワイビーエム　取締役技術開発担当

7　水質浄化システム

写真2　ヘテロボツリウムの卵と破壊された卵

4.2.1　寄生虫の卵・プランクトンの破壊による水処理

噴流層式水処理装置の噴流層内に高圧噴射し，発生するキャビテーション衝撃波の破壊力と循環流渦の強力な剪断力によって，寄生虫の卵やプランクトンを破壊する。

(1)　養殖トラフグに寄生する寄生虫の卵の破壊

現在の養殖は自然界とは異なる超過密状態で行われており，一般に寄生虫や病気が発生しやすい環境にある。冬の味覚の代表であるトラフグのヘテロボツリウム症の対策としては，未感染魚の分離養殖，薬品処理などが挙げられるが，消費者や環境への配慮という観点から，近年，薬品を使用しない対策手法へのニーズが高まりつつある。

このヘテロボツリウムは，フグのエラに寄生した成虫の生んだ卵が海中を漂って孵化し，幼虫となって再びフグのエラに寄生する（寿命3ヶ月）ため，海中を漂う卵を捕獲・破壊すれば，ヘテロボツリウムの増殖・拡大を防ぐことができる。大きさが約$40 \times 100 \mu m$（L）で，ラグビーボールの形状をしたヘテロボツリウムの卵を含む海水を，ポンプ吐出圧力2MPaで噴流層式水処理装置の噴流層内に噴射すると，噴流層を通過した卵の約3割が破壊され，破壊されずに原型をとどめた残りの卵も孵化しなかった。これは，外側の硬い殻が破壊されなかった約7割の卵も，キャビテーションの衝撃力で殻内部が破壊され，死滅したためではないかと考えられる。ヘテロボツリウムの卵と破壊された卵を写真2に示す。

現在本装置が適用できるトラフグ養殖場は，飼育水の流れが管理しやすい閉鎖式陸上養殖場に限定される。水量100トンのトラフグ閉鎖式陸上養殖場に設置・使用した前後を比較したデータでは，装置設置によりトラフグの斃死数が3分の1に減っている。

(2)　珪藻プランクトン（リゾソレニア）の破壊

海苔の養殖漁場である有明海において，珪藻プランクトン（リゾソレニア）の異常発生による養殖海苔の色落ちが近年頻発している。異常発生した珪藻プランクトンが，養殖海苔に必要な栄養塩を奪うことが色落ちの原因であるが，未だその対策は確立されていない。佐賀県有明水産振

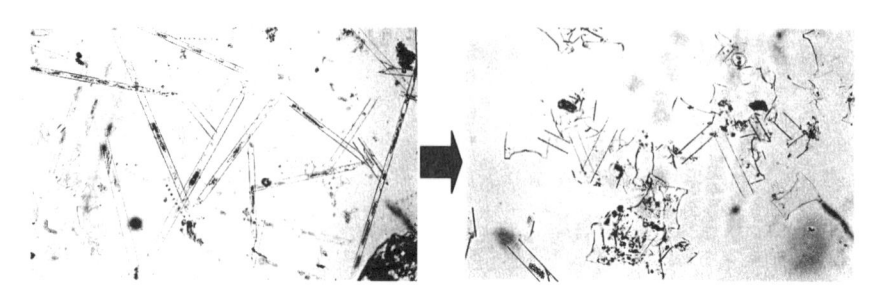

写真3　破壊前後の珪藻リゾソレニア

興センターと共同で行った試験では，珪藻リゾソレニアを含む海水を，ポンプ吐出圧力1MPa以上で噴流層式水処理装置の噴流層内に噴射すると，珪藻リゾソレニアが破壊できることが確認された。破壊前後の珪藻リゾソレニアを写真3に示す。

有明海のような広大な海域の珪藻プランクトンを処理するには解決すべき多くの問題があるが，漁船などに積んだ噴流層式水処理装置で海域の一部に発生した珪藻プランクトンを機動的に破壊し，珪藻プランクトンの拡大を防ぐなどの使用は可能である。

4.2.2 オゾン・酸素を利用した水処理

噴流層式溶解装置（フォームジェット）の噴流層内に水とオゾン・酸素を噴射することで発生する循環流渦の強力な剪断力と攪拌力によって，オゾン・酸素を溶解させる。

(1) **養殖場における酸素溶解**

クルマエビ養殖場では餌や糞，死骸等が底に敷いた砂の表面や内部に残るため，それが原因で貧酸素状態となっている。夜間，夜行性のクルマエビが餌を食べるために動きまわり，さらに貧酸素状態が進行すると，多量の斃死を引き起こすことになる。8,000m^2のクルマエビ養殖場（佐

写真4　車海老養殖場設置状況

7 水質浄化システム

表1 植物プランクトンの出現結果

採水日	種類/L	細胞数/L	残存率（3月8日比）
2002年3月8日	13	4,396,800	
2002年4月8日	18	410,400	9.3%
2002年5月9日	11	65,034	1.5%

写真5　浄化装置設置状況

賀県）において，クルマエビが活動する夜間だけ噴流層式酸素溶解装置3台を稼動させることによって，収穫量が2倍になるという大きな効果が出ている。装置設置状況を写真4に示す。噴流層式酸素溶解装置の仕様は，ポンプ流量が200L/分，ポンプ吐出圧力が0.05MPa，消費電力が0.6kW，酸素注入量が最大4L/分（酸素純度90%）である。

その他，海面におけるハマチ養殖場や陸上におけるヒラメの掛け流し式養殖場などで，不足する溶存酸素を有効に高める装置として使用されている。

(2) 淡水プランクトンのオゾン・酸素を利用した水処理

① 事例1

佐賀県厳木町簡易水道PCタンクでは，例年4月ごろからアオコと悪臭が発生し地元の住民から苦情が出されていた。直径35m×水深4m，水量が4,000トンの簡易水道PCタンクに，

噴流層式溶解装置を2台，オゾン発生機を1台設置した。浄化装置仕様は，噴流層式溶解装置が1台につき，ポンプ流量200L/分，ポンプ吐出圧力0.5MPa，消費電力0.6kW，オゾン発生機が，オゾン発生量5g/時，オゾンガス流量4NL/分，消費電力0.6kWである。

設置後の植物プランクトンの出現結果を表1に示す。2002年3月8日に設置。稼動1ヶ月後の植物プランクトンの残存率は9.3%で，2ヶ月後には残存率は1.5%まで低下した。並行して，PCタンク内の透明度が20cmから4m（底）へと向上した。その後の夏季においても，アオコや悪臭の発生はなく，高い透明度を維持することができた。設置状況を写真5に示す。2002年7月31日の写真であるが水深4m底の電源ケーブルが見えている。

② 事例2

JRA小倉競馬場の日本庭園池（水量550トン）への設置例を示す。

水の色が濃い緑色で透視度が悪い状況であったが2002年8月1日に装置設置後20日程度で水深40〜50cmの池底が見えるようになった。

2002年8月1日設置時の池の状況を写真6に示す。濃い緑色で中に入れた足も見えない状況。装置稼動20日後，2002年8月20日の状況を写真7に示す。底がはっきり見えている。

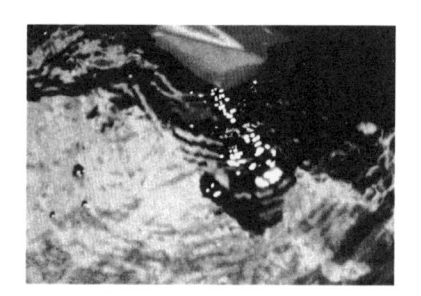

写真6　2002年8月1日装置設置時

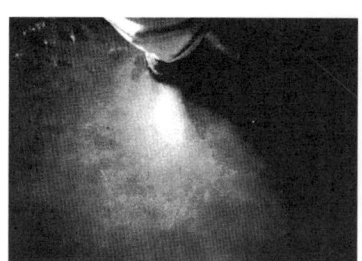

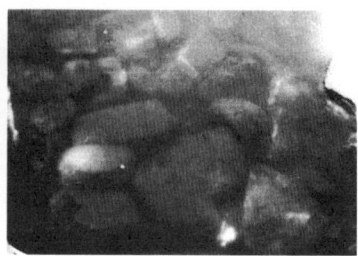

写真7　2002年8月20日底が見える

7　水質浄化システム

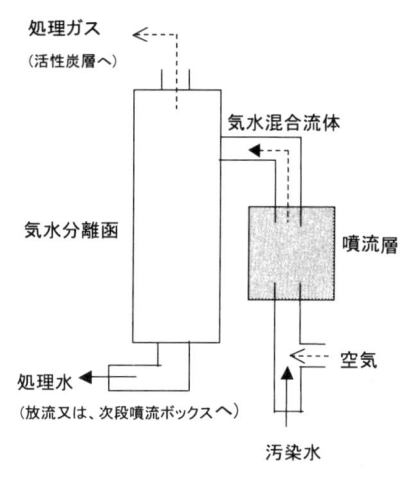

図1　浄化装置システム

4.2.3　汚染地下水の水処理

　過去に夢の洗浄剤といわれ多量に使用されたトリクロロエチレン（TCE），テトラクロロエチレン（PCE）等の揮発性有機化合物（VOCs）による土壌汚染，地下水汚染問題が顕在化している。土壌汚染，地下水汚染が顕在化した場合，浄化工事が行われることになる。揮発性有機化合物による汚染地下水浄化工法の中でも，汚染地下水を汲み上げ，それを曝気して地下水中のVOCsを空気中に移行させる揚水バッキ方式が簡便であるし，工場を操業しながらの浄化が可能なためVOCs汚染地下水浄化の主流となっている。噴流層を曝気装置として使うことによって，従来の曝気方式浄化装置の曝気部容積に比べ20分の1まで小型化した装置（マイティエコ）を，三菱マテリアル資源開発㈱と共同開発した。この装置は，環境省の揮発性有機化合物等による地下水汚染対策に関するパンフレット「地下水をきれいにするために」2004年7月発行版に紹介されている。

　噴流層式VOCs除去装置のシステムを図1，全景を写真8に示す。

(1) 原理

　噴流層に汚染水と空気を送り込むことで，強力な気水混和を起こし，汚染水中のVOCsを急速に空気中に移行させる。噴流層を出た気水混和流体を気水分離函に送り，ここで水とVOCsを含む空気に分離する。空気は活性炭槽に送られてVOCsが吸着除去され，処理水はVOCsの濃度により，環境中に放流，または次段の噴流ボックスに送られる。噴流層と気水分離函を多段組み合わせることにより，幅広いVOCs濃度範囲の汚染水を処理することができる。

環境水浄化技術

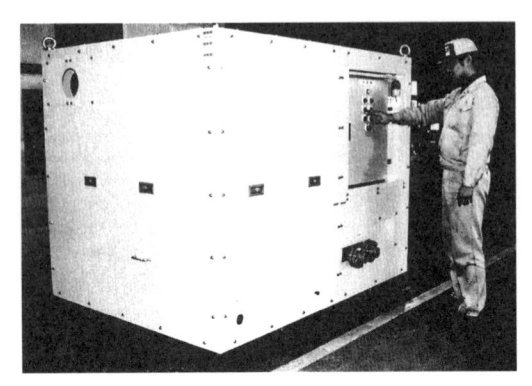

写真 8　除去装置全景

(2) 実績

噴流層式浄化装置による，汚染水中のVOCsの浄化事例を表 2 に示す。

テトラクロロエチレン，トリクロロエチレン，シス-1,2-ジクロロエチレン，ベンゼン等のVOCsが環境基準以下に除去されている。

4.3 まとめ

ポンプなどの流体機械において，バルブ破壊などのトラブルを発生させる原因となる厄介なキャビテーション現象を，逆に利用した噴流層式水処理装置により，養殖場に発生する寄生虫の破壊，赤潮プランクトンの破壊，養殖場の貧酸素解消，池のアオコ対策，揮発性有機化合物に汚染された地下水の浄化に適用できた。この噴流層式水処理装置は薬品を使わない浄化装置として今後の活用が期待できる。

表 2　VOCsの浄化事例

実施例	処理voc種類	濃度（mg/L）		
		原水	処理水	環境基準
A	トリクロロエチレン	10.6	0.0041	0.03以下
	シス-1, 2-ジクロロエチレン	0.49	<0.004	0.04以下
B	テトラクロロエチレン	1.000	<0.0005	0.01以下
	トリクロロエチレン	0.270	<0.002	0.03以下
	シス-1, 2-ジクロロエチレン	1.300	<0.004	0.04以下
C	テトラクロロエチレン	7.400	0.004	0.01以下
	トリクロロエチレン	0.004	<0.003	0.03以下
D	ベンゼン	0.200	ND	0.01以下

5　超高速海水浄化システム

中久喜康秀[*]

5.1　はじめに

　内湾，港湾，運河等の閉鎖性海域は，外部との海水交換が行われにくく，汚染物質が蓄積しやすいため，汚濁の進んだ海域が多くみられる。このことは漁業への影響を始めとし，様々な水域利用において障害となり，我が国にとって大きな社会問題となっている。

　閉鎖性海域の水質改善は，その海域に流入する汚濁負荷量の削減が重要であり，最近，法的規制がなされ改善が進められているが，閉鎖性海域ではすでに大量の有機物がヘドロとして堆積しているために，規制による効果には大きな期待が持てず，大規模な海水浄化を必要とする海域が増加している。

　これらを解消するためには，長期的な視点に立って，海域の特性に適した自然浄化能力を活用する浄化システムや，浄化の物質循環に対する効果を総合的に評価する技術の研究開発などを地道に実施することが必要であるが，一方極端に汚濁の進んだ運河などの閉鎖性海域においては短期間に，しかも直接的に浄化する技術の開発も望まれている。

　本システムは，汚濁の進んだ運河等の閉鎖性海域を対象として，汚濁した海水の濁質を短期間で直接浄化することを目的とするものである。

5.2　システムの概要

　本システムは，内湾，運河，港湾等の閉鎖性海域の水質改善を行うために，従来技術の数10～100倍の処理能力をもち，低コストで，数μmの微細粒子まで除去するシステムである。

　システムを構成する要素は，高通水性の繊維ろ材およびろ材洗浄のためのエアーポンプ，動力ポンプである。

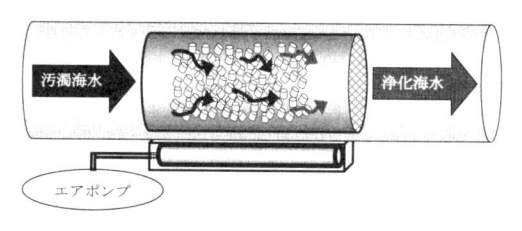

図1　基本システム

---

[*]　Yasuhide Nakakuki　㈱竹中工務店　技術研究所　先端研究開発部　エコエンジニアリング部門　研究主任

環境水浄化技術

写真1　ろ材の外観

　本システムに用いるろ材は、ポリエステル短繊維の成形品で、円筒状をしており、1つの大きさは直径6mm、長さ6mmである。
　本ろ材は、通水性が高いため、原水を高速で処理することが可能である。
　また、ろ材の比重が小さいため、ろ材の入れ替え等のメンテナンスが容易であり、ろ材の洗浄について空気による洗浄が可能となり、洗浄に使用する水の量を削減することができる。
　さらに、原水中に含まれる比較的細かい粒子まで捕捉することができる。
　ろ過は、図1に示すように各ろ材の間隙及びろ材自体の空隙を通して、原水が流れることによって水中から不純物が捕捉され除去される。
　ろ材自体柔軟性が有るため、原水を流す際の水圧によってろ材及びろ材間の間隙は圧縮される。強制的にろ材全体に圧縮力を加えることにより、さらにろ材及びその間隙が縮まり、抵抗となるため不純物が捕捉し易くなる。

5.3　実証試験の概要

　本システムの実証試験を行うに当って、本研究開発に参加した東京都、千葉県、兵庫県の各自治体から候補地の提示を受け、各候補地に対して調査を行い、実証試験海域としての条件に対して評価を行った。その結果、兵庫県尼崎市の北堀運河を本システムの実証試験海域として選定した。
　本実証試験は、2003年の4月から12月にかけて実施したものである。

5.3.1　実証システムの概要

　図2に実証システムの配置を示す。

第7章 水質浄化システム

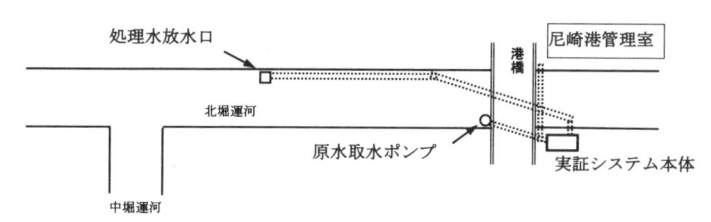

図2 実証システムの配置図

実証システムの仕様を以下に示す。

(仕　様)
- 本　体
    - 型式：横型自動逆洗方式
    - 大きさ：直径1m，長さ2m
    - 材質：SUS-304
- 制御盤
    - 型式：屋外自立型
    - 大きさ：幅80cm，奥行き40cm，高さ2.1m
- 原水取水ポンプ
    - 型式：水中ポンプ
    - 仕様：流量　4.0m³/min
    - ：圧力　35mh
    - ：電力　三相200V　37kw

写真2には実証システム本体の外観を示す。

写真2　システム本体の外観

環境水浄化技術

5.3.2 実施内容

本実証試験においては，実証試験海域に設置した実証システムを連続稼働させ，浄化対象水域に対する浄化効果及びシステムの稼働性能について，それぞれ以下に示すような内容で確認を行った。

(1) 浄化対象水域に対する浄化効果の確認

図3に示すように，原水の取水位置から処理水の放水位置までの約200mの範囲を浄化対象水域として設定し，この水域の内外において経時的にSS等の水質の測定を行い，実証システムの適用による水質の浄化効果について確認を行った。測定点は，図3に示す4点とし，それぞれの点で水深方向上層と下層に分けて測定を行った。

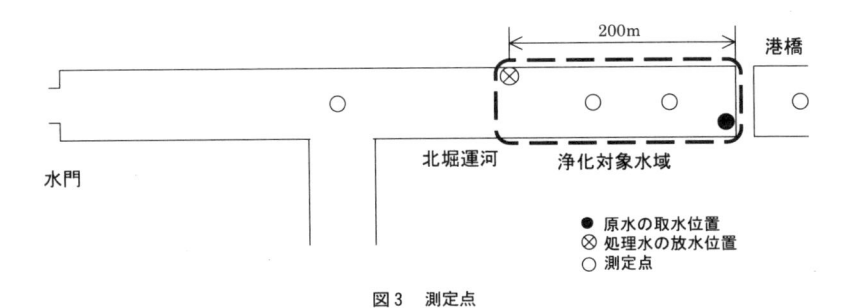

図3 測定点

(2) システムの稼働性能の確認

実証システム本体の圧力や流量等の稼働データ及び原水，処理水の水質を経時的に測定し，実証システムの機械的な性能及び浄化性能について確認を行った。

5.3.3 実証試験結果

(1) 浄化対象水域に対する浄化効果の確認

図4に浄化対象水域におけるSSの予測値と実測値を示す。

ここで，実証システム適用前については，浄化対象水域における実測値がないので，周辺水域における過去5年間の実測値をもとに計算した予測値を示している。

実証システム適用後の実測値は，経時的に低下する傾向にあり，予測値をもとに設定した目標水質である7.0mg/l以下を満足する水質レベルとなっている。

また，実証システム適用後の予測値と実測値を比較すると，実測値のほうが予測値に対して幾分低い値を示しているが，ほぼ同じような傾向を示している。

図5に浄化対象水域内外におけるSSの分布を示す。

第7章　水質浄化システム

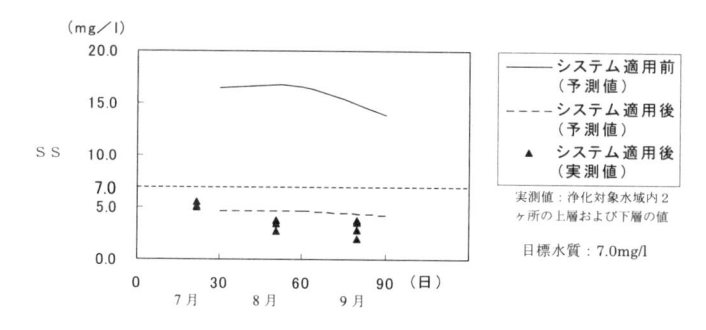

図4　浄化対象水域におけるSSの予測値と実測値

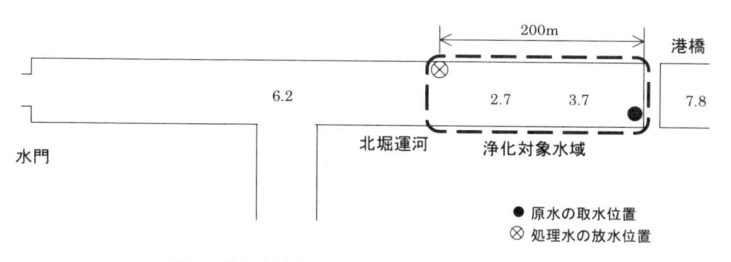

図5　対象水域内外におけるSSの分布（上層、8月）

　上層においては、8月以降、浄化対象水域外に対して浄化対象水域内の水質が約20～40%低くなる傾向が確認された。

(2)　システムの稼働性能の確認

　実証システム本体の稼働データは、入口圧力が0.28～0.33Mpa、出口圧力が0.20～0.29Mpa、流量が130～150m^3/hで、実証試験期間中、連続して安定した稼働状況が確認された。

　また、原水及び処理水のSSは、原水が2.1～5.1mg/l、処理水が0.5～1.5mg/lで、実証システムによる原水のSSに対する除去率は約60～90%であり、処理水は原水に対して安定して1.5mg/l以下の低濃度に処理されていることが確認された。

5.4　まとめ

　実証試験結果から、本システムが汚濁の進んだ運河等の、閉鎖性海域の濁質を短期間で直接浄化する技術として有効であることが実証され、さらに機械的にも実用的なシステムであることが

環境水浄化技術

確認された。

　今後は，この成果を生かして，本システムを閉鎖性海域の浄化技術として国内外に向けて展開を図るとともに，新たな浄化対象に向けたシステムの改良や開発を行い，より広いニーズに向けた本システムの普及を図っていきたいと考えている。

　本システムの研究開発は，2001年度から2003年度にかけて㈳日本海洋開発産業協会（現 ㈶エンジニアリング振興協会　海洋開発フォーラム）が日本財団の助成を受け，当社が開発の委託を受けて実施したものである。

《CMCテクニカルライブラリー》発行にあたって

弊社は、1961年創立以来、多くの技術レポートを発行してまいりました。これらの多くは、その時代の最先端情報を企業や研究機関などの法人に提供することを目的としたもので、価格も一般の理工書に比べて遙かに高価なものでした。

一方、ある時代に最先端であった技術も、実用化され、応用展開されるにあたって普及期、成熟期を迎えていきます。ところが、最先端の時代に一流の研究者によって書かれたレポートの内容は、時代を経ても当該技術を学ぶ技術書、理工書としていささかも遜色のないことを、多くの方々が指摘されています。

弊社では過去に発行した技術レポートを個人向けの廉価な普及版《CMCテクニカルライブラリー》として発行することとしました。このシリーズが、21世紀の科学技術の発展にいささかでも貢献できれば幸いです。

2000年12月

株式会社　シーエムシー出版

水環境の浄化・改善技術　　　　　　　　　　　　　　　(B0944)

2004年12月27日　初　版　第1刷発行
2010年11月25日　普及版　第1刷発行

監　修　菅原　正孝　　　　　　　　　　Printed in Japan
発行者　辻　　賢司
発行所　株式会社　シーエムシー出版
　　　　東京都千代田区内神田1-13-1　豊島屋ビル
　　　　電話 03 (3293) 2061
　　　　http://www.cmcbooks.co.jp

〔印刷　倉敷印刷株式会社〕　　　　　　　© M. Sugahara, 2010

定価はカバーに表示してあります。
落丁・乱丁本はお取替えいたします。

ISBN978-4-7813-0280-5 C3058 ¥3000E

本書の内容の一部あるいは全部を無断で複写（コピー）することは、法律で認められた場合を除き、著作者および出版社の権利の侵害になります。

CMCテクニカルライブラリーのご案内

プロジェクターの技術と応用
監修／西田信夫
ISBN978-4-7813-0260-7　　　　B935
A5判・240頁　本体3,600円＋税（〒380円）
初版2005年6月　普及版2010年8月

構成および内容：プロジェクターの基本原理と種類／CRTプロジェクター（背面投射型と前面投射型 他）／液晶プロジェクター（液晶ライトバルブ 他）／ライトスイッチ式プロジェクター／コンポーネント・要素技術（マイクロレンズアレイ 他）／応用システム（デジタルシネマ 他）／視機能から見たプロジェクターの評価（CBUの機序 他）
執筆者：福田京平／菊池　宏／東　忠利　他18名

有機トランジスタ —評価と応用技術—
監修／工藤一浩
ISBN978-4-7813-0259-1　　　　B934
A5判・189頁　本体2,800円＋税（〒380円）
初版2005年7月　普及版2010年8月

構成および内容：【総論】【評価】材料（有機トランジスタ材料の基礎評価 他）／電気物性（局所電気・電子物性 他）／FET（有機薄膜FETの物性 他）／薄膜形成【応用】大面積センサー／ディスプレイ応用／印刷技術による情報タグとその周辺機器【技術】遺伝子トランジスタによる分子認識の電気的検出／単一分子エレクトロニクス　他
執筆者：鎌田俊英／堀田　収／南方　尚　他17名

昆虫テクノロジー —産業利用への可能性—
監修／川崎建次郎／野田博明／木内　信
ISBN978-4-7813-0258-4　　　　B933
A5判・296頁　本体4,400円＋税（〒380円）
初版2005年6月　普及版2010年8月

構成および内容：【総論】昆虫テクノロジーの研究開発動向【基礎】昆虫の飼育法／昆虫ゲノム情報の利用【技術各論】昆虫による有用物質生産（プロテインチップの開発 他）／カイコ等の絹タンパク質の利用／昆虫の特異機能の解析とその利用／害虫制御技術等農業現場への応用／昆虫の体の構造，運動機能，情報処理機能の利用　他
執筆者：鈴木幸一／竹田　敏／三田和英　他43名

界面活性剤と両親媒性高分子の機能と応用
監修／國枝博信／坂本一民
ISBN978-4-7813-0250-8　　　　B932
A5判・305頁　本体4,600円＋税（〒380円）
初版2005年6月　普及版2010年7月

構成および内容：自己組織化及び最新の構造測定法／バイオサーファクタントの特性と機能利用／ジェミニ型界面活性剤の特性と応用／界面制御とDDS／超臨界状態の二酸化炭素を活用したリポソームの調製／両親媒性高分子の機能設計と応用／メソポーラス材料開発／食べるナノテクノロジー-食品の界面制御技術によるアプローチ　他
執筆者：荒牧賢治／佐藤高彰／北本　大　他31名

キラル医薬品・医薬中間体の研究・開発
監修／大橋武久
ISBN978-4-7813-0249-2　　　　B931
A5判・270頁　本体4,200円＋税（〒380円）
初版2005年7月　普及版2010年7月

構成および内容：不斉合成技術の展開（不斉エポキシ化反応の工業化 他）／バイオ法によるキラル化合物の開発（生体触媒による光学活性カルボン酸の創製 他）／光学活性体の光学分割技術（クロマト法による光学活性体の分離・生産 他）／キラル医薬中間体開発（キラルテクノロジーによるジルチアゼムの製法開発 他）／展望
執筆者：齊藤隆夫／鈴木謙二／古川喜朗　他24名

糖鎖化学の基礎と実用化
監修／小林一清／正田晋一郎
ISBN978-4-7813-0210-2　　　　B921
A5判・318頁　本体4,800円＋税（〒380円）
初版2005年4月　普及版2010年7月

構成および内容：【糖鎖ライブラリー構築のための基礎研究】生体触媒による糖鎖の構築 他【多糖および糖クラスターの設計と機能化】セルロースの活用／人工複合糖鎖高分子／側鎖型糖質高分子 他【糖鎖工学における実用化技術】酵素反応によるグルコースポリマーの工業生産／N-アセチルグルコサミンの工業生産と応用　他
執筆者：比能　洋／西村紳一郎／佐藤智典　他41名

LTCCの開発技術
監修／山本　孝
ISBN978-4-7813-0219-5　　　　B926
A5判・263頁　本体4,000円＋税（〒380円）
初版2005年5月　普及版2010年6月

構成および内容：【材料供給】LTCC用プロセラミックス／低温焼結ガラスセラミックグリーンシート／低温焼成多層基板用ペースト／LTCC用導電性ペースト 他【LTCCの設計・製造】回路と電磁界シミュレータの連携によるLTCC設計技術 他【応用製品】車載用セラミック基板およびベアチップ実装技術／携帯端末Txモジュールの開発　他
執筆者：馬屋原芳夫／小林吉伸／富田秀幸　他23名

エレクトロニクス実装用基板材料の開発
監修／柿本雅明／高橋昭雄
ISBN978-4-7813-0218-8　　　　B925
A5判・260頁　本体4,000円＋税（〒380円）
初版2005年1月　普及版2010年6月

構成および内容：【総論】プリント配線板および技術動向【素材】プリント配線基板の構成材料（ガラス繊維とガラスクロス 他）【基材】エポキシ樹脂銅張積層板／耐熱性材料（BTレジン材料 他）／高周波用材料（熱硬化型PPE樹脂 他）／低熱膨張性材料-LCPフィルム／高熱伝導性材料／ビルドアップ材料【受動素子内蔵基板】
執筆者：高木　清／坂本　勝／宮里桂太　他20名

※ 書籍をご購入の際は、最寄りの書店にご注文いただくか、㈱シーエムシー出版のホームページ（http://www.cmcbooks.co.jp/）にてお申し込み下さい。

CMCテクニカルライブラリーのご案内

木質系有機資源の有効利用技術
監修／舩岡正光
ISBN978-4-7813-0217-1　　　　B924
A5判・271頁　本体4,000円＋税（〒380円）
初版2005年1月　普及版2010年6月

構成および内容：木質系有機資源の潜在量と循環資源としての視点／細胞壁分子複合系／植物細胞壁の精密リファイニング／リグニン応用技術（機能性バイオポリマー　他）／糖質の応用技術（バイオナノファイバー　他）／抽出成分（生理機能性物質　他）／炭素骨格の利用技術／エネルギー変換技術／持続的工業システムの展開
執筆者：永松ゆきこ／坂　志朗／青柳　充　他28名

難燃剤・難燃材料の活用技術
著者／西澤　仁
ISBN978-4-7813-0231-7　　　　B927
A5判・353頁　本体5,200円＋税（〒380円）
初版2004年8月　普及版2010年5月

構成および内容：解説（国内外の規格、規制の動向／難燃材料、難燃剤の動向／難燃化技術の動向　他）／難燃剤データ（総論／臭素系難燃剤／塩素系難燃剤／りん系難燃剤／無機系難燃剤／窒素系難燃剤、窒素ーりん系難燃剤／シリコーン系難燃剤　他）／難燃材料データ（高分子材料と難燃材料の動向／難燃性PE／難燃性ABS／難燃性PET／難燃性変性PPE樹脂／難燃性エポキシ樹脂　他）

プリンター開発技術の動向
監修／髙橋恭介
ISBN978-4-7813-0212-6　　　　B923
A5判・215頁　本体3,600円＋税（〒380円）
初版2005年2月　普及版2010年5月

構成および内容：【総論】【オフィスプリンター】IPSiO Colorレーザープリンタ　他【携帯・業務用プリンター】カメラ付き携帯電話用プリンターNP-1　他【オンデマンド印刷機】デジタルドキュメントパブリッシャー（DDP）　他【ファインパターン技術】インクジェット分注技術　他【材料・ケミカルスと記録媒体】重合トナー／情報用紙　他
執筆者：日高重助／佐藤眞澄／醒井雅裕　他26名

有機EL技術と材料開発
監修／佐藤佳晴
ISBN978-4-7813-0211-9　　　　B922
A5判・279頁　本体4,200円＋税（〒380円）
初版2004年5月　普及版2010年5月

構成および内容：【課題編（基礎，原理，解析）】長寿命化技術／高発光効率化技術／駆動回路技術／プロセス技術【材料編（課題を克服する材料）】電荷輸送材料（正孔注入材料　他）／発光材料（蛍光ドーパント／共役高分子材料　他）／リン光用材料（正孔阻止材料　他）／周辺材料（封止材料　他）／各社ディスプレイ技術　他
執筆者：松本敏男／照元幸次／河村祐一郎　他34名

有機ケイ素化学の応用展開
―機能性物質のためのニューシーズ―
監修／玉尾皓平
ISBN978-4-7813-0194-5　　　　B920
A5判・316頁　本体4,800円＋税（〒380円）
初版2004年11月　普及版2010年5月

構成および内容：有機ケイ素化合物群／オリゴシラン，ポリシラン／ポリシランのフォトエレクトロニクスへの応用／ケイ素を含む共役電子系（シロールおよび関連化合物　他）／シロキサン，シルセスキオキサン，カルボシラン／シリコーンの応用（UV硬化型シリコーンハードコート剤　他）／シリコン表面，シリコンクラスター
執筆者：岩本武明／吉良満夫／今　喜裕　他64名

ソフトマテリアルの応用展開
監修／西　敏夫
ISBN978-4-7813-0193-8　　　　B919
A5判・302頁　本体4,200円＋税（〒380円）
初版2004年11月　普及版2010年4月

構成および内容：【動的制御のための非共有結合性相互作用の探索】生体分子を有するポリマーを利用した新規細胞接着基質　他【水素結合を利用した階層構造の構築と機能化】サーフェースエンジニアリング／複合機能の時空間制御／モルフォロジー制御　他【エントロピー制御と相分離リサイクル】ゲルの網目構造の制御　他
執筆者：三原久和／中村　聡／小畠英理　他39名

ポリマー系ナノコンポジットの技術と用途
監修／岡本正巳
ISBN978-4-7813-0192-1　　　　B918
A5判・299頁　本体4,200円＋税（〒380円）
初版2004年12月　普及版2010年4月

構成および内容：【基礎技術編】クレイ系ナノコンポジット（生分解性ポリマー系ナノコンポジット／ポリカーボネートナノコンポジット　他）／その他のナノコンポジット（熱硬化性樹脂系ナノコンポジット／補強用ナノカーボン調製のためのポリマーブレンド技術）【応用編】耐熱，長期耐久性ポリ乳酸ナノコンポジット／コンポセラン　他
執筆者：袮宜行広／上田一恵／野中裕文　他22名

ナノ粒子・マイクロ粒子の調製と応用技術
監修／川口春馬
ISBN978-4-7813-0191-4　　　　B917
A5判・314頁　本体4,400円＋税（〒380円）
初版2004年10月　普及版2010年4月

構成および内容：【微粒子製造と新規微粒子】微粒子作製技術／注目を集める微粒子（色素増感太陽電池　他）／微粒子集積技術【微粒子・粉体の応用展開】レオロジー・トライボロジーと微粒子／情報・メディアと微粒子／生体・医療と微粒子（ガン治療法の開発　他）／光と微粒子／ナノテクノロジーと微粒子／産業用微粒子　他
執筆者：杉本忠夫／山本孝夫／岩村　武　他45名

※書籍をご購入の際は、最寄りの書店にご注文いただくか、
㈱シーエムシー出版のホームページ（http://www.cmcbooks.co.jp/）にてお申し込み下さい。

CMCテクニカルライブラリー のご案内

防汚・抗菌の技術動向
監修／角田光雄
ISBN978-4-7813-0190-7　B916
A5判・266頁　本体4,000円＋税（〒380円）
初版2004年10月　普及版2010年4月

構成および内容：防汚技術の基礎／光触媒技術を応用した防汚技術（光触媒の実用化例　他）／高分子材料によるコーティング技術（アクリルシリコン樹脂　他）／帯電防止技術の応用（粒子汚染への静電気の影響と制電技術　他）／実際の応用例（半導体工場のケミカル汚染対策／超精密ウェーハ表面加工における防汚　他）
執筆者：佐伯義光／高濱孝一／砂田香矢乃　他19名

ナノサイエンスが作る多孔性材料
監修／北川 進
ISBN978-4-7813-0189-1　B915
A5判・249頁　本体3,400円＋税（〒380円）
初版2004年11月　普及版2010年3月

構成および内容：【基礎】製造方法（金属系多孔性材料／木質系多孔性材料　他）／吸着理論（計算機科学　他）【応用】化学機能材料への展開（炭化シリコン合成法／ポリマー合成への応用／光応答性メソポーラスシリカ／ゼオライトを用いた単層カーボンナノチューブの合成　他）／物性材料への展開／環境・エネルギー関連への展開
執筆者：中嶋英雅／大久保達也／小倉 賢　他27名

ゼオライト触媒の開発技術
監修／辰巳 敬／西村陽一
ISBN978-4-7813-0178-5　B914
A5判・272頁　本体3,800円＋税（〒380円）
初版2004年10月　普及版2010年3月

構成および内容：【総論】【石油精製用ゼオライト触媒】流動接触分解／水素化分解／水素化精製／パラフィンの異性化【石油化学プロセス用】芳香族化合物のアルキル化／酸化反応【ファインケミカル合成用】ゼオライト系ピリジン塩基類合成触媒の開発【環境浄化用】NO_x選択接触還元／Co-βによるNO_x選択還元／自動車排ガス浄化【展望】
執筆者：窪田好浩／増田立男／岡崎 肇　他16名

膜を用いた水処理技術
監修／中尾真一／渡辺義公
ISBN978-4-7813-0177-8　B913
A5判・284頁　本体4,000円＋税（〒380円）
初版2004年9月　普及版2010年3月

構成および内容：【総論】膜ろ過による水処理技術　他【技術】上水・廃水処理システム【応用】膜型浄水システム／用水・下水・排水処理システム（純水・超純水製造／ビル排水再利用システム／産業廃水処理システム／廃棄物最終処分場浸出水処理システム／膜分離活性汚泥法を用いた畜産廃水処理システム　他）／海水淡水化施設　他
執筆者：伊藤雅喜／木村克輝／住田一信　他21名

電子ペーパー開発の技術動向
監修／面谷 信
ISBN978-4-7813-0176-1　B912
A5判・225頁　本体3,200円＋税（〒380円）
初版2004年7月　普及版2010年3月

構成および内容：【ヒューマンインターフェース】読みやすさと表示媒体の形態的特性／ディスプレイ作業と紙上作業の比較と分析【表示方式】表示方式の開発動向（異方性流体を用いた微粒子ディスプレイ／摩擦帯電型トナーディスプレイ／マイクロカプセル型電気泳動方式　他）／液晶とELの開発動向【応用展開】電子書籍普及のためには　他
執筆者：小清水実／眞島 修／高橋泰樹　他22名

ディスプレイ材料と機能性色素
監修／中澄博行
ISBN978-4-7813-0175-4　B911
A5判・251頁　本体3,600円＋税（〒380円）
初版2004年9月　普及版2010年2月

構成および内容：液晶ディスプレイと機能性色素（課題／液晶プロジェクターの概要と技術課題／高精細LCD用カラーフィルター／ゲスト-ホスト型液晶用機能性色素／偏光フィルム用機能性色素／LCD用バックライトの発光材料他）／プラズマディスプレイと機能性色素／有機ELディスプレイと機能性色素／LEDと発光材料／FED　他
執筆者：小林駿介／鎌倉 弘／後藤泰行　他26名

難培養微生物の利用技術
監修／工藤俊章／大熊盛也
ISBN978-4-7813-0174-7　B910
A5判・265頁　本体3,800円＋税（〒380円）
初版2004年7月　普及版2010年2月

構成および内容：【研究方法】海洋性VBNC微生物とその検出法／定量的PCR法を用いた難培養微生物のモニタリング　他【自然環境中の難培養微生物】有機性廃棄物の生分解処理と難培養微生物／ヒトの大腸内細菌叢の解析／昆虫の細胞内共生微生物／植物の内生窒素固定細菌　他【微生物資源としての難培養微生物】EST解析／系統保存化　他
執筆者：木暮一啓／上田賢志／別府輝彦　他36名

水性コーティング材料の設計と応用
監修／三代澤良明
ISBN978-4-7813-0173-0　B909
A5判・406頁　本体5,600円＋税（〒380円）
初版2004年8月　普及版2010年2月

構成および内容：【総論】【樹脂設計】アクリル樹脂／エポキシ樹脂／環境対応型高耐久性フッ素樹脂および塗料／硬化方法／ハイブリッド樹脂【塗料設計】塗料の流動性／顔料分散／添加剤【応用】自動車用塗料／アルミ建材用電着塗料／家電用塗料／缶用塗料／水性塗装システムの構築【塗装】【排水処理技術】塗装ラインの排水処理
執筆者：石倉慎一／大西 清／和田秀一　他25名

※書籍をご購入の際は、最寄りの書店にご注文いただくか、㈱シーエムシー出版のホームページ（http://www.cmcbooks.co.jp/）にてお申し込み下さい。

CMCテクニカルライブラリー のご案内

コンビナトリアル・バイオエンジニアリング
監修／植田充美
ISBN978-4-7813-0172-3　　　　B908
A5判・351頁　本体5,000円＋税（〒380円）
初版2004年8月　普及版2010年2月

構成および内容：【研究成果】ファージディスプレイ／乳酸菌ディスプレイ／酵母ディスプレイ／無細胞合成系／人工遺伝子系【応用と展開】ライブラリー創製／アレイ系／細胞チップを用いた薬剤スクリーニング／植物小胞輸送工学による有用タンパク質生産／ゼブラフィッシュ系／蛋白質相互作用領域の迅速同定　他
執筆者：津本浩平／熊谷　泉／上田　宏　他45名

超臨界流体技術とナノテクノロジー開発
監修／阿尻雅文
ISBN978-4-7813-0163-1　　　　B906
A5判・300頁　本体4,200円＋税（〒380円）
初版2004年8月　普及版2010年1月

構成および内容：超臨界流体技術（特性／原理と動向）／ナノテクノロジーの動向／ナノ粒子合成（超臨界流体を利用したナノ微粒子創製／超臨界水熱合成／マイクロエマルションとナノマテリアル　他）／ナノ構造制御／超臨界流体材料合成プロセスの設計（超臨界流体を利用した材料製造プロセスの数値シミュレーション　他）／索引
執筆者：猪股　宏／岩井芳夫／古屋　武　他42名

スピンエレクトロニクスの基礎と応用
監修／猪俣浩一郎
ISBN978-4-7813-0162-4　　　　B905
A5判・325頁　本体4,600円＋税（〒380円）
初版2004年7月　普及版2010年1月

構成および内容：【基礎】巨大磁気抵抗効果／スピン注入・蓄積効果／磁性半導体の光磁化と光操作／配列ドット格子と磁気物性【材料・デバイス】ハーフメタル薄膜とTMR／スピン注入による磁化反転／室温強磁性半導体／磁気抵抗スイッチ効果　他【応用】微細加工技術／Development of MRAM／スピンバルブトランジスタ／量子コンピュータ　他
執筆者：宮崎照宣／高橋三郎／前川禎通　他35名

光時代における透明性樹脂
監修／井手文雄
ISBN978-4-7813-0161-7　　　　B904
A5判・194頁　本体3,600円＋税（〒380円）
初版2004年6月　普及版2010年1月

構成および内容：【総論】透明性樹脂の動向と材料設計【材料と技術各論】ポリカーボネート／シクロオレフィンポリマー／非複屈折性脂環式アクリル樹脂／全フッ素樹脂とPOFへの応用／透明ポリイミド／エポキシ樹脂／スチレン系ポリマー／ポリエチレンテレフタレート　他【用途展開と展望】光通信／光部品用接着剤／光ディスク　他
執筆者：岸本祐二郎／秋原　勲／橋本昌和　他12名

粘着製品の開発
―環境対応と高機能化―
監修／地畑健吉
ISBN978-4-7813-0160-0　　　　B903
A5判・246頁　本体3,400円＋税（〒380円）
初版2004年7月　普及版2010年1月

構成および内容：総論／材料開発の動向と環境対応（基材／粘着剤／剥離剤および剥離ライナー）／塗工技術／粘着製品の開発動向と環境対応（電気・電子関連用粘着製品／建築・建材関連用／医療関連用／表面保護用／粘着ラベルの環境対応／構造用接合テープ）／特許から見た粘着製品の開発動向／各国の粘着製品市場と今後の展望／法規制
執筆者：西川一哉／福田雅之／山本宣延　他16名

液晶ポリマーの開発技術
―高性能・高機能化―
監修／小出直之
ISBN978-4-7813-0157-0　　　　B902
A5判・286頁　本体4,000円＋税（〒380円）
初版2004年7月　普及版2009年12月

構成および内容：【発展】【高性能材料としての液晶ポリマー】樹脂成形材料／繊維／成形品【高機能性材料としての液晶ポリマー】電気・電子機能（フィルム／高熱伝導性材料）／光学素子（棒状高分子液晶／ハイブリッドフィルム）／光記録材料【トピックス】液晶エラストマー／液晶性有機半導体での電荷輸送／液晶性共役系高分子　他
執筆者：三原隆志／井上俊英／真壁芳樹　他15名

CO_2固定化・削減と有効利用
監修／湯川英明
ISBN978-4-7813-0156-3　　　　B901
A5判・233頁　本体3,400円＋税（〒380円）
初版2004年8月　普及版2009年12月

構成および内容：【直接的技術】CO_2分離・固定化技術（地中貯留／海洋隔離／大規模緑化／地下微生物利用）／CO_2分解・分解技術／CO_2有効利用【CO_2排出削減関連技術】太陽光利用（宇宙空間利用発電／化学的水素製造／生物的水素製造）／バイオマス利用（超臨界流体利用技術／燃焼技術／エタノール生産／化学品・エネルギー生産　他）
執筆者：大隅多加志／村井重夫／富澤健一　他22名

フィールドエミッションディスプレイ
監修／齋藤弥八
ISBN978-4-7813-0155-6　　　　B900
A5判・218頁　本体3,000円＋税（〒380円）
初版2004年6月　普及版2009年12月

構成および内容：【FED研究開発の流れ】歴史／構造と動作　他【FED用冷陰極】金属マイクロエミッタ／カーボンナノチューブエミッタ／横型薄膜エミッタ／ナノ結晶シリコンエミッタ BSD／MIMエミッタ／転写モールド法によるエミッタアレイの作製【FED用蛍光体】電子線励起用蛍光体【イメージセンサ】高感度撮像デバイス／赤外線センサ
執筆者：金丸正剛／伊藤茂生／田中　満　他16名

※ 書籍をご購入の際は、最寄りの書店にご注文いただくか、(株)シーエムシー出版のホームページ(http://www.cmcbooks.co.jp/)にてお申し込み下さい。

CMCテクニカルライブラリー のご案内

バイオチップの技術と応用
監修／松永 是
ISBN978-4-7813-0154-9　　　　　B899
A5判・255頁　本体3,800円＋税（〒380円）
初版2004年6月　普及版2009年12月

構成および内容：【総論】【要素技術】アレイ・チップ材料の開発（磁性ビーズを利用したバイオチップ／表面処理技術 他）／検出技術開発／バイオチップの情報処理技術【応用・開発】DNAチップ／プロテインチップ／細胞チップ（発光微生物を用いた環境モニタリング／免疫診断用マイクロウェルアレイ細胞チップ 他）／ラボオンチップ
執筆者：岡村好子／田中　剛／久本秀明 他52名

水溶性高分子の基礎と応用技術
監修／野田公彦
ISBN978-4-7813-0153-2　　　　　B898
A5判・241頁　本体3,400円＋税（〒380円）
初版2004年5月　普及版2009年11月

構成および内容：【総論】概説【用途】化粧品・トイレタリー／繊維・染色加工／塗料・インキ／エレクトロニクス工業／土木・建築／用廃水処理【応用技術】ドラッグデリバリーシステム／水溶性フラーレン／クラスターデキストリン／極細繊維製造への応用／ポリマー電池・バッテリーへの高分子電解質の応用／海洋環境再生のための応用 他
執筆者：金田　勇／川副智行／堀江誠司 他21名

機能性不織布
―原料開発から産業利用まで―
監修／日向 明
ISBN978-4-7813-0140-2　　　　　B896
A5判・228頁　本体3,200円＋税（〒380円）
初版2004年5月　普及版2009年11月

構成および内容：【総論】原料の開発（繊維の太さ・形状・構造／ナノファイバー／耐熱性繊維 他）／製法（スチームジェット技術／エレクトロスピニング法 他）／製造機器の進展【応用】空調エアフィルタ／自動車関連／医療・衛生材料（貼付剤／マスク）／電気材料／新用途展開（光触媒空気清浄機／生分解性不織布）他
執筆者：松尾達樹／谷岡明彦／夏原豊和 他30名

RFタグの開発技術II
監修／寺浦信之
ISBN978-4-7813-0139-6　　　　　B895
A5判・275頁　本体4,000円＋税（〒380円）
初版2004年5月　普及版2009年11月

構成および内容：【総論】市場展望／リサイクル／EDIとRFタグ／物流【標準化，法規制の現状と今後の展望】ISOの進展状況／政府の今後の対応方針／ユビキタスネットワーク 他【各事業分野での実証試験及び適用検討】出版業界／食品流通／空港手荷物／医療分野 他／諸団体の活動／郵便事業への活用 他【チップ・実装】微細RFID 他
執筆者：藤浪 啓／藤本 淳／若泉和彦 他21名

有機電解合成の基礎と可能性
監修／淵上寿雄
ISBN978-4-7813-0138-9　　　　　B894
A5判・295頁　本体4,200円＋税（〒380円）
初版2004年4月　普及版2009年11月

構成および内容：【基礎】研究手法／有機電極反応論 他【工業的利用の可能性】生理活性天然物の電解合成／有機電解法による不斉合成／選択的電解フッ素化／金属錯体を用いる有機電解合成／電解重合／超臨界CO_2を用いる有機電解合成／イオン性液体中での有機電解反応／電極触媒を利用する有機電解合成／超音波照射下での有機電解反応
執筆者：跡部真人／田嶋稔樹／木瀬直樹 他22名

高分子ゲルの動向
―つくる・つかう・みる―
監修／柴山充弘／梶原莞爾
ISBN978-4-7813-0129-7　　　　　B892
A5判・342頁　本体4,800円＋税（〒380円）
初版2004年4月　普及版2009年10月

構成および内容：【第1編 つくる・つかう】環境応答（微粒子合成／キラルゲル 他）／力学・摩擦（ゲルダンピング材 他）／医用（生体分子応答性ゲル／DDS応用 他）／産業（高吸水性樹脂／日用品（化粧品 他）他【第2編 みる・つかう】小角X線散乱によるゲル構造解析／中性子散乱／液晶ゲル／熱測定・食品ゲル／NMR 他
執筆者：青島貞人／金岡鍾局／杉原伸治 他31名

静電気除電の装置と技術
監修／村田雄司
ISBN978-4-7813-0128-0　　　　　B891
A5判・210頁　本体3,000円＋税（〒380円）
初版2004年4月　普及版2009年10月

構成および内容：【基礎】自己放電式除電器／ブロワー式除電装置／光照射除電装置／大気圧グロー放電を用いた除電／除電効果の測定機器 他【応用】プラスチック・粉体の除電と問題点／軟X線除電装置の安全性と適用法／液晶パネル製造工程における除電技術／湿度環境改善による静電気障害の予防 他【付録】除電装置製品例一覧
執筆者：久本　光／大谷　豊／菅野　功 他13名

フードプロテオミクス
―食品酵素の応用利用技術―
監修／井上國世
ISBN978-4-7813-0127-3　　　　　B890
A5判・243頁　本体3,400円＋税（〒380円）
初版2004年3月　普及版2009年10月

構成および内容：食品酵素化学への期待／糖質関連酵素（麹菌グルコアミラーゼ／トレハロース生成酵素 他）／タンパク質・アミノ酸関連酵素（サーモライシン／システイン・ペプチダーゼ 他）／脂質関連酵素／酸化還元酵素（スーパーオキシドジスムターゼ／クルクミン還元酵素 他）／食品分析と食品加工（ポリフェノールバイオセンサー 他）
執筆者：新田康則／三宅英雄／秦　洋二 他29名

※書籍をご購入の際は、最寄りの書店にご注文いただくか、㈱シーエムシー出版のホームページ（http://www.cmcbooks.co.jp/）にてお申し込み下さい。

CMCテクニカルライブラリーのご案内

美容食品の効用と展望
監修／猪居 武
ISBN978-4-7813-0125-9　　　　B888
A5判・279頁　本体4,000円＋税（〒380円）
初版2004年3月　普及版2009年9月

構成および内容：総論（市場 他）／美容要因とそのメカニズム（美白／美肌／ダイエット／抗ストレス／皮膚の老化／男性型脱毛）／効用と作用物質（ビタミン／アミノ酸・ペプチド・タンパク質／脂質／カロテノイド色素／植物性成分／微生物成分（乳酸菌、ビフィズス菌）／キノコ成分／無機成分／特許から見た企業別技術動向の動向）／展望
執筆者：星野 拓／宮本 達／佐藤友里恵 他24名

土壌・地下水汚染
―原位置浄化技術の開発と実用化―
監修／平田健正／前川統一郎
ISBN978-4-7813-0124-2　　　　B887
A5判・359頁　本体5,000円＋税（〒380円）
初版2004年4月　普及版2009年9月

構成および内容：【総論】原位置浄化技術について／原位置浄化の進め方【基礎編-原理，適用事例，注意点-】原位置抽出法／原位置分解法【応用編】浄化技術（土壌ガス・汚染地下水の処理技術／重金属等の原位置浄化技術／バイオベンティング・バイオスラーピング工法 他）／実際事例（ダイオキシン類汚染土壌の現地無害化処理 他）
執筆者：村田正敏／手塚裕樹／奥村興平 他48名

傾斜機能材料の技術展開
編集／上村誠一／野田泰稔／篠原嘉一／渡辺義見
ISBN978-4-7813-0123-5　　　　B886
A5判・361頁　本体5,000円＋税（〒380円）
初版2003年10月　普及版2009年9月

構成および内容：傾斜機能材料の概観／エネルギー分野（ソーラーセル 他）／生体機能分野（傾斜機能型人工歯根 他）／高分子分野／オプトデバイス分野／電気・電子デバイス分野（半導体レーザ／誘電率傾斜基板 他）／接合・表面処理分野（傾斜機能構造CVDコーティング切削工具 他）／熱応力緩和機能分野（宇宙往還機の熱防護システム 他）
執筆者：鴇田正雄／野口博徳／武内浩一 他41名

ナノバイオテクノロジー
―新しいマテリアル，プロセスとデバイス―
監修／植田充美
ISBN978-4-7813-0111-2　　　　B885
A5判・429頁　本体6,200円＋税（〒380円）
初版2003年10月　普及版2009年8月

構成および内容：マテリアル（ナノ構造の構築／ナノ有機・高分子マテリアル／ナノ無機マテリアル 他）／インフォーマティクス／プロセスとデバイス（バイオチップ・センサー開発／抗体マイクロアレイ／マイクロ質量分析システム 他）／応用展開（ナノメディシン／遺伝子導入法／再生医療／蛍光分子イメージング 他）他
執筆者：渡邊英一／阿尻雅文／細川和生 他68名

コンポスト化技術による資源循環の実現
監修／木村俊範
ISBN978-4-7813-0110-5　　　　B884
A5判・272頁　本体3,800円＋税（〒380円）
初版2003年10月　普及版2009年8月

構成および内容：【基礎】コンポスト化の基礎と要件／脱臭／コンポストの評価 他【応用技術】農業・畜産廃棄物のコンポスト化／生ごみ・食品残さのコンポスト化／技術開発と応用事例（バイオ式家庭用生ごみ処理機／余剰汚泥のコンポスト化）他【総括】循環型社会にコンポスト化技術を根付かせるために（技術的課題／政策的課題）他
執筆者：藤本 潔／西尾道徳／井上高一 他16名

ゴム・エラストマーの界面と応用技術
監修／西 敏夫
ISBN978-4-7813-0109-9　　　　B883
A5判・306頁　本体4,200円＋税（〒380円）
初版2003年9月　普及版2009年8月

構成および内容：【総論】【ナノスケールで見た界面】高分子三次元ナノ計測／分子力学物性 他【ミクロで見た界面と機能】走査型プローブ顕微鏡による解析／リアクティブプロセッシング／オレフィン系ポリマーアロイ／ナノマトリックス分散天然ゴム 他【界面制御と機能化】ゴム再生プロセス／水添NBR系ナノコンポジット／免震ゴム 他
執筆者：村瀬平八／森田裕史／高原 淳 他16名

医療材料・医療機器
―その安全性と生体適合性への取り組み―
編集／土屋利江
ISBN978-4-7813-0102-0　　　　B882
A5判・258頁　本体3,600円＋税（〒380円）
初版2003年11月　普及版2009年7月

構成および内容：生物学的試験（マウス感作性／抗原性／遺伝毒性）／力学的試験（人工関節用ポリエチレンの磨耗／整形インプラントの耐久性）／生体適合性（人工血管／骨セメント）／細胞組織医療機器の品質評価（バイオ皮膚）／プラスチック製医療用具からのフタル酸エステル類の溶出特性とリスク評価／埋植医療機器の不具合報告 他
執筆者：五十嵐良明／矢上／松岡厚子 他41名

ポリマーバッテリーⅡ
監修／金村聖志
ISBN978-4-7813-0101-3　　　　B881
A5判・238頁　本体3,600円＋税（〒380円）
初版2003年9月　普及版2009年7月

構成および内容：負極材料（炭素材料／ポリアセン・PAHs系材料）／正極材料（導電性高分子／有機硫黄系化合物／無機材料・導電性高分子コンポジット）／電解質（ポリエーテル系固体電解質／高分子ゲル電解質／支持塩 他）／セパレーター／リチウムイオン電池用ポリマーバインダー／キャパシタ用ポリマー／ポリマー電池の用途と開発 他
執筆者：髙見則雄／矢田静邦／天池正登 他18名

※ 書籍をご購入の際は、最寄りの書店にご注文いただくか、
㈱シーエムシー出版のホームページ（http://www.cmcbooks.co.jp/）にてお申し込み下さい。

CMCテクニカルライブラリーのご案内

細胞死制御工学
～美肌・皮膚防護バイオ素材の開発～
編著／三羽信比古
ISBN978-4-7813-0100-6　　　　B880
A5判・403頁　本体5,200円＋税（〒380円）
初版2003年8月　普及版2009年7月

構成および内容：【次世代バイオ化粧品・美肌健康食品】皮脂改善／セルライト抑制／毛穴引き締め【美肌バイオプロダクト】可食植物成分配合製品／キトサン応用抗酸化製品【バイオ化粧品とハイテク美容機器】イオン導入／エンダモロジー【ナノ・バイオテクと遺伝子治療】活性酸素消去／サンスクリーン剤【効能評価】【分子設計】 他
執筆者：澄田道博／永井彩子／鈴木清香 他106名

ゴム材料ナノコンポジット化と配合技術
編集／鞠谷信三／西敏夫／山口幸一／秋葉光雄
ISBN978-4-7813-0087-0　　　　B879
A5判・323頁　本体4,600円＋税（〒380円）
初版2003年7月　普及版2009年6月

構成および内容：【配合設計】HNBR／加硫系薬剤／シランカップリング剤／白色フィラー／不溶性硫黄／カーボンブラック／シリカ・カーボン複合フィラー／難燃剤（EVA 他）／相溶化剤／加工助剤【ゴム系ナノコンポジットの材料】ゾル‐ゲル法／動的架橋型熱可塑性エラストマー／医療材料／耐熱性／配合と金型設計／接着／TPE 他
執筆者：妹尾政直／竹村春彦／細谷 潔 他19名

有機エレクトロニクス・フォトニクス材料・デバイス
―21世紀の情報産業を支える技術―
監修／長村利彦
ISBN978-4-7813-0086-3　　　　B878
A5判・371頁　本体5,200円＋税（〒380円）
初版2003年9月　普及版2009年6月

構成および内容：【材料】光学材料（含フッ素ポリイミド 他）／電子材料（アモルファス分子材料／カーボンナノチューブ 他）【プロセス・評価】配向・配列制御／微細加工【機能・基盤】変換／伝送／記録／変調・演算／蓄積・貯蔵（リチウム系二次電池）【新デバイス】pn接合有機太陽電池／燃料電池／有機ELディスプレイ用発光材料 他
執筆者：城田靖彦／和田善玄／安藤慎治 他35名

タッチパネル―開発技術の進展―
監修／三谷雄二
ISBN978-4-7813-0085-6　　　　B877
A5判・181頁　本体2,600円＋税（〒380円）
初版2004年12月　普及版2009年6月

構成および内容：光学式／赤外線イメージセンサー方式／超音波表面弾性波方式／SAW方式／静電容量式／電磁誘導方式デジタイザ／抵抗膜式／スピーカ一体型／携帯端末向けフィルム／タッチパネル用印刷インキ／抵抗膜式タッチパネルの評価方法と装置／凹凸テクスチャ感を表現する静電触感ディスプレイ／画面特性とキーボードレイアウト
執筆者：伊勢有一／大久保隆雄／齊藤雄生 他17名

高分子の架橋・分解技術
―グリーンケミストリーへの取組み―
監修／角岡正弘／白井正充
ISBN978-4-7813-0084-9　　　　B876
A5判・299頁　本体4,200円＋税（〒380円）
初版2004年6月　普及版2009年5月

構成および内容：【基礎と応用】架橋剤と架橋反応（フェノール樹脂 他）／架橋構造の解析（紫外線硬化樹脂／フォトレジスト用感光剤）／機能性高分子の合成（可逆的架橋／光架橋・熱分解 他）【機能性材料開発の最近の動向】熱を利用した架橋反応／UV硬化システム／電子線・放射線利用／リサイクルおよび機能性材料合成のための分解反応 他
執筆者：松本 昭／石倉慎一／合屋文明 他28名

バイオプロセスシステム
-効率よく利用するための基礎と応用-
編集／清水 浩
ISBN978-4-7813-0083-2　　　　B875
A5判・309頁　本体4,400円＋税（〒380円）
初版2002年11月　普及版2009年5月

構成および内容：現状と展開（ファジィ推論／遺伝アルゴリズム 他）／バイオプロセス操作と培養装置（酸素移動現象と微生物反応の関わり）／計測技術（プロセス変数／濃度 他）／モデル化・最適化（遺伝子ネットワークモデリング）／培養プロセス制御（流加培養 他）／代謝工学（代謝フラックス解析 他）／応用（嗜好食品品質評価／医用工学）他
執筆者：吉田敏臣／滝口 昇／岡本正宏 他22名

導電性高分子の応用展開
監修／小林征男
ISBN978-4-7813-0082-5　　　　B874
A5判・334頁　本体4,600円＋税（〒380円）
初版2004年4月　普及版2009年5月

構成および内容：【開発】電気伝導／パターン形成法／有機ELデバイス【応用】線路形素子／二次電池／湿式太陽電池／有機半導体／熱電変換機能／アクチュエータ／防食被覆／調光ガラス／帯電防止材料／ポリマー薄膜トランジスタ 他【特許】出願動向【欧米における開発動向】ポリマー薄膜フィルムトランジスタ／新世代太陽電池 他
執筆者：中川善嗣／大森 裕／深海 隆 他18名

バイオエネルギーの技術と応用
監修／柳下立夫
ISBN978-4-7813-0079-5　　　　B873
A5判・285頁　本体4,000円＋税（〒380円）
初版2003年10月　普及版2009年4月

構成および内容：【熱化学的変換技術】ガス化技術／バイオディーゼル【生物化学的変換技術】メタン発酵／エタノール発酵【応用】石炭・木質バイオマス混焼技術／廃材を使った熱電供給の発電所／コージェネレーションシステム／木質バイオマス‐ペレット製造／焼却副産物リサイクル設備／自動車用燃料製造装置／バイオマス発電の海外展開
執筆者：田中忠良／松村幸彦／美濃輪智朗 他35名

※ 書籍をご購入の際は、最寄りの書店にご注文いただくか、㈱シーエムシー出版のホームページ（http://www.cmcbooks.co.jp/）にてお申し込み下さい。